Die Technik der Lastenförderung einst und jetzt

Eine Studie über die Entwicklung der Hebemaschinen und ihren Einfluß auf Wirtschaftsleben und Kulturgeschichte

Otto Kammerer

Alpha Editions

This edition published in 2022

ISBN : 9789356704398

Design and Setting By
Alpha Editions
www.alphaedis.com
Email - info@alphaedis.com

Contents

Entstehung der Studie.

Dem Steuermann eines Schiffes gleich muß der Ingenieur, der inmitten des rastlos pulsenden Getriebes der modernen Welt steht, seine Augen unablässig auf das gerichtet halten, was vor ihm liegt. Was überwunden hinter ihm bleibt, entschwindet auch bald aus seiner Erinnerung.

Das unablässige Vorausschauen, zu welchem die stürmische Entwickelung der Ingenieurkunst zwingt, hat es mit sich gebracht, daß die Ingenieure der klangvollen Geschichte ihres eigenen Berufes bis jetzt nur wenig Aufmerksamkeit geschenkt haben, daß sie dem Gedächtnis ihrer Pioniere nicht immer die verdiente Ehre gewidmet und die Pietät gegen deren Erstlingsschöpfungen nicht allezeit gewahrt haben. Darum ist es auch gekommen, daß um so weniger andere Berufe die kulturgeschichtliche Bedeutung der Ingenieure und ihrer Kunst gewürdigt haben: Kein geschichtliches Werk verzeichnet den Einfluß ihrer Arbeit auf die Entwicklung der Menschheit, und eine Gedenktafel für einen ihrer Führer ist eine seltene Erscheinung in Deutschland, das sonst so viel historischen Sinn zur Schau trägt.

Als ein erfreulicher Wandel ist das Geschenk zu begrüßen, welches das beginnende Jahrhundert den deutschen Ingenieuren gebracht hat: die Gründung eines Museums, das ihrer Kunst und ihrer Geschichte gewidmet ist, und zwar an einer Stätte, die nicht ein Mittelpunkt der Industrie sondern durch die Pflege der Kunst und durch künstlerische Tradition als ein Kulturmittelpunkt Deutschlands mit Fug und Recht gilt.

Die Entwicklung der Technik bietet — auch in früherer Zeit bereits — eine solche Fülle von fesselnden Bildern, daß der Aufbau dieses Museums als eine dankbare Aufgabe erscheint; freilich ist der Stoff so zerstreut, daß die Sammlung und Ordnung die Mitarbeit vieler notwendig macht. Eine treffliche Grundlage hierfür bieten die wenigen Werke über die Geschichte der Technik, die bisher entstanden sind: die »Geschichte des Eisens« von Ludwig Beck, die »Ingenieurtechnik des Altertums« von Merkel, die »Lebendigen Kräfte« und andere Arbeiten von Max Eyth und die »Geschichte der Dampfmaschine« von Matschoß.

Für die Gruppe »Hebemaschinen« haben die »Beiträge zur Geschichte des Maschinenbaues« von Theodor Beck für die Zeit vor dem Jahre 1500 wertvollen Stoff geliefert, während für die spätere Zeit sehr zerstreutes Material aus einer großen Zahl von alten Werken zusammengetragen werden mußte.

Es lag nun der Gedanke nahe, die Ergebnisse dieser historischen Studien nicht nur in einem Bericht für das Museum von Meisterwerken zusammenzustellen, sondern sie gleichzeitig den Fachgenossen zugänglich zu machen, die der Geschichte ihrer Kunst einige Neigung entgegenbringen.

Es braucht kaum gesagt zu werden, daß die vorliegende Studie keinen abschließenden Bericht, sondern nur einen ersten Anfang mit vielen Lücken vorstellen kann.

Den Persönlichkeiten und Werken, die diese Studie durch freundliche Zusendung von Mitteilungen und Photogrammen unterstützt haben, sei auch an dieser Stelle bestens gedankt, ebenso dem Künstler, der den Schmuck des Buches entworfen hat.

Besonderer Dank aber sei dem Verleger ausgesprochen, auf dessen Anregung die Veröffentlichung zurückzuführen ist, und der weder Mühe noch Kosten gescheut hat, um die Studie in einer des Deutschen Museums würdigen Gestalt erscheinen zu lassen.

Charlottenburg 1906.

Der Verfasser.

I
Überblick über die Geschichte der Hebemaschinen

Die Arbeit des Lastträgers ist von jeher als eine besonders harte und drückende empfunden worden. Dies spricht sich aus in bildlichen Ausdrucksformen: »Jemandem eine Last aufbürden« — »Schwer daran tragen« und anderen. Das Drückende liegt nicht etwa in der großen Muskelanstrengung, denn die Arbeit des Schmiedes strengt gewiß nicht minder an und ist gleichwohl seit alten Zeiten als eine vornehme empfunden worden. Die drückende Empfindung wird vielmehr dadurch hervorgerufen, daß einmal der Lastentransport eine nur körperliche Arbeit ohne jeden Aufwand von Denkarbeit ist, und daß er zudem eine unproduktive Arbeit ist. Denn durch den Transport wird keinerlei Veredlung des Stoffes herbeigeführt sondern nur eine Raumveränderung.

Versuche, dem Menschen die Arbeit der Lastenförderung abzunehmen oder sie wenigstens in eine minder harte Form zu bringen, sind uralt: sie reichen in die Vorzeit zurück. Solange keine Naturkraft — Wasserkraft und Wärme — zur Verfügung stand, konnte nichts anderes geschehen als eine Umwandlung der harten Arbeit des unmittelbaren Schleppens und Tragens in die minderanstrengende Arbeit des Drehens eines Speichenrades, einer Kurbel oder eines Gangspills.

Auf diese Bestrebung, die Arbeit des Lastenhebens in eine den menschlichen Muskeln besser angepaßte Form zu bringen, beschränken sich alle Ausführungen bis zum 15. Jahrhundert. Tierkraft und Wasserkraft waren zwar schon den Römern bekannt, wie uns Markus Vitruvius Pollio um 16 v. Chr. berichtet, aber Pferdegöpel und Wasserrad wurden damals nur zum Betrieb von Mahlmühlen verwendet und selbst diese ließ man lieber durch Sklaven betreiben, die in dem günstigen Klima Italiens billiger zu beschaffen und zu unterhalten waren als Pferde und hölzerne Maschinen.

Erst gegen das Jahr 400 wurden in Rom die 300 Roßmühlen, welche bis zu dieser Zeit dort bestanden, durch Wassermühlen verdrängt. Ausonius erwähnt um 379 Wassermühlen in der Moselgegend: es scheint hiernach, daß die Ausnutzung der Wasserkraft in Deutschland mindestens ebenso früh eingeführt wurde als in Italien.

Die Windkraft war ihrer unsteten Natur nach wenig geeignet für den Betrieb von Hebemaschinen; es finden sich daher Anwendungen dieser Art nur als Anhängsel von Windmühlen und zwar erst im 15. Jahrhundert;

Windmühlen als solche finden sich zum erstenmal von Mabillon in Frankreich 1105 erwähnt.

Ein Wandel trat erst um das Jahr 1500 ein. Um diese Zeit war der Bergbau in Deutschland so weit entwickelt, daß er aus dem Tagebau der antiken Zeit zu einem Tiefbau mit Schacht und Stollen sich umgebildet hatte. Es lag daher das Bedürfnis vor, das gewonnene Erz aus Teufen bis zu 200 m zu heben. Die Verwendung von Menschenkraft hierfür würde in dem Klima Deutschlands zu kostspielig gewesen sein. Es war darum notwendig geworden, Naturkräfte in den Dienst des Förderbetriebes zu stellen. Anschauliche Zeichnungen von Göpel-Fördermaschinen und von Wasserrad-Fördermaschinen sind uns in dem Werk »Bermannus« von Agricola überliefert.

Die Anwendung dieser Naturkräfte für Hebemaschinen anderer Art, etwa für den Umschlag vom Schiff auf das Landfahrzeug war kaum möglich, denn die Wasserkraft war überhaupt nur in bergigem Gelände verfügbar und ebenso wie der Tiergöpel zu schwerfällig und sperrig für den beschränkten Raum am Kai. Wir finden daher vom Jahre 1500 bis gegen die Mitte des 19. Jahrhunderts keinen wesentlichen Fortschritt. Die Zeichnungen von Fördermaschinen und von Kaikranen aus dem Beginn des 19. Jahrhunderts sehen fast genau so aus wie diejenigen aus dem 15. Jahrhundert; nur die Abmessungen sind mit den zunehmenden Teufen und Lasten etwas gewachsen.

Eine völlig neue Periode begann erst mit der Beherrschung der Dampfkraft und mit ihrer Anwendung auf den Lastentransport. Die Dampfmaschine selbst stammt zwar schon aus dem Ende des 18. Jahrhunderts, die Einführung der Dampfkraft in den Landverkehr fällt aber erst in das Jahr 1829, ihre Anwendung für Fördermaschinen ungefähr in dieselbe Zeit und ihre Verwendung für Krane erst in die Mitte des 19. Jahrhunderts. Die unmittelbare Anwendung der Dampfkraft für Hebemaschinen blieb auch in der Folge auf Sondergebiete wie Fördermaschinen, Schiffswinden und Kaikrane beschränkt; denn Hebemaschinen mit eigenem Dampfkessel waren schwerfällig und kostspielig, während der Anschluß an zentrale Kesselanlagen durch lange Dampfleitungen hohe Instandhaltungskosten mit sich brachte. Das Bedürfnis nach einer zweckmäßigen Energieverteilung machte sich lebhaft geltend. In der zweiten Hälfte des 19. Jahrhunderts tauchten zahlreiche Bestrebungen dieser Art auf: Seilübertragung, Druckwasser und Druckluft wurden in vielen Ausführungen zur Energieverteilung benutzt. Von diesen Übertragungssystemen errang indessen kein einziges eine allgemeine Verbreitung, weil alle zu geringe Beweglichkeit besaßen und zu wenig für Fernübertragung geeignet waren. Es wurden daher bis zum Ende des 19. Jahrhunderts noch zahlreiche Hebemaschinen mit Handbetrieb ausgeführt.

Erst mit dem Jahre 1890 trat ein Umschwung ein. Die elektrische Kraftübertragung, die um das Jahr 1880 bekannt geworden war, wurde gegen 1890 für den Hebemaschinenbetrieb nutzbar gemacht.

Trotzdem anfänglich zahlreiche Schwierigkeiten zu überwinden waren, bis die Einzelheiten der Elektromotoren und ihres Zubehörs dem Hebemaschinenbetrieb völlig angepaßt waren, verbreitete sich dieses System mit so großer Schnelligkeit, daß um 1900 der elektrische Antrieb infolge seiner Beweglichkeit, Einfachheit und Billigkeit bereits alle anderen Systeme fast völlig verdrängt hatte.

Die Beherrschung der Naturkraft ist daher das Leitmotiv für die Gestaltung der Hebemaschinen; von diesem entscheidenden Gesichtspunkt aus gesehen ergibt sich die Einteilung der Entwicklungsgeschichte wie folgt:

Antike und Mittelalter: Von der Vorzeit bis zur Einführung der Tierkraft und Wasserkraft in den Hebemaschinenbetrieb um das Jahr 1500.

16., 17. und 18. Jahrhundert: Von der Zeit um 1500 bis zur Einführung der Dampfkraft in den Hebemaschinenbetrieb um das Jahr 1820.

19. Jahrhundert: Vom Jahr 1820 bis zur Einführung der elektrischen Kraftübertragung in den Hebemaschinenbetrieb um das Jahr 1890.

Jüngste Zeit: Vom Jahre 1890 bis jetzt.

Naturgemäß hat — abgesehen von dem Wechsel der Naturkraft — noch eine Reihe von Einflüssen umgestaltend auf die Entwickelung der Hebemaschinen eingewirkt, so der Wechsel im Material, in der Herstellung, das zunehmende Bedürfnis nach Vergrößerung des Arbeitsfeldes und der Geschwindigkeit, nach Ersparnis von Hilfsarbeitern u. a. m. Aber alle diese Einflüsse waren nicht von so entscheidender Bedeutung für die Gestaltung wie die Art des Antriebes.

Die Hebemaschinen aus der Zeit der Antike und aus dem Mittelalter erscheinen durchweg nicht als dauernde Einrichtungen sondern als provisorische Vorkehrungen, um sich gelegentlich bei der ausnahmsweise vorkommenden Bewegung schwerer Lasten zu helfen. Es ist noch keine typische Ausgestaltung zu erkennen, wie sie nach dem 15. Jahrhundert eintritt.

Es ist daher eine Gliederung nach Anwendungsgebieten für Antike und Mittelalter kaum möglich; für diese erste Entwicklungszeit kann wohl nur eine rein chronologische Ordnung gewählt werden.

Vom 15. Jahrhundert an treten deutlich ausgeprägte typische Gestaltungen von Hebemaschinen auf. Für die folgenden Zeiten würde eine rein chronologische Darstellung wegen der unvermeidlichen Wiederholungen unübersichtlich und ermüdend wirken. Eine Ordnung nach fachwissenschaftlichem Gesichtpunkt — etwa nach Zahl und Art der Lastbewegungen — würde für den Nichtfachmann ungenießbar sein. Es soll daher für die Zeiten nach dem 15. Jahrhundert eine Gliederung nach Anwendungsgebieten eingehalten werden, weil diese der typischen Ausgestaltung am ehesten gerecht wird.

II
Die Hebemaschinen der Antike und des Mittelalters

1. Vorzeit.

Mit den ersten Hausteinbauten trat sofort das Bedürfnis nach sicherem Heben und Bewegen der Steinblöcke auf. Die Monolithen der Egypter, die bis zu 1000 t Gewicht hatten, waren naturgemäß nur mit besonderen Hilfsmitteln zu transportieren und aufzustellen. Wenn wir auch keine genaue Kenntnis der Ausführung dieser Bauten haben, so liegen in den bildlichen Darstellungen Urkunden vor, die uns eine unzweifelhafte Vorstellung von angewendeten Methoden geben. Letztere laufen darauf hinaus, eine große Anzahl von Menschen zu gemeinsamer Zusammenwirkung zu vereinigen.

Fig. 1 zeigt die Fortschaffung des Standbildes des Dhutotep durch die Krieger und die Stadtleute des Hasengaues. Das Standbild ist auf einen hölzernen Schlitten gestellt, der auf einer ebenfalls hölzernen Bahn gleitet. Vier Reihen von Arbeitern ziehen mittels Tauen den Schlitten vorwärts. Ein Mann gießt Wasser auf die Bahn, drei weitere bringen Wasser hinzu. Ein Mann steht auf den Knien der Statue und gibt von diesem erhöhten Standpunkt durch Händeklatschen das Signal zum taktmäßigen Anziehen. Mit welchen Menschenmassen bei diesen Transporten gearbeitet wurde, geht aus einer Mitteilung hervor, wonach zur Fortschaffung eines Steinblockes von 4,2 m Länge, 2,1 m Breite und 1 m Höhe 3000 Leute verwendet wurden.

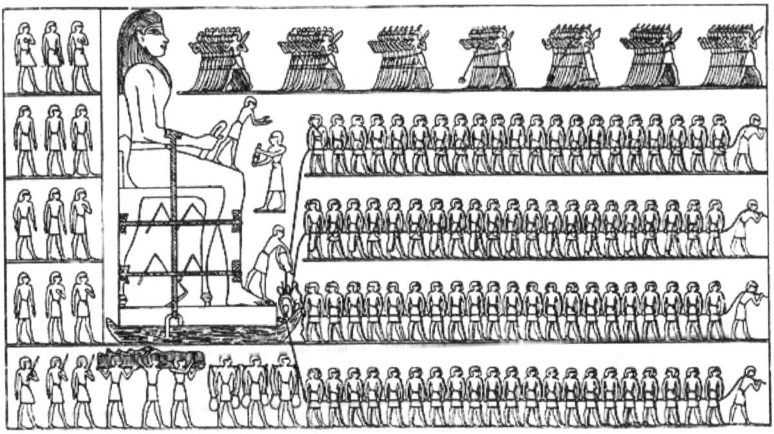

Fig. 1.

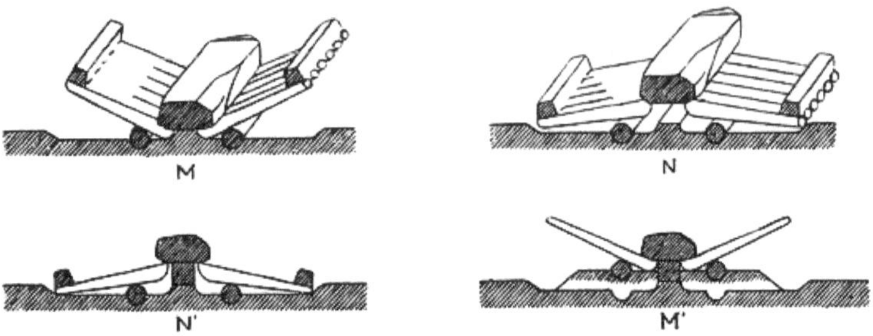

Fig. 2.

Neuerdings hat Choisy an vorgefundenen Resten und Spuren Untersuchungen über die Entstehung der egyptischen Bauten angestellt und in dem Buch »L'art de bâtir chez les Egyptiens« dargelegt. Aus diesen Forschungen geht zunächst hervor, daß schwere Lasten durch eine große Zahl gleichzeitig angreifender Hebel mit Gewichtsbelastung gehoben wurden (Fig. 2, entnommen aus Choisy, S. 76), wobei nach jeder Hebung die Unterstützungspunkte der Hebel durch Aufschütten von Erde höher gelegt wurden, während die Last selbst auf einer Erdschüttung aufruhte. Einzelne Quadern wurden durch wiegenartige Wälzungshebel abwechselnd gehoben und durch Unterlagen zeitweise unterstützt. (Fig. 3, entnommen aus Choisy, S. 82.) Die Aufstellung von Monolithen ging in der Weise vor sich, daß sie in wagrechter Lage zunächst durch Hebel stufenweise gehoben und auf vorübergehend aufgestellte Mauern gelagert wurden. (Fig. 4, entnommen aus Choisy, S. 124.) Dann ließ man das untere Ende des Monolithen auf einem Mauersektor heruntergleiten, wobei die stützende Erdschüttung allmählich entfernt wurde. Schließlich wurden Sandsäcke unter den Fuß gelegt, die stützenden Hölzer durchgesägt und nun die Sandsäcke allmählich entleert, so daß sich der Steinblock ohne Stoß auf sein Fundament aufsetzte.

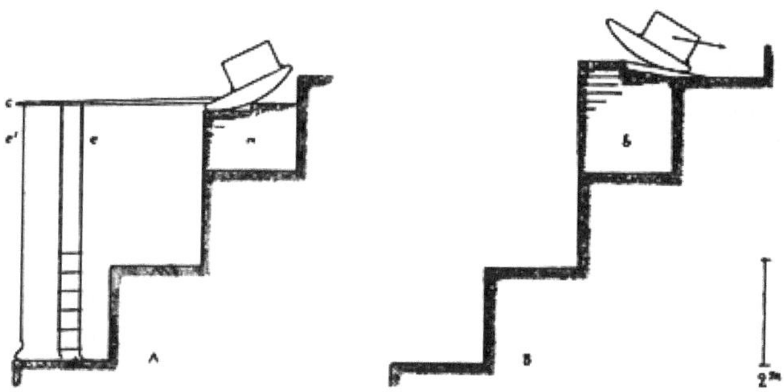

Fig. 3.

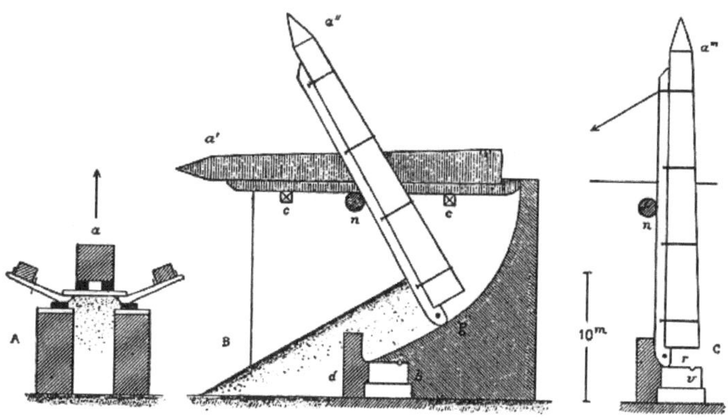

Fig. 4.

Die technischen Hilfsmittel waren also: Gewichtshebel einfachster Art und in großer Zahl angebracht, Schlittenkufen und Erdschüttungen. Zur Handhabung dieser Mittel waren naturgemäß gewaltige Mengen von Menschen erforderlich, die gefügig einem einzigen Willen gehorchten.

2. Antike.

Aus der griechischen Zeit liegen bereits Nachrichten vor, nach welchen die einfachsten Hebemaschinen — Flaschenzug, Trommelwelle, Stirnräder und Wippkran — damals bereits in Gebrauch waren. Das Werk »Barülkon« über Hebemaschinen von Heron dem Älteren, der etwa 120 v. Chr. lebte, ist freilich verloren gegangen (Theodor Beck, S. 5). Einen Auszug aus diesem Werk bildet indessen das »Pappi Alexandrini collectionis liber 8«, das um das Jahr 300 n. Chr. geschrieben wurde. In diesem Buche sind Flaschenzug, Trommelwelle mit Spillenrad, Stirnräder und ein einmastiger Wippkran (Monokolos) einfachster Art deutlich beschrieben. Die Beschreibung des Wippkrans lautet nach der Übersetzung von Theodor Beck wie folgt: »Aber um Lasten in die Höhe zu heben konstruiert man entweder einbeinige oder zwei- oder drei- oder vierbeinige Maschinen. Was die einbeinige Maschine betrifft, so nimmt man ein festes Holz, dessen Länge größer ist als die Höhe, bis zu welcher man die Last aufziehen will. Wenn es auch an und für sich fest ist, so umschnürt man es doch mit einem in Windungen darum geschlungenen Seile. Die Zwischenräume dieser Windungen sollen nicht größer sein als vier Handbreiten. So wird nicht nur das Holz fester, sondern die Windungen können auch den Arbeitern wie Leitersprossen dienen, wenn sie in die Höhe steigen wollen. Wenn das Holz nicht stark genug zu haben ist, setzt man es aus mehreren Hölzern zusammen. Diese Säule wird dann in einer Bohle aufgerichtet, und an ihrer Spitze werden drei oder vier Seile befestigt, herabgeführt und an irgendeinen festen Gegenstande angebunden, so daß die Holzsäule, wenn nach irgendeiner Seite hin gezogen wird, nicht wankt, sondern von den gespannten Seilen festgehalten wird. An der Spitze angebundene Flaschenzüge werden nach der Last hingezogen und ziehen, entweder mit der Hand oder durch Göpel in Bewegung gesetzt, die Last an, bis sie zur gewünschten Höhe gehoben ist. Wenn ein Stein (der die Last bildet) auf eine Mauer, oder wo man sonst hin will, gelegt werden soll, so läßt man, nachdem Vorstehendes geschehen, eines von den an der Spitze befestigten Seilen, und zwar dasjenige, welches sich auf der der Last gegenüberliegenden Seite befindet, nach und neigt die Säule. Auch legt man Walzen unter solche Stellen der Last, wo das Bindeseil nicht herumgeschlungen ist, und läßt dann die angespannten Flaschenzugseile nach, bis die Last auf den Walzen sitzt. Nachdem dann das Bindeseil gelöst ist, bewegt man die Last mit Hebeln, bis sie an die Stelle gebracht ist, wo man sie haben will. Dann bringt man die Bohle, worauf die Säule steht, indem man sie mit Seilen an den Händen fortzieht, an eine andere Stelle des Gebäudes, läßt die Seile wieder herab, bindet sie wieder an, und gebraucht die Maschine wieder auf dieselbe Weise, wie wir es beschrieben haben.« — Fig. 5 ist eine Zeichnung von Leonardo da Vinci (entnommen aus Th. Beck S. 447), die dieser Beschreibung des Pappus entspricht.

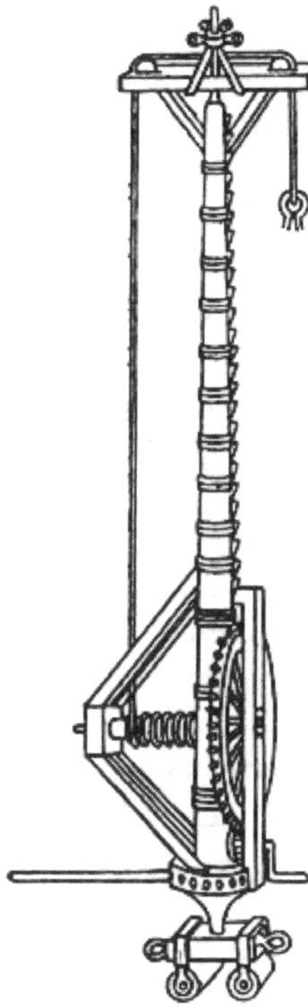

Fig. 5.

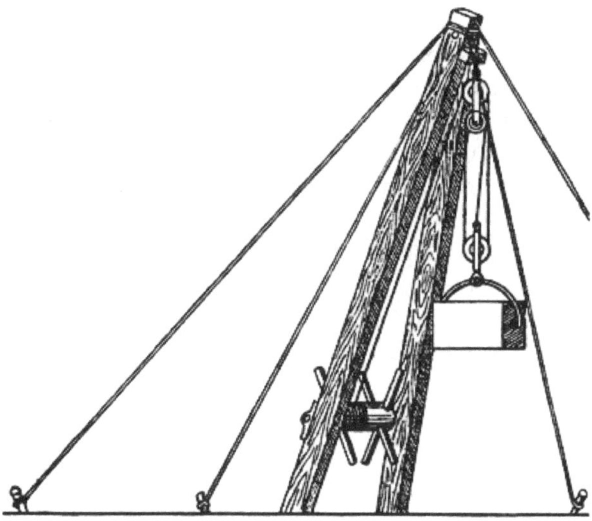

Fig. 6.

Aus der römischen Zeit liegt gegenüber der griechischen nichts wesentlich Neues auf dem Gebiet der Hebemaschinen vor, denn nach dem eigenen Zeugnis des Marcus Vitruvius Pollio (um 16 vor Chr.) hat dieser in seiner Darstellung nur zusammengetragen, was er in griechischen Werken bereits vorfand. Die Figurentafeln des Vitruv sind verloren gegangen, nachstehend eingefügte Figuren sind den Rekonstruktionen von Theodor Beck entnommen. Fig. 6 (entnommen aus Beck S. 42) stellt einen Wippkran vor, wie er heute noch als allereinfachstes Hilfsmittel zum Heben von Lasten an Baustellen benutzt wird. Mit der schon erwähnten Beschreibung eines einmastigen Wippkrans (Monokolos) von Pappus stimmt folgende Darstellung des Vitruv überein. »Es gibt außerdem noch eine andere ziemlich sinnreiche Art von Hebemaschinen, welche den Vorteil der Arbeitsbeschleunigung bietet, die aber nur von kundigen Leuten gehandhabt werden kann. Man stellt nämlich nur einen Baum auf und spannt ihn auf vier Seiten mit Haltseilen fest, unter den Haltseilen befestigt man zwei Backen (Auffütterungshölzer), knüpft die Flasche mit Seilen über denselben fest und legt der (oberen) Flasche ein etwa zwei Fuß langes, sechs Zoll breites und vier Zoll dickes Querholz unter. Die Flaschen werden so eingerichtet, daß die Rollen zu je drei nebeneinander laufen. Nun werden drei Zugseile an der oberen Flasche festgeknüpft, dann zur unteren Flasche herabgeführt und von innen um die drei oberen Rollen derselben geschlungen, dann werden sie wieder zur oberen Flasche hinaufgeführt und von außen nach innen über die unteren Rollen derselben geschlungen. Wenn dann die Seile wieder auf den Boden herab gelangt sind, schlägt man sie von innen nach außen über die drei Rollen, die an zweiter Stelle stehen, führt sie wieder nach oben, zu den zweiten Rollen daselbst, schlingt sie über diese, führt sie abermals nach unten und von unten noch einmal nach oben, und nachdem sie über die obersten Rollen geschlagen sind, leitet man sie bis an den Fuß des Hebebocks (Standbaums). Am unteren Ende der Maschine aber ist ein drittes Rollengehäuse angebracht, welches die Griechen Epagon (Zieher), wir Römer aber Artemon (Leitflasche), nennen. Dieses Rollengehäuse wird am Fuße des Standbaumes festgeknüpft und enthält drei Rollen, um welche die Seile geschlungen werden und dann ihre Enden den Leuten zum Ziehen darbieten. So können ohne Göpel drei Reihen von Leuten ziehen und die Last wird schnell in die Höhe gebracht.

Fig. 7.

Diese Art von Maschinen wird Polyspastos (vielzügig) genannt, weil sie, in vielen Rollen gehend, sowohl leichte als rasche Handhabung zuläßt. Der Umstand aber, daß nur ein Baum dabei aufgestellt ist, gewährt den Vorteil, daß man vorher, ehe man eine Last versetzt, die Maschine nach Belieben nach der rechten oder linken Seite hin neigen kann.« (Beck S. 44.)

Neben dem Wippkran war den Römern auch der Drehkran bereits bekannt, und zwar nicht in der einfachen Ausführung als Säulenkran, sondern in dem weit schwierigeren Aufbau des modernen Drehscheibenkrans. Vitruv schreibt hierüber: »Alle Maschinenarten, welche oben beschrieben worden sind, finden bei Verladung und Ausladung von Schiffen Anwendung, bald aufrechtstehend, bald wagrecht auf »Krandrehscheiben« angeordnet.« (Beck S. 44.)

Theodor Beck fügt zur Erläuterung ein Bild aus dem 16. Jahrhundert bei: Fig. 7 (entnommen aus Beck S. 45).

3. Mittelalter.

Es folgt nun eine große Lücke in der Überlieferung, die bis zum Jahre 1400 sich erstreckt. Die nunmehr folgenden Berichte lassen erkennen, daß der Fortschritt in dieser Zeit nur ein ganz geringer war. Diese Erscheinung ist durchaus begreiflich. Denn die hohe Kultur der griechischen und römischen Zeit kam nur einem winzigen Bruchteil der Bevölkerung zugute; die ungeheure Mehrzahl hatte alle körperliche Arbeit gegen geringes Entgelt zu liefern. Man mag vielleicht behaupten, daß die materielle Lage der Sklaven nicht schlechter als diejenige von Taglöhnern unsrer Zeit gewesen sei, jedenfalls nicht schlechter als die Lage der untersten Volksschichten in Italien, insbesondere in Neapel. Immerhin waren sie jeder Willkür ihrer Besitzer völlig preisgegeben, denn diese hatten Recht über Arbeitskraft und

Körper, über Leben und Tod. Daß die Lage dieser Volksschichten keine beneidenswerte war, geht jedenfalls aus der Tatsache hervor, daß mehrjährige Sklavenaufstände sich wiederholten, die zum Teil nur mit Aufwendung aller Machtmittel niedergeschlagen und nur durch brutale Abschreckungsmittel für einige Zeit unterdrückt werden konnten. Die von Rom nach Neapel führende Straße wurde nach Niederkämpfung eines Aufstandes mit 7000 an das Kreuz geschlagenen Sklaven besetzt. Vollends unmöglich wäre eine solche auf völliger Unterdrückung der breiten Masse beruhende Kultur in einem Lande gewesen, das nicht das fruchtbare und milde Klima Italiens besessen hätte, das mit einem Mindestmaß von Arbeit und Einkommen das Leben zu fristen gestattet.

Die Verbreitung des Christentums und der Einbruch der Germanen bereiteten dieser künstlerisch so hochwertigen und vom Standpunkt der Humanität aus barbarischen Kultur das unausbleibliche Ende. Die körperliche Arbeit konnte nun nicht mehr auf die Sklaven abgewälzt werden, sondern mußte gemeinsam von allen geleistet werden. Die Folge war, daß die Muße für künstlerische und wissenschaftliche Tätigkeit fehlte, und daß daher ein mehr als tausendjähriger Stillstand und Rückschritt auf diesen Gebieten eintrat.

Erst gegen das 15. Jahrhundert zu werden uns wieder Nachrichten über Maschinen zur Bewegung schwerer Lasten übermittelt. Der erste Bericht dieser Art stammt aus der Zeit der Hussitenkriege um das Jahr 1430. Theodor Beck übermittelt uns aus dieser Schrift folgende Skizzen:

Fig. 8 (entnommen aus Beck S. 271) zeigt einen Drehkran, der nicht wie die römischen Krane als Drehscheibenkran, sondern als Säulenkran gestaltet ist, wobei indessen die Lagerung der Säule nicht dargestellt ist.

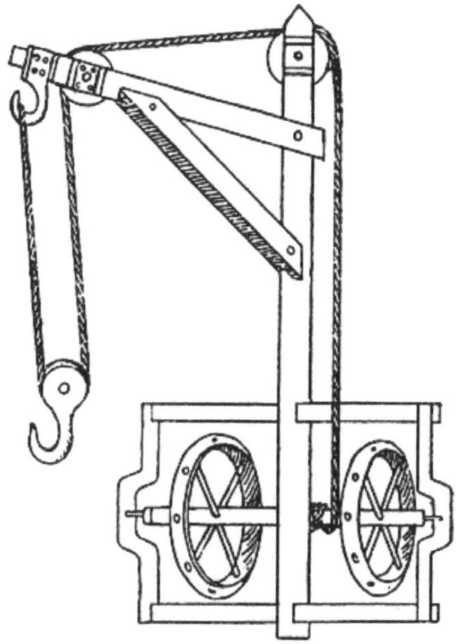

Fig. 8.

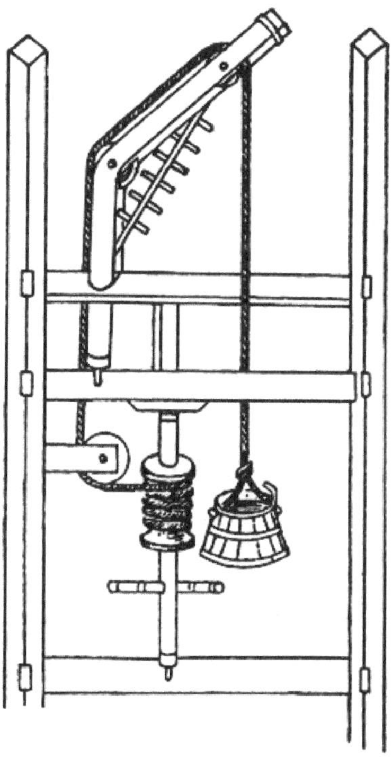

Fig. 9.

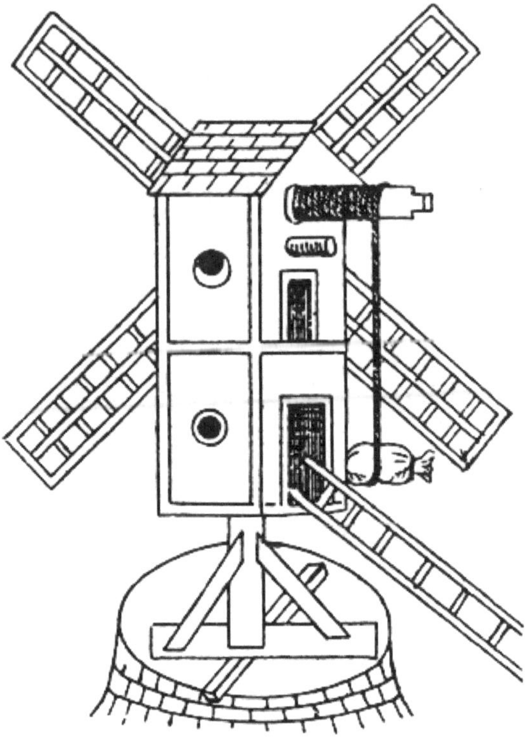

Fig. 10.

Fig. 11.

In Fig. 9 (entnommen aus Beck S. 273) ist die Lagerung der Kransäule deutlich erkennbar. Das Triebwerk ist hier nicht wie in Fig. 8 an der drehbaren Säule sondern an dem feststehenden Gestell gelagert.

Fig. 10 (entnommen aus Beck S. 277) zeigt zum erstenmal eine Hebemaschine, die durch Naturkraft betrieben wird. Die Einzelkonstruktion ist nicht sichtbar, es ist aber zu vermuten, daß die Trommelwelle parallel zur Windradwelle so gelagert ist, daß durch Reibungsräder die Übertragung von der letzteren auf die Trommelwelle stattfindet, sobald die Reibräder aneinander gepreßt werden. Wir haben also anscheinend die Urform der sog. Friktionswinden vor uns, die geradezu typisch für Mühlenaufzüge geworden sind.

Aus derselben Zeit — um das Jahr 1440 — stammt eine zweite Handschrift, die von dem Künstler und Ingenieur Marianus Jakobus aus Siena verfaßt ist. Theodor Beck berichtet über seine Persönlichkeit: »Marianus Jacobus, genannt Taccola, genoß im 15. Jahrhundert großen Ruf. Er war Erfinder und wurde von seinen Zeitgenossen der Archimedes von Siena genannt.«

Fig. 12.

In dieser Handschrift sind die ersten fahrbaren Winden und Krane dargestellt. So zeigt Fig. 11 (entnommen aus Beck S. 284) eine fahrbare Bauwinde, die durch ein Gangspill betrieben wird und von zwei Lastseilen das eine aufwindet und gleichzeitig das andere senkt.

Fig. 12 (entnommen aus Beck S. 285) stellt einen Kaikran dar, der gleichzeitig Wipp- und Drehbewegung ausführen kann.

Fig. 13.

Fig. 13 (entnommen aus Beck S. 291) ist die erste Darstellung einer Seilbahn mit festem Tragseil und mit einem besonderen Zugseil.

4. Renaissance.

Während uns die genannten beiden Berichte aus dem Ende des Mittelalters nur einzelne Skizzen ausgeführter Maschinen überliefern, ist uns in den Handschriften des Leonardo da Vinci und besonders in seinem Codice atlantico zum erstenmal eine zusammenhängende Darstellung von Maschinen verschiedenster Art überliefert, die ein deutliches Bild von seiner Ingenieurtätigkeit entrollt.

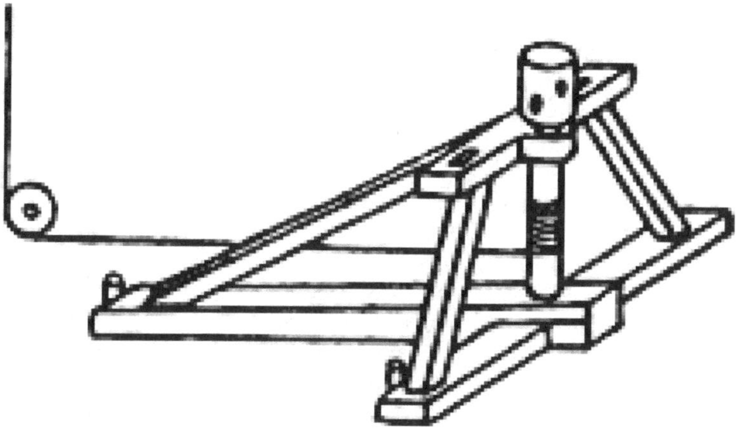

Fig. 14.

Künstlerische und technische Tätigkeit scheinen zwar dem Laien, der die Technik meist nur im grob-materiellen Sinn auffaßt, einander völlig fremd gegenüberzustehen; in Wirklichkeit beruhen sie beide auf der Raum- und Formvorstellung, auf Phantasie; sie sind beide nichts anderes als eine Kompositions- und Erfindungstätigkeit. Wenn es eines Beweises hierfür bedürfte, so könnte die Persönlichkeit Leonardos hierfür dienen, der ein gleich hervorragender Ingenieur wie Künstler war und hierin seinen Vorgänger Marianus Jacobus aus Siena weit übertraf. Wenn die Neuzeit keine Persönlichkeit aufzuweisen vermag, die künstlerische und technische Leistungen in sich vereinigt zeigte, so mag es wohl darum sein, weil im 19. Jahrhundert der Zusammenhang zwischen Kunst und Leben ein sehr loser geworden ist. Eine vorzügliche Darstellung von Leonardos Leben im Zusammenhang mit seiner Zeit findet sich in dem Werk von Theodor Beck.

Leonardo war Wasserbau-Ingenieur im Dienst des Ludovico Sforza in Mailand in den Jahren 1482 bis 1499 und Kriegsingenieur des Césare Borgia 1502 bis 1507. Seine Lehrbücher über Mechanik und Maschinenelemente sind leider verloren gegangen; die hinterlassenen Handschriften sind gewissermaßen als der Rohstoff zu den ersteren anzunehmen. Sie enthalten eine Fülle von konstruktiven Gedanken und wissenschaftlichen Überlegungen und umfassen das gesamte Gebiet damaliger Technik, von den Werkzeugen bis zu vollständigen Wasserkraftanlagen, von der Herstellung der Geschützrohre bis zu dem Projekt einer Dampfkanone.

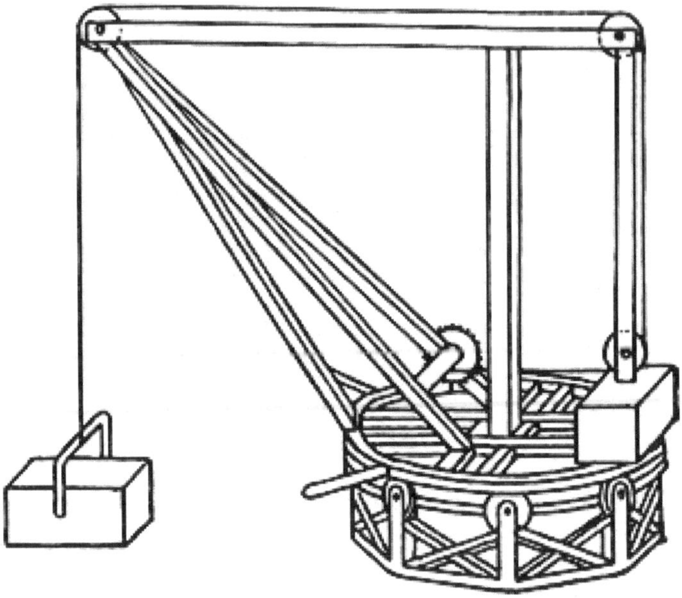

Fig. 15.

Zur Bewegung schwerer Lasten gibt Leonardo folgende Maschinen an:

Fig. 14 (entnommen aus Beck S. 329) ein Gangspill mit einem Gestell, das bei größter Einfachheit den wirkenden Kräften vollkommen angepaßt ist.

Fig. 15 (entnommen aus Beck S. 330) ein Drehkran, der durch die statisch durchdachte Anordnung seines Gerüstes sich auszeichnet. Während in Deutschland Drehkrane stets als Säulenkrane ausgeführt wurden, hat sich in Italien die Drehscheibenanordnung der Römer erhalten, die Vitruv beschrieben hat.

Fig. 16 (entnommen aus Beck S. 447) stellt zwei Wand-Drehkrane vor, von denen der eine an einem Gebäude, der andere an einem Strebenwerk gelagert ist. Letzterer ist so aufgestellt, daß er die Umladung aus Schiffen eines tiefliegenden Kanals in einen hochliegenden bewirken kann: er ersetzt also bis zu einem gewissen Grade eine Schleuse.

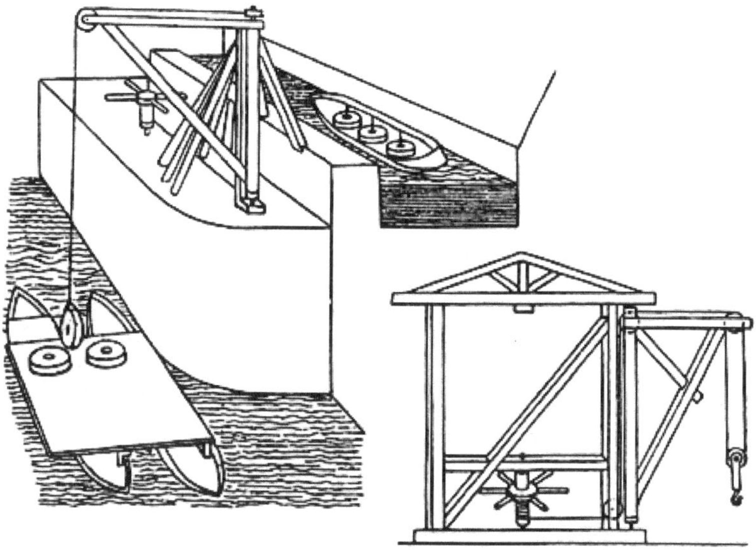

Fig. 16.

Fig. 17 (entnommen aus Beck S. 481) gibt eine Darstellung von zwei übereinander an demselben Stützgerüst angeordneten Drehkranen, zu dem Ausheben eines Kanals bestimmt. Die durchaus zweckmäßige Anordnung des Gerüstes mit den wohldurchdachten Einzelheiten ist besonders bemerkenswert. Auch der Arbeitsvorgang ist gut überlegt: er gestattet ein gleichzeitiges Arbeiten in zwei Geschossen und ein stetiges Vorrücken der ganzen Maschine.

Besonders bemerkenswert erscheint, daß unter der Fülle von Skizzen zahlreiche Wasserräder zum Betrieb von Mühlen und von Werkzeugmaschinen dargestellt sind, daß aber keine einzige Hebemaschine mit Wasserradantrieb oder auch nur mit Pferdegöpel sich findet. Man kann aus diesem Umstand wohl schließen, daß auch im Mittelalter die Menschenkraft in Italien noch sehr billig war; wird doch heutzutage noch aus den Schwefelgruben Siziliens das geförderte Material durch Knaben auf Leitern heraufgetragen.

Als Abschluß der ersten Epoche — die durch ausschließliche Verwendung von Menschenkraft für Heben von Lasten gekennzeichnet ist — mögen zwei Figuren beigegeben werden, die den Transport des Vatikanischen Obelisken darstellen, der durch Domenico Fontana im Jahre 1590 ausgeführt wurde und wobei zum erstenmal Pferdegöpel verwendet wurden. Theodor Beck gibt auf S. 485 und den folgenden eine ausführliche und sehr anziehende Darstellung des Vorgangs nach dem eigenen Bericht des Domenico Fontana.

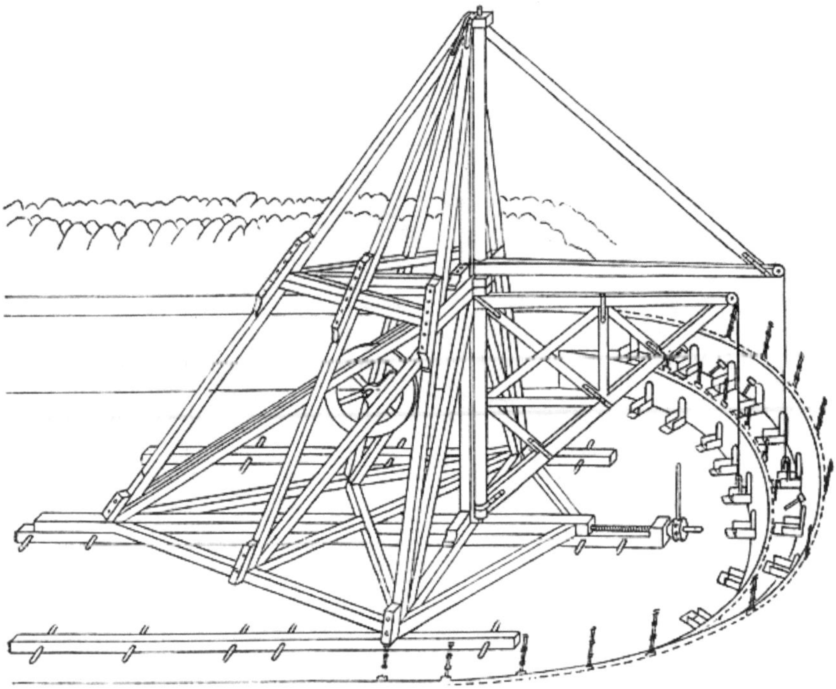

Fig. 17.

»In der genannten Absicht, sowie um den Platz und das neue, prachtvolle Gebäude von St. Peter zu zieren, befahl Se. Heiligkeit der Papst am 24. August 1585 den Zusammentritt einer Versammlung von Prälaten und den intelligentesten Herren, die beraten sollten, welches die geeignetste Stelle für den Obelisken sei und wie man sich zu verhalten habe, um dessen Transport mit der größtmöglichen Sicherheit zu bewerkstelligen. Auch sollten sie den Künstler nennen, den sie wegen seines Scharfsinnes und seiner Erfahrung für den geeignetsten hielten, das Werk zum gewünschten Ende zu führen. Das Unternehmen wurde allgemein für äußerst schwierig gehalten, sowohl wegen des ungeheuren Gewichtes, als auch wegen der Größe des Steines und seiner Neigung, bei der Bewegung zu brechen. Viele der früheren Päpste, die denselben Stein zu versetzen wünschten, waren durch die Bedenken, die die ersten Ingenieure ihrer Zeit dagegen erhoben, davon abgeschreckt worden. Man hegte wegen der Schwierigkeiten, die das Unternehmen habe, tausend Zweifel, da kein Schriftsteller beschreibt oder erwähnt, wie die Alten sich dabei verhielten, so daß man davon Regeln hätte abnehmen können, und man übertrieb die Gefahren, die der Zufall bei derartigen Arbeiten unversehens bringen könne. Man kam deshalb in der ersten Sitzung der Versammlung trotz langer Beratung zu keinem befriedigenden Resultat und beschloß, zum Zwecke der Klarstellung der Sache und damit eine so hoch geschätzte Relique unversehrt transportiert werde, alle Gelehrten,

Mathematiker, Architekten und andere tüchtige Männer, die man herbeibringen könne, zusammenzurufen, damit jeder seine Ansicht über die Ausführung des Unternehmens ausspräche.

Die zweite Sitzung wurde auf einen um 25 Tage späteren Termin verlegt, damit Fremden Zeit gelassen würde, nach Rom zu kommen und Beweise ihres Scharfsinnes abzulegen. Durch das Gerücht von einer solchen Arbeit angelockt, kamen viele, zum Teil ohne die Absichten des Papstes genau zu kennen, aus allen Weltgegenden, so daß bei der genannten zweiten Sitzung am 18. September an 500 Personen der genannten Berufsarten aus den verschiedensten Ländern erschienen, aus Mailand, Venedig, Florenz, Lucca, Como, Sizilien, Rhodos und Griechenland. Mehrere waren Geistliche, und ein jeder trug seine Erfindung bei sich, der eine in Zeichnungen, der andere im Modell, einige erklärten sich auch nur mündlich. Die meisten stimmten darin überein, daß der Obelisk aufrecht zu transportieren sei, da man es für das Allerschwierigste hielt, ihn umzulegen und wieder aufzurichten. Einige wollten nicht nur den Obelisk, sondern ihn samt seinem Piedestal und Fundament aufrecht transportieren, andere nicht aufrecht und nicht wagrecht, sondern schräg liegend, im Winkel von 45° gegen den Horizont geneigt. Dann zeigten sie die Art, wie er bewegt werden sollte. Der eine meinte mit einem einzigen Hebel, der andere mit Schrauben, der andere mit Zahnrädern.«

Dieser Transport war für die damalige Zeit eine Aufgabe von besonderer Schwierigkeit. Der Obelisk mußte auf seinem alten Platz umgelegt, auf den rund 200 in entfernten Petersplatz gebracht und dort wieder aufgerichtet werden. Das Gewicht des Monolithen betrug rund 300 t. Fontana löste die Aufgabe sehr zweckmäßig dadurch, daß er den Obelisken nicht um seine Fußkante, sondern um seine Schwerpunktsachse kippte und gleichzeitig den Schwerpunkt vertikal senkte, so daß der Fuß des Obelisk stets in einer Horizontalbahn sich bewegte. Der Vorgang ist aus Fig. 18 (entnommen aus Beck S. 493) deutlich erkennbar.

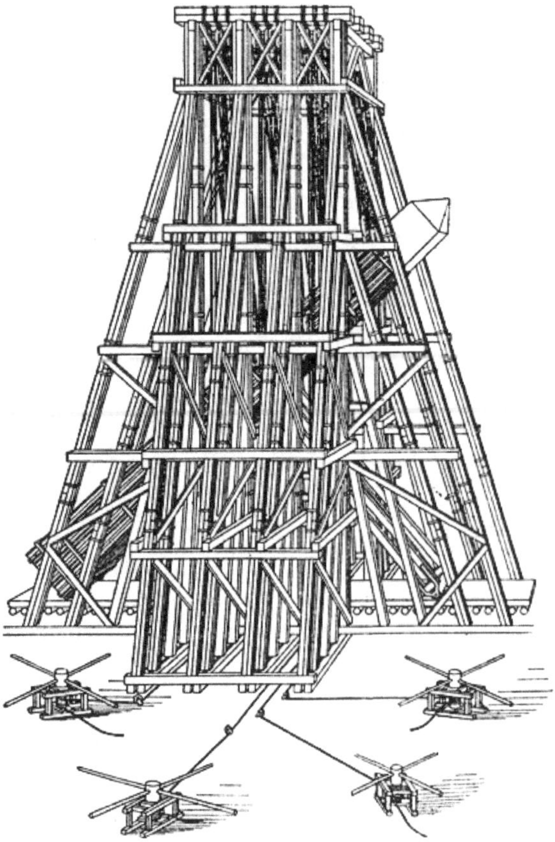

Fig. 18.

Der mit einer Holzverschalung und eisernen Bändern armierte Obelisk wurde durch 40 über die ganze Länge verteilte Flaschenzüge gefaßt, deren Taue zu 40 Pferdegöpeln führten. Die Seile waren an den Trommelwellen der Göpel nicht befestigt, sondern nur durch Reibung mittels mehrfacher Umschlingung gehalten, um eine einfache Regelung der Seilspannung zu ermöglichen.

Fig. 19 (entnommen aus Beck S. 491) zeigt die Anordnung der Göpel.

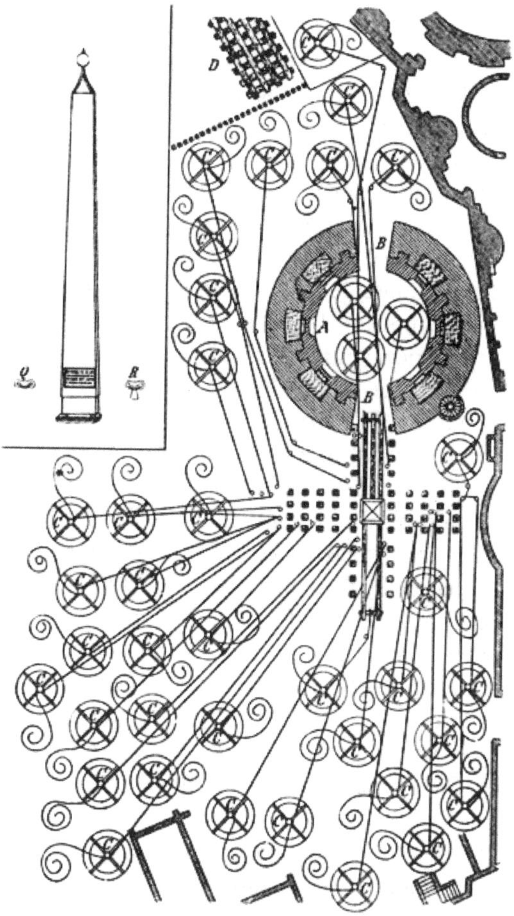

Fig. 19.

Den Beginn der Arbeit schildert Domenico in der Übersetzung von Beck wie folgt:

»Am 30. April, zwei Stunden vor Tagesanbruch, wurden zwei Messen in der Heiligengeistkirche gelesen, damit Gott, zu dessen und des heiligen Kreuzes Ehre dieses merkwürdige Unternehmen ausgeführt werden sollte, ihm seine Gunst schenken und es gelingen lassen sollte. Und damit er die Bitten aller erhöre, gingen sämtliche Arbeiter, Aufseher und Fuhrleute, die bei dem großen Werk zu tun hatten, und nach meiner Anordnung tags zuvor gebeichtet hatten, zur Kommunion. Auch hatte unser Herr mir den Tag vorher seinen Segen gegeben und mir anempfohlen, was ich zu tun habe. Nachdem alle kommuniziert hatten und angemessene Reden gehalten worden waren, trat er aus der Kirche in die Umzäunung, und alle Arbeiter wurden an ihre Plätze beordert. Jeder Göpel erhielt zwei Aufseher, deren

Anweisung besagte, daß jedesmal, wenn das Signal eines Trompeters gehört würde, den ich auf einem erhöhten Platze aufstellte, so daß er allen sichtbar war, die Göpel in Gang zu setzen seien, und er ein scharfes Auge darauf haben müsse, daß richtig gearbeitet werde; wenn aber der Ton einer Glocke erklinge, die oben an dem Gerüst aufgehangen war, müsse er sofort Halt machen lassen. Innerhalb einer Umzäunung am Ende des Platzes stand der Chef der Fuhrleute mit 20 starken Reservepferden und 20 Mann zu ihrer Bedienung. Außerdem hatte ich noch acht bis zehn tüchtige Männer auf dem Platze verteilt, die herumgingen und Überall nachsahen, daß während der Arbeit keinerlei Unordnung vorkäme. Ferner hatte ich eine Abteilung von 12 Mann angewiesen, die nötigen Reserveteile, Flaschenzüge, Rollen usw. nach Bedarf hin und her zu tragen. Diese waren vor dem Vorratshause auf einem erhöhten Platze aufgestellt, wo sie auf jeden Wink oder Befehl das auszuführen hatten, was ihnen aufgetragen wurde, so daß kein Göpelaufseher seinen Platz zu verlassen brauchte. An jeden Göpel aber hatte ich sowohl Menschen als Pferde gestellt, um ihn zu bewegen, damit ihn erstere mit Vernunft nach den Befehlen der Aufseher regierten, da Pferde allein manchmal stehen bleiben oder sich zu rasch bewegen. Unter dem Gerüste waren 12 Zimmerleute aufgestellt, welche fortwährend hölzerne und eiserne Keile unter den Obelisk zu schlagen hatten, einesteils um damit heben zu helfen, andernteils um ihn fortwährend zu unterstützen, so daß er niemals frei hing. Diese Zimmerleute trugen eiserne Helme auf dem Kopfe, um sie zu schützen, wenn ein Gegenstand von dem Gerüste herabfiel. Zur Beobachtung des Gerüstes, der Flaschenzüge und Verschnürungen daran bestimmte ich 30 Mann. An die drei Hebel gegen Westen (nach der Sakristei hin) stellte ich 35 Mann zur Bedienung und an die gegenüberliegenden zwei Hebel 18 Mann mit einem kleinen Handgöpel.«

»Nachdem von allen ein Paternoster und Ave Maria gesprochen war, gab ich dem Trompeter das Zeichen, und sobald sein Signal ertönte, begannen die 5 Hebel und 40 Göpel mit 907 Menschen und 75 Pferden zu arbeiten. Bei der ersten Bewegung schien es, als ob die Erde zittere, und das Gerüst krachte laut, indem sich alle Hölzer durch das Gewicht zusammendrückten, und der Obelisk, welcher um 44 cm gegen den Chor von St. Peter hin geneigt gewesen war, stellte sich senkrecht. Alsdann fuhr man fort und hob den Obelisken in 12 Bewegungen (Hitzen) um 60 cm, was genügte, um die Schleife darunter zu schieben und die metallenen Knäufe, worauf der Obelisk gestanden hatte, wegzunehmen. In dieser Höhe wurde daher angehalten und wurden die vier Ecken des Obelisken mit sehr starken Unterlaghölzern, hölzernen und eisernen Keilen unterschlagen. Und als dies um 22 Uhr desselben Tages geschehen war, wurde mit einigen Mörsern auf dem Gerüste das Signal gegeben und die ganze Artillerie gab mit lautem Donner das Zeichen der Freude.«

III
Die Hebemaschinen der Neuzeit

A.
Die Lastenförderung im Bergbau.

1. 1500 bis 1820: Antrieb durch Göpel und Wasserrad.

Der Bergbau des Altertums war kein Tiefbau, sondern nur ein Tagebau. Die technischen Mittel konnten daher die denkbar einfachsten sein; denn bei einem Tagebau bietet die Herausschaffung des geförderten Erzes und des Grundwassers keinerlei Schwierigkeit. Zur Erzielung der erforderlichen Leistung waren wegen der fehlenden technischen Mittel naturgemäß zahlreiche Arbeitskräfte erforderlich. Es darf uns daher nicht in Erstaunen setzen, wenn uns berichtet wird, daß in den Silberbergwerken von Laurion bei Athen mehrere Tausende von Sklaven tätig waren.

In Deutschland wurde der Bergbau zuerst als Tiefbau betrieben; der Tiefbau erschwert das Herausschaffen von Erz und Wasser nicht nur darum, weil die Hubhöhe größer ist, sondern vor allem deshalb, weil für diesen Transport nur der enge Querschnitt des Schachtes zur Verfügung steht. Man war daher gezwungen, technische Mittel, d. h. leistungsfähige Hebemaschinen für Wasserhaltung und Erzförderung zu Hilfe zu nehmen.

Die Dienstbarmachung der Naturkraft war schon durch den Tiefbau allein zu einer Notwendigkeit geworden; dazu kam, daß die Lebenshaltung in dem rauhen nordischen Klima eine weit kostspieligere war als im sonnigen Italien, und daß die Menschenkraft bei uns daher schon damals weit höher im Werte stand wie im Süden.

Fig. 20.

Eine Nachricht über die Entwicklung des Bergbaues im südlichen Deutschland übermittelt uns Vannuccio Biringuccio (um 1540), der in seiner »Pirotechnia« nach der Übersetzung von Theodor Beck folgendes berichtet:

»Ich erinnere mich, in Deutschland, wo solche Kunst vielleicht am meisten in der ganzen Christenheit blüht und geübt wird, nicht nur die Anordnung der Schacht- und Flammöfen, sondern auch die Aufbereitungsarbeiten gesehen zu haben.«

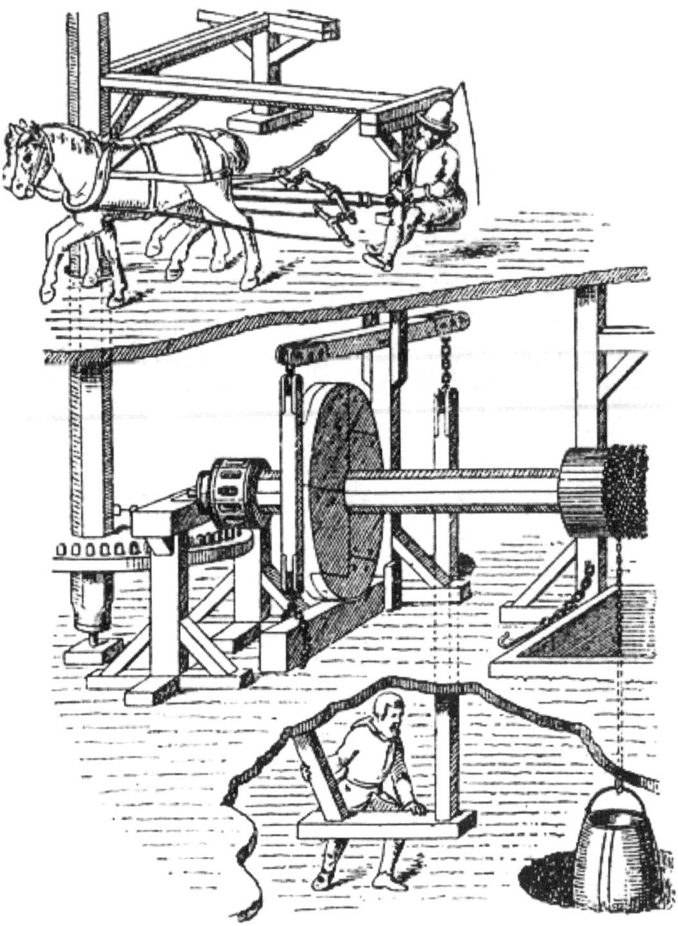

Fig. 21.

»Ich suchte Gelegenheit, von anderen etwas abzusehen, und ging deshalb zweimal nach Deutschland, um die Gruben zu sehen, welche in diesem Lande sind, und um mir Erfahrung zu sammeln.«

»Und als es später dazu kam, daß ich wieder nach Hochdeutschland zurückkehrte, suchte ich mit noch größerem Fleiße als zuerst mich dort umzusehen, und zwar in Sbozzo (Schwaz), Plaiper (Bleiberg), Ispruch (Innsbruck), Alla (Hall) und Arotimbergh (Rattenberg).«

Ein ausführliches Werk über den deutschen Bergbau im 15. Jahrhundert hat uns Georg Bauer, genannt Agricola, hinterlassen, der 1490 bis 1555 lebte. Sein Werk führt den Titel: »Bermannus, sive de re metallica.« Sein wechselvolles und arbeitsreiches Leben schildert Theodor Beck in anziehender Weise.

Aus diesem Werk geht zunächst hervor, daß schon damals (1550) die Erzwagen auf hölzernen Schienen liefen, daß also die Spurbahnen nicht eine englische, sondern eine deutsche Erfindung sind.

Fig. 20 (entnommen aus Beck S. 131) und Fig. 21 (entnommen aus Beck S. 132) geben ausgezeichnet klare Darstellungen von Fördermaschinen mit Göpelbetrieb. Auf der letzteren Figur ist sehr deutlich die Bremse dargestellt, welche zum Stillhalten der Fördermaschine dient: der Arbeiter setzt sich auf das an der Bremsstange angebrachte Querholz, sobald er die Fördermaschine anhalten will.

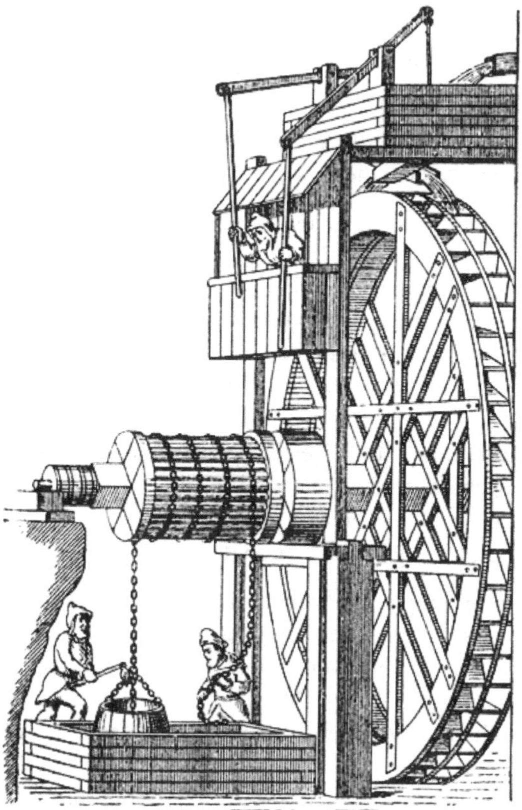

Fig. 22.

Fig. 22 (entnommen aus Beck S. 142) zeigt in sehr anschaulicher Weise eine Fördermaschine, die durch ein Kehrrad betrieben wird, d. h. durch ein Wasserrad mit einem rechtsgängigen und einem linksgängigen Schaufelkranz. Man erkennt deutlich die beiden Zuaufschützen, von denen der eine geschlossen ist, während der andere geöffnet ist; man sieht den Steuermann, der die beiden Schützen bedient und die beiden Hilfsarbeiter, welche das Entleeren der Fördergefäße besorgen. Ein vierter Mann bedient die Bremse. Diese Maschine hatte ein Kehrrad von 10,40 m Durchmesser, die Welle war 60 cm stark und 10,40 m lang. Die Bremsscheibe hatte 1,80 m Durchmesser und war 30 cm breit. Es wurden also diese Fördermaschinen bereits in ansehnlichen Abmessungen ausgeführt; sie waren in ihren Einzelheiten den damaligen Herstellungsmethoden durchaus angepaßt und in der Gesamtordnung wohl durchdacht; für die damalige Zeit stellen sie eine erstaunliche Leistung dar.

Von dieser Zeit — um 1500 — bis zum Jahre 1800 bleibt die typische Gestaltung der Fördermaschinen unverändert. Aus dem Jahre 1826 liegt uns ein sehr umfangreiches und wertvolles Werk vor: »Ausführliches System der Maschinen-Kunde« von Prof. Langsdorf, ordentlichem Lehrer der Mathematik zu Heidelberg.

Kennzeichnend für das unbefangene Urteil dieses Verfassers sind die einleitenden Sätze, die er seinem Werk vorausschickt:

»Die Wichtigkeit einer Zusammenstellung von Lehren, die zur industriellen Mechanik gehören, ist allgemein anerkannt. Aber hat die industrielle Mechanik weniger Bedeutung als die Mechanik überhaupt? und haben wir nicht Anleitungen zu letzterer, selbst in unserer Muttersprache zum Überfluß? Man nehme Euler oder Lagrange, oder Kästner und ähnliche Werke zur Hand: Von besonderen Zwecken der Bewegung ist in diesen Behandlungen der allgemeinen Mechanik nicht die Rede, daher auch nicht von Anordnungen zur Erreichung bestimmter Zwecke; mit letzteren geht die Wissenschaft in die Technik über, die der reinen Wissenschaft, und oft genug auch dem Subjekte, das sie besitzt, ganz fremd ist.«

»Karsten ging ungleich weiter als Kästner; er betrachtet schon mannigfaltige Maschinen, die für das bürgerliche Leben von großer Wichtigkeit sind. Ich glaube aber den großen Verdiensten dieses trefflichen scharfsichtigen und gründlichen Mathematikers unbeschadet bemerken zu dürfen, daß er, ich möchte sagen, zu sehr Mathematiker war.«

»Es ist nicht das künstliche Gewebe von Reihen und Kombinationen, was uns zu brauchbaren Resultaten führt; es ist ein geübtes praktisches Talent, das durch Mannigfaltigkeit von Beobachtungen zusammenwirkender Kräfte und dazu dienlicher Organe geleitet, die mannigfaltigen Kräfte und Organe aufzusuchen gewöhnt ist, deren Verein zu einer bestimmten Wirkung führt, jenes Talent, wodurch Belidor, v. Baader, v. Reichenbach sich zu Lehrern in diesem Fache erhoben — nicht die bewunderten Kunstgriffe der neuen Analysis, die dabei nicht einmal ihre Anwendung finden.«

In diesem Werk findet sich eine vorzügliche Darstellung der technischen Mittel des damaligen Bergbaues. Unter anderem sind dort die von dem bayerischen Ingenieur v. Reichenbach in Berchtesgaden ausgeführten, noch heute erhaltenen Wassersäulenmaschinen eingehend dargestellt, die ein Jahrhundert hindurch in Betrieb gewesen sind.

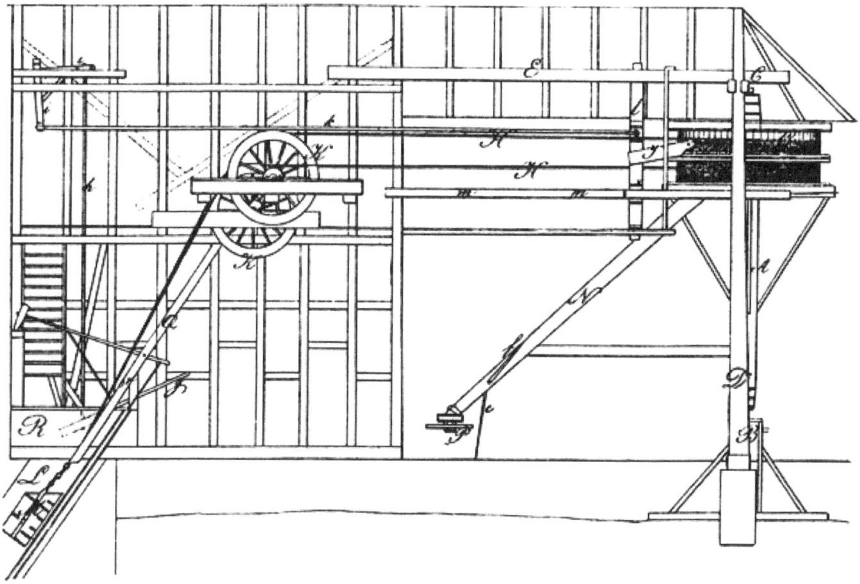

Fig. 23.

Fig. 23 (entnommen aus Langsdorf 2. Band, Taf. 48) gibt ein klares Bild einer im Freiberger Revier aufgestellten Fördermaschine mit Göpelbetrieb. Die Abmessungen, Geschwindigkeiten und Leistungen dieser Maschine werden vom Verfasser genau mitgeteilt; diese Angaben sind hier auf modernes Maßsystem umgerechnet, um dem Leser einen unmittelbaren Vergleich zu ermöglichen.

Teufe

=

100 Lachter = rund 200 m,

Nutzlast

=

1100 Leipziger Pfund = rund 550 kg, Antrieb durch zwei Pferde,

Seilgewicht

=

14 Ztr. = rund 700 kg,

Hubgeschwindigkeit

=

0,95 Dresdener Fuß in der Sekunde = rund 0,27 sekm,

Hubzeit

=

12⅓ Min.,

Sturzpause

=

3 Min.,

Schichtdauer

=

6 Std.,

Stundenleistung

=

5501000 × 6015,3 = rund 2 t,

Anlagekosten

=

900 bis 1500 Rheintaler = rund 2700 bis rund 4500 M.

Der Verfasser fügt noch folgende Bemerkungen hinzu: »Die größte Förderteufe, auf welche man in Sachsen die Pferdegöpel anwendet, beträgt 140 Lachter.« »Man rechnet, daß die Reparaturkosten in 15 Jahren den Anlagekosten gleichkommen.«

»Die bei einem solchen Göpel beschäftigten Arbeiter sind: ein Knecht zum Antreiben der Pferde, ein Treibmeister zum Stürzen, ein Anschläger zum Füllen der Tonne und ein Ausläufer zum Wegführen der Fördermasse aus dem Treibhause.« »Beim Schemnitzer Bergbau in Ungarn, wo der Mangel an Aufschlagwasser die Zahl der Wassergöpel sehr beschränkt, verlangt man von den Pferdegöpeln weit mehr als in Sachsen.« Teufe 200 Klafter, 4 Paar Pferde, jedes Paar an einem besonderen Göpelarm. Verhältnis von Göpelarm zu Trommelradius = 2 : 1.

Der Verfasser beschreibt dann weiter eine sehr primitive aber durchaus wirksame Senkbremse für größere Teufen mit folgenden Worten:

»Da in sehr tiefen Schächten, bei Anwendung einer zylindrischen Trommel, das Gewicht des Seils der leeren Tonne, sobald diese dem Füllort nahe kommt, das Übergewicht über die Last der vollen Tonne bekommt, so wird zur gehörigen Zeit ein sog. Göpelhund am Zugkranz angehängt, der aus zwei mit Steinen beschwerten Hölzern besteht und durch seine Reibung auf der Rennbahn das allzuschnelle Umgehen der Welle verhindert.«

Fig. 24 stellt eine besondere Ausführungsform von Wasserrad-Fördermaschinen dar. Es war nämlich zur Ausnutzung des Gefälles in vielen Fällen zweckmäßig, das Wasserrad soweit unter Tag aufzustellen, daß das Abfallwasser durch einen vorhandenen Stollen seitwärts an der Berglehne herauslaufen konnte. Die Trommelwelle mußte aber naturgemäß über Tag liegen. Es ergab sich daher die Notwendigkeit, die hochliegende Trommelwelle durch Kurbeln und Schubstangen von der tiefliegenden Wasserradwelle aus anzutreiben. Da die hölzernen Schubstangen mit ihren einfachen Angenlagern für die Aufnahme von Zerknickungsbeanspruchungen und von Wechseldrücken wenig geeignet gewesen wären, so sind vier Schubstangen ausgeführt, die stets nur auf Zug beansprucht sind. Die Kurbeln sind als Schmiedestücke mit doppelter Kröpfung ausgebildet.

Aus dem Bild ist ersichtlich, daß das Kehrrad aus dem Jahr 1800 dem von Agricola 1500 mitgeteilten aus dem Jahre 1500 durchaus gleichartig ist.

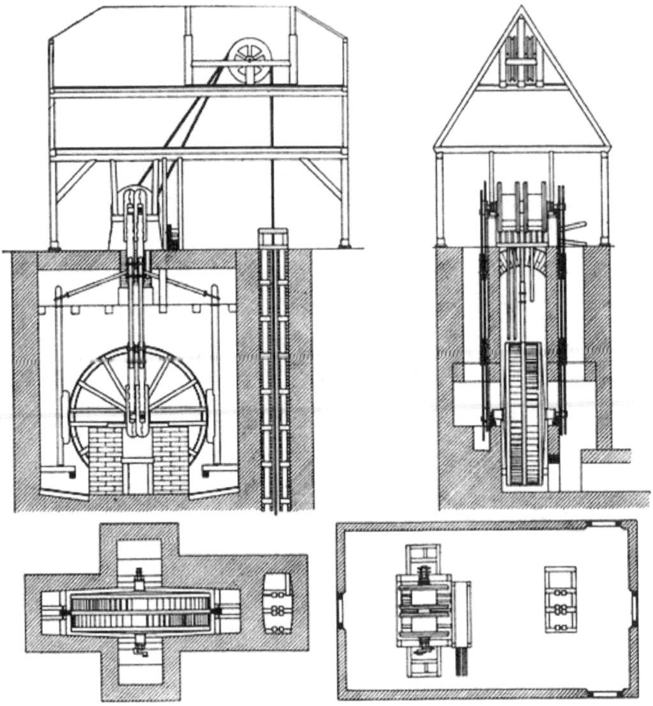

Fig. 24.

Trotzdem bei diesen Fördermaschinen nahezu alle Teile, namentlich die Wellen und Seiltrommeln aus Holz hergestellt sind, sind doch bereits Mittel angegeben, welche es gestatten, die eine Seiltrommel auf der Welle während des Stillstandes soweit zu verdrehen, und wieder festzusetzen, daß aus verschiedenen Teufen gefördert werden kann.

Die Anlagekosten einer Wasserrad-Fördermaschine ohne Zu- und Ableitung aber einschließlich des Triebhauses gibt der Verfasser zu 500 Talern sächsisch an.

Wie typisch derartige Wasserrad-Fördermaschinen geworden waren, geht daraus hervor, daß sie in ähnlicher Art auch in Norwegen verwendet wurden. Borgnis beschreibt in seinem Werk »Traité complet de Mécanique appliquée aux Arts«, Paris 1815 eine Maschine dieser Art, die in dem Silberbergwerk Kongsberg in Norwegen in Betrieb war. Aus Fig. 25 (entnommen aus Borgnis Taf. 19) ist ersichtlich, daß die Maschine zugleich zur Wasserhaltung und zur Förderung dient. Das Wasserrad ist hier nicht als Kehrrad ausgebildet, sondern läuft stets in derselben Richtung um und treibt mittels einer Kurbel, eines Gestänges und zweier Kunstkreuze zwei Pumpengestänge an. Das Gestänge ist doppelt ausgeführt, damit nur Zugbeanspruchungen auftreten. Von den beiden Kunstkreuzen aus wird die

Trommelwelle durch Klinken bewegt. Die Bewegung der Fördergefäße ist also keine stetige, sondern eine absetzende. Da die Teufe nur eine sehr geringe ist, wie aus der Anwendung von Ketten anstatt der sonst üblichen Seile und aus der geringen Trommelbreite geschlossen werden kann — etwa 50 m —, und da die Hubgeschwindigkeit bei dem großen Durchmesser des Wasserrades — 13 m — und dem geringen der Kettentrommel — 2 m — ebenfalls nur eine sehr geringe gewesen sein kann, so dürfte die absetzende Bewegung keine Nachteile gehabt haben. Das Stillsetzen der Kettentrommeln wurde einfach durch Ausheben der Klinken bewirkt, während das Wasserrad und die Pumpengestänge stetig weiterliefen.

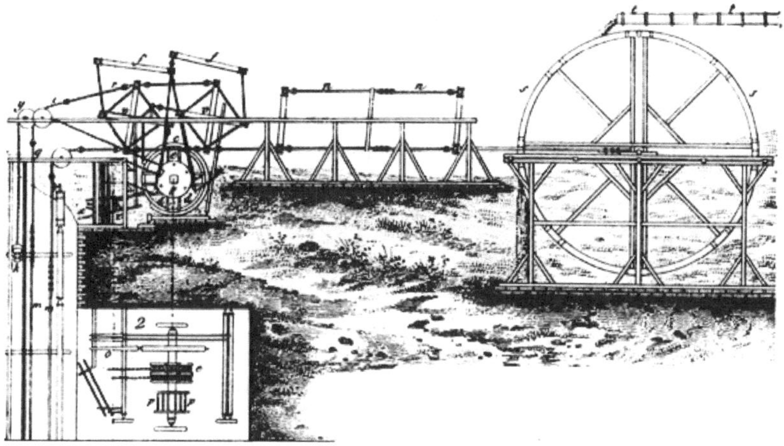

Fig. 25.

Fördermaschinen mit Wasserrad-Antrieb haben sich bis in die Mitte des 19. Jahrhunderts erhalten. So ist in der »Enzyklopädie« des Prof. Hülße aus Chemnitz vom Jahre 1844 noch eine Darstellung eines Kehrrades mit Bremswerk mitgeteilt.

Auch Fördermaschinen, die durch Wassersäulenmaschinen betrieben wurden, scheinen ausgeführt gewesen zu sein. Wenigstens läßt eine Nachricht von Langsdorf darauf schließen. Vermutlich aber haben diese Maschinen der damaligen Fabrikation weit größere Schwierigkeiten bereitet als die so sehr einfachen und zweckmäßigen Wasserräder, die unmittelbar die drehende Bewegung der Seiltrommel erzeugten.

2. 1820 bis 1900: Antrieb durch Dampfkraft.

Wasserkraft war naturgemäß nur in bergigem Gelände verfügbar; für das Flachland gab es nichts anderes als den Pferdegöpel. Als daher die ersten Dampfmaschinen auftauchten, wurden sie nicht nur für die Wasserhaltung, sondern sehr bald auch für die Förderung benutzt.

Severin berichtet in seinen »Beiträgen zur Kenntnis der Dampfmaschine«, die als Abhandlung der Kgl. Technischen Deputation für Gewerbe in Berlin im Jahre 1826 erschienen, daß damals im preußischen Bergbau 77 Dampfmaschinen mit zusammen 1440 PS im Betriebe waren. Unter diesen waren folgende 20 Fördermaschinen, deren abgerundete Leistungen und Anlagekosten in umstehender Tabelle (S. 30) auf unser heutiges Maßsystem umgerechnet zu finden sind.

Über die Förderung in Belgien berichtet Dr. Poppe in Dinglers Polytechnischem Journal aus dem Jahre 1828 Bd. 29 S. 467 von einer Studienreise durch Belgien und Westfalen: »Das Steinkohlenbergwerk zu Hornu bei Mons war im Jahr 1811 bereits aufgelassen worden; die zwei Schächte waren erschöpft, und alles Gerät bestand aus einer schlechten Dampfmaschine und einem Pferdegöpel. In den Jahren 1810–13 baute Degorge-Legrand 10 neue Schächte, die mit 8 Dampffördermaschinen von zusammen 156 PS, also von durchschnittlich 1568 = 19 PS ausgerüstet wurden.«

Über Dampffördermaschinen in Westfalen gibt derselbe Verfasser im Jahre 1838 die in nachfolgender Tabelle (S. 31) zusammengestellten Angaben.

Aus dieser Zusammenstellung ist ersichtlich, daß die Dampffördermaschinen der damaligen Zeit im Mittel nur über eine Leistung von 8 PS verfügten; die stärkste Maschine leistete 20 PS. Es wurde meist nur ein Kohlenwagen bei jedem Hub gefördert und zwar mit einer mittleren Geschwindigkeit, die über 3 m in der Sekunde nicht hinausging. Die Teufen blieben unter 150 m.

Zusammenstellung von Fördermaschinen in Preußen von Severin 1826.

Namen der Kohlengrube

Konstrukteur

Zylinder-durchmesser in mm

Nutzleistung in PS

Anlage- kosten in Mk.

Anlage- kosten für 1 PS i. Mk.

W e s t f ä l i s c h e r O b e r b e r g a m t s b e z i r k .

Trappe bei Wetter

Harkort Thomas & Co.

380

7

9000

1200

Sälzer u. Neue Ack b. Essen

Masch.-Inspekt. Merker

420

9

10000

1200

Kunstwerk bei Steele

Dinnendahl

790

30

35000

1150

do.

„

390

8

14000

1840

do.

„

390

8

14000

1840

Wiesche bei Mühlheim a. d. Ruhr

„

470

11

14000

1280

Sellerbeck bei Mühlheim a. d. Ruhr

Englerth Reuleaux u. Dobbs

680

12

10000

850

Rheinischer Oberbergamtsbezirk.

Hostenbach a. d. Saar

Perrier

550

15

20000

1350

Furth bei Bardenberg

Cockerill

420

9

22000

2570

Abgunst bei Richterich

”

390

35

45000

1280

Neulangenberg bei Kohlscheid

”

470

11

24000

2220

Neulaurweg

Englerth Reuleaux u. Dobbs

420

9

12000

1400

Zentrum bei Eschweiler

”

420

9

12000

1400

do.

”

420

9

12000

1400

Schlesischer Oberbergamtsbezirk.

Segen Gottes b. Altwasser

Holzhausen

310

5

4500

950

Glückhilf bei Hermsdorf

„

310

5

3500

730

Luise Auguste b. Waldenburg

„

420

9

7000

790

Königsgrube

„

420

9

7000

780

do.

||

»

||

420

|

9

|

7000

|

780

Charlotte zu Czernitz

||

nach Newcomen

||

310

|

5

|

4000

|

790

Fig. 26 (entnommen aus Dinglers Journal 1838, Bd. 69, Taf. 2) zeigt den Aufbau der Fördermaschine von 8 PS auf der Kohlengrube Leonore und Nachtigall. Die Fördermaschinen der damaligen Zeit glichen vollständig den Dampfwasserhaltungsmaschinen. Sie hatten nur einen einzigen Dampfzylinder, der stehend angeordnet war und mittels einer Lenkergeradführung und eines Balanciers die Kurbelwelle antrieb; die Seiltrommel wurde von dieser durch ein Stirnradpaar betrieben. Die Förderung war in der Regel eintrümig angeordnet. Naturgemäß war die Steuerfähigkeit dieser einzylindrigen Maschinen sehr unvollkommen. Ein Stillsetzen der Maschine in den Totpunkten mußte sorgfältig vermieden werden, weil andernfalls die Maschine ohne Andrehen von Hand nicht wieder in Gang gesetzt werden konnte. Poppe schreibt über die genannte Maschine: »Das Manövrieren mit der Dampfmaschine erfordert große Aufmerksamkeit.«

Zusammenstellung westfälischer Fördermaschinen von Poppe 1838.

Namen der Kohlengrube

Teufe in m

Nutzlast in kg

Mittlere Hub-
geschwindig-
keit in sekm

Nutz-
leistung
in PS

Bemerkungen

Frühlingshaus bei Wetter

120

300

2–3

8

Leonore und Nachtigall

60

–

–

8

zweitrümig

Gewalt bei Stehle

150

300

2,5

10

Kunstwerk bei Stehle

100

–

–

8

zwei Fördermaschinen

Ath bei Aachen

–

500

–

20

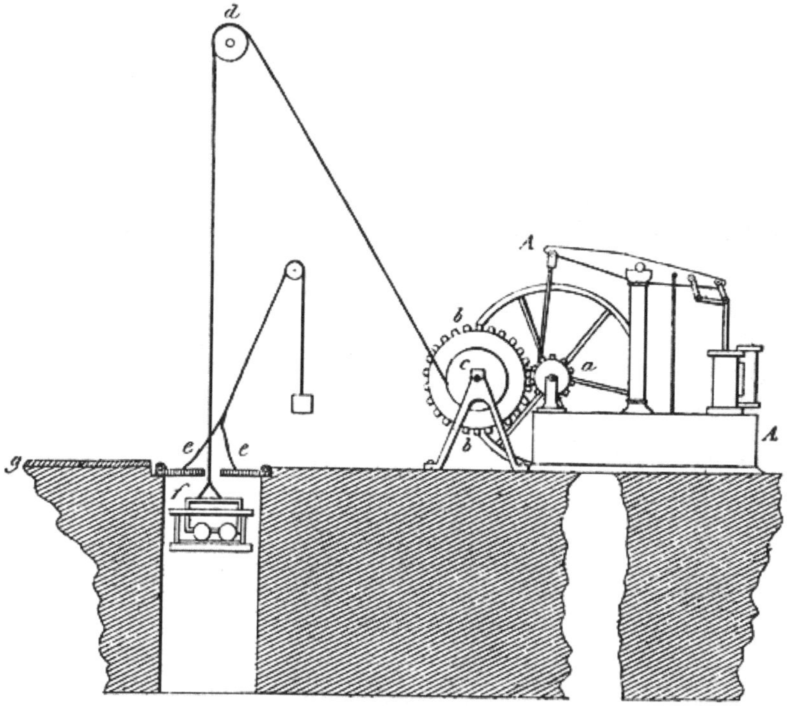

Fig. 26.

In den nächstfolgenden Jahrzehnten machte die Fördermaschine die gleiche Wandlung durch wie die Betriebsdampfmaschine: die inzwischen vervollkommnete Werkstättentechnik erlaubte es, die schwerfällige Lenkergeradführung mit Balancier durch die Gleitbahn mit Kreuzkopf zu ersetzen; die inzwischen eingeführte höhere Pressung verminderte die Zylinderabmessungen und ermöglichte es infolgedessen, den Zylinder liegend anzuordnen. Die Steuerfähigkeit wurde in hohem Maß vervollkommnet durch den Einbau von zwei Dampfzylindern, deren Stirnkurbeln unter einem Winkel von 90° versetzt waren. Dadurch wurde gleichzeitig die zweitrümige Förderung in betriebssicherer Weise ermöglicht.

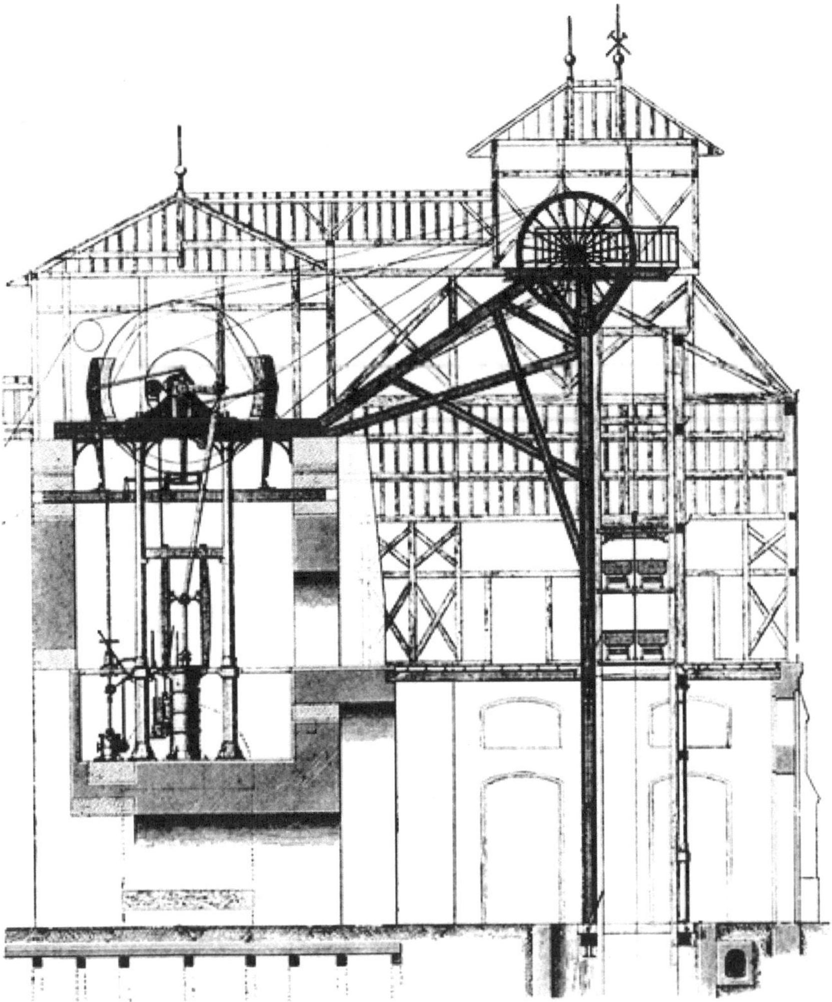

Fig. 27.

In England behielt man die stehenden Maschinen bis in die Siebziger Jahre bei, während man in Frankreich und Belgien in den Sechziger Jahren bereits die liegenden Maschinen bevorzugte. Dowlais Eisenwerk in Südwales hatte im Jahre 1855 bereits 16 Fördermaschinen mit zusammen 1134 PS, entsprechend einer Durchschnittsleistung von 70 PS, wie »Iron Manufacture of Great Britain« von Truran berichtet.

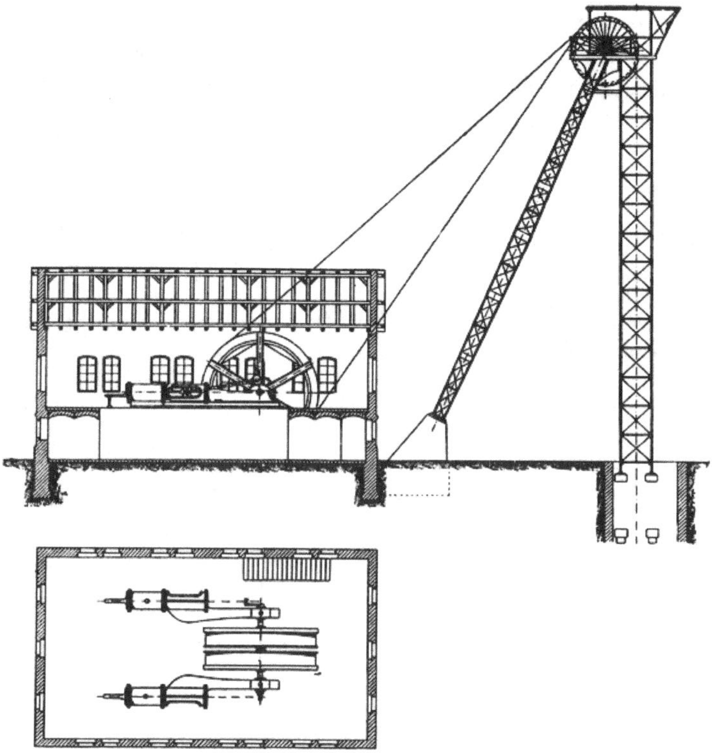

Fig. 28.

Fig. 27 (entnommen aus Burat: »Cours d'exploitation des Mines« Paris 1871) stellt eine Fördermaschine der Compagnie d'Anzin dar, die auf der Kohlengrube von Havelny in den Sechziger Jahren in Betrieb war und mit zwei Zylindern von 700 mm Durchmesser und 2000 mm Hub ausgerüstet war. Die stehenden Zylinder sind noch beibehalten, der Balancier ist aber bereits durch eine Geradführung ersetzt. Der Maschinenrahmen wird zum Teil noch durch die Mauern des Geländes gebildet. Das Fördergerüst liegt noch innerhalb des Maschinenhauses, zeigt aber bereits einen an spätere Ausführungen erinnernden Aufbau. Das Fördergerippe hat bereits zwei Stockwerke und fördert vier Wagen bei jedem Zug. Auch ist bereits eine Dampfbremse eingebaut.

Die liegende Fördermaschine nahm sehr bald die Gestalt an, die sie auch in modernen Ausführungen noch zeigt: die Trommelwelle liegt in zwei Lagern und trägt Stirnkurbeln, an denen die Schubstangen der nach außen gelegten Zylinder angreifen: das Fördergerüst wird als freistehendes Eisengerüst neben dem Maschinenhaus aufgestellt, wie es aus Fig. 28 (entnommen aus Volk, »Geräte und Maschinen zur Förderung« Taf. 2) ersichtlich ist, die das Wesentliche einer modernen Anordnung darstellt.

Diese Anordnung wurde von den Siebziger Jahren an typisch für Fördermaschinen, wie sie in Europa gebaut wurden. Abweichungen finden sich bei diesen Maschinen nur in der Konstruktion der Einzelheiten, hauptsächlich der Seiltrommeln und der Steuerung.

Einen Einblick in die Entwicklung der Dampffördermaschinen um die Mitte des 19. Jahrhunderts gibt Redtenbacher in seinem Werk »Der Maschinenbau« aus dem Jahre 1865. Er gibt in diesem folgende Tabelle über die Hauptabmessungen einer Anzahl von Fördermaschinen:

Zusammenstellung ausgeführter Fördermaschinen von Redtenbacher 1865.

Namen der Grube

Teufe in m

Nutz- last in kg

Mittlere Hub- geschwin- digkeit in sekm

Nutz- leistung in PS

Material des Seils

Quer- schnittsab- messungen des Seils in mm

Ge- wicht des Seils in kg pro m

Durch-
messer
der
Trom-
mel
in m

Geför-
dertes
Material

Bleiberg

110

200

1,2

3

Hanf

30 × 80

–

–

Erz

Altenberg

32

1000

0,6

8

Hanf

30 × 1000

–

1,2

–

Kronprinz

276

750

3

30

Draht

13 × 78

4,5

–

Kohle

Wilhelmina

366

750

4

40

Draht

13 × 78

4,5

–

Kohle

Friedr. Wilhelm

306

750

3

30

Draht

13 × 78

4,5

–

Kohle

Immenkoppel

96

620

–

–

–

–

–

–

Erz

Bassin de Commentri

100

1700

1,2

27

Hanf

35 × 140

–

–

Erz

Cornwall

520

220

2

6

–

–

–

–

Erz

Cornwall

300

700

3

28

–

–

–

–

Kohle

Julien

120

800

–

–

Draht

18

–

1,8

Erz

Julien

300

700

–

–

Hanf

30 × 130

4,26

–

–

Rive de Gière

400

800

–

–

–

–

3

–

–

Anzin

–

700

–

–

–

–

4,19

–

Kohle

Gauley

240

600

1,7

14

–

–

3,34

–

–

Worm

208

600

1

8

Draht

24

1,46

4,0

–

Bensberg

60

500

–

–

Draht

25

–

2,0

Erz

Langenberg

145

–

–

–

Draht

19,6

–

–

–

Apfel

–

–

–

–

Draht

25

–

1,5

Erz

Zentrum

–

–

–

–

Draht

30

–

2,4

Kohle

Grand Hornu

–

–

–

–

Draht

–

–

2,2

Kohle

Bassin de
Bressac

300

700

–

–

Hanf

30 × 130

4,26

–

–

Namen der
Grube

Teufe
in m

Nutz-
last
in kg

Mittlere
Hub-
geschwin-
digkeit in
sekm

Nutz-
leistung
in PS

Material
des
Seils

Bleiberg

110

200

1,2

3

Hanf

Altenberg

32

1000

0,6

8

Hanf

Kronprinz

276

750

3

30

Draht

Wilhelmina

366

750

4

40

Draht

Friedr. Wilhelm

306

750

3

30

Draht

Immenkoppel

96

620

–

–

–

Bassin de Commentri

100

1700

1,2

27

Hanf

Cornwall

520

220

2

6

–

Cornwall

300

700

3

28

–

Julien

120

800

–

–

Draht

Julien

300

700

–

–

Hanf

Rive de Gière

400

800

–

–

–

Anzin

–

700

–

–

–

Gauley

240

600

1,7

14

–

Worm

208

600

1

8

Draht

Bensberg

60

500

–

–

Draht

Langenberg

145

–

–

–

Draht

Apfel

–

–

–

–

Draht

Zentrum

–

–

–

–

Draht

Grand Hornu

–

–

–

–

Draht

Bassin de Bressac

–

–

–

–

Draht

Namen der Grube

Quer-schnittsab-messungen des Seils in mm

Ge-wicht des Seils in kg pro m

Durch-messer der Tromm-mel in m

Geför-dertes Material

Bleiberg

30 × 80

–

–

Erz

Altenberg

30 × 1000

–

1,2

–

Kronprinz

13 × 78

4,5

–

Kohle

Wilhelmina

13 × 78

4,5

–

Kohle

Friedr. Wilhelm

13 × 78

4,5

–

Kohle

Immenkoppel

–

–

–

Erz

Bassin de Commentri

35 × 140

–

–

Erz

Cornwall

–

–

–

Erz

Cornwall

–

–

–

Kohle

Julien

18

–

1,8

Erz

Julien

30 × 130

4,26

–

–

Rive de Gière

–

3

–

–

Anzin

–

4,19

–

Kohle

Gauley

–

3,34

–

–

Worm

24

1,46

4,0

–

Bensberg

25

–

2,0

Erz

Langenberg

19,6

–

–

–

Apfel

25

–

1,5

Erz

Zentrum

30

–

2,4

Kohle

Grand Hornu

–

–

2,2

Kohle

Bassin de Bressac

30 × 130

4,26

–

–

Aus dieser Tabelle ist unter anderem ersichtlich, daß die Nutzleistung im Mittel zwar auf das Doppelte gestiegen war, daß sie aber noch immer über 40 PS nicht hinausging. Bei so geringen Leistungen entspricht die Zwillingsfördermaschine mit Seiltrommeln allen billigen Ansprüchen an Steuerfähigkeit und Betriebssicherheit. Der Dampfverbrauch ist allerdings groß im Vergleich zu einer Betriebsdampfmaschine, aber er ist, absolut genommen, gering im Vergleich zu dem Kraftbedarf anderer Bergwerksmaschinen, wie Kompressoren und Pumpen. Als im letzten Drittel des 19. Jahrhunderts die Nutzlasten, Geschwindigkeiten und Teufen sich mehr und mehr vergrößerten, da machten sich auch die Nachteile der Dampffördermaschine in höherem Grade geltend. Die Steuerfähigkeit nahm ab, mit ihr die Betriebssicherheit; gleichzeitig wurde der relativ und absolut hohe Dampfverbrauch um so fühlbarer, je mehr man bei anderen Maschinen auf Sparsamkeit bedacht war.

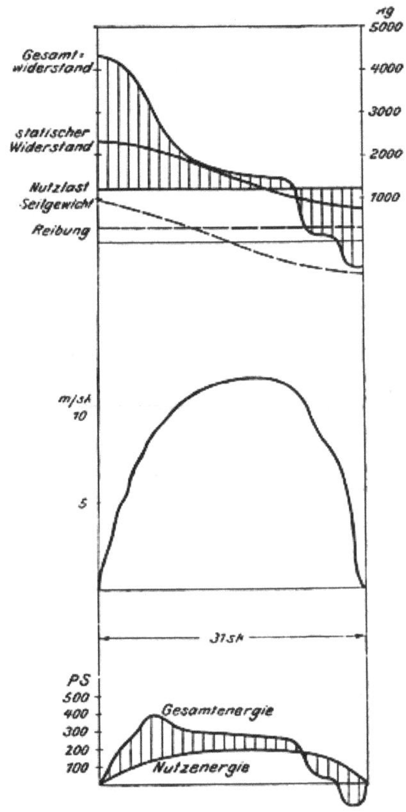

Fig. 29.

Zur Beleuchtung dieser Verhältnisse ist im folgenden der Arbeitsgang einer Fördermaschine für sehr geringe Teufe verglichen mit dem Vorgang bei sehr großer Teufe.

Fig. 29 (entnommen aus der Z. d. V. d. I. 1901, S. 1750) stellt den Arbeitsvorgang bei einer Fördermaschine für 200 m Teufe, 1200 kg Nutzlast und 12 sekm Höchstgeschwindigkeit dar. Das Diagramm ist entwickelt aus Versuchen, die von Buschmann in Dinglers Polytechnischem Journal 1899, Nr. 4, mitgeteilt sind, und die an der Fördermaschine des Salzwerks Heilbronn ausgeführt sind. Diese Maschine ist dargestellt in Fig. 30 (entnommen aus Dinglers Polytechnischem Journal 1899). Aus dem Diagramm ist erkennbar, daß der durch das Seilgewicht hervorgerufene Widerstand klein ist, und daß auch die Beschleunigungswiderstände verhältnismäßig gering ausfallen. Der Gesamtwiderstand ändert sich während der Fahrt nur wenig und bleibt stets über Null, so daß am Ende des Hubes nur eine geringe Bremswirkung erforderlich ist.

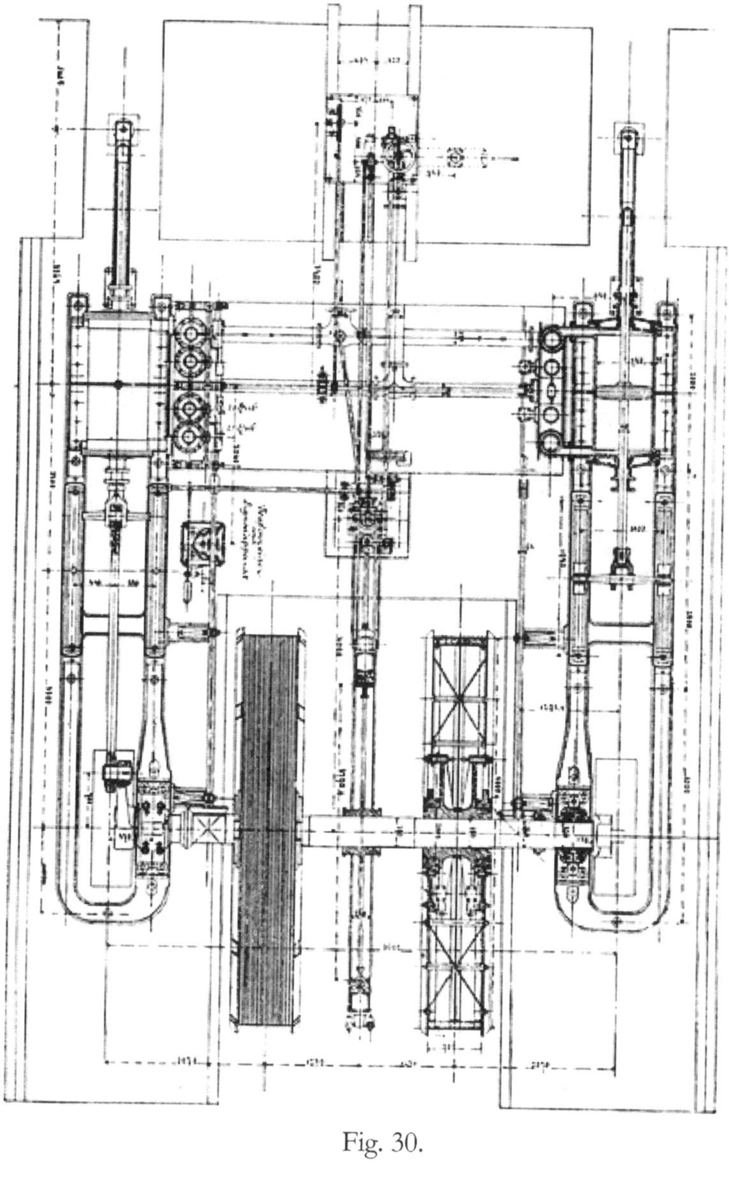

Fig. 30.

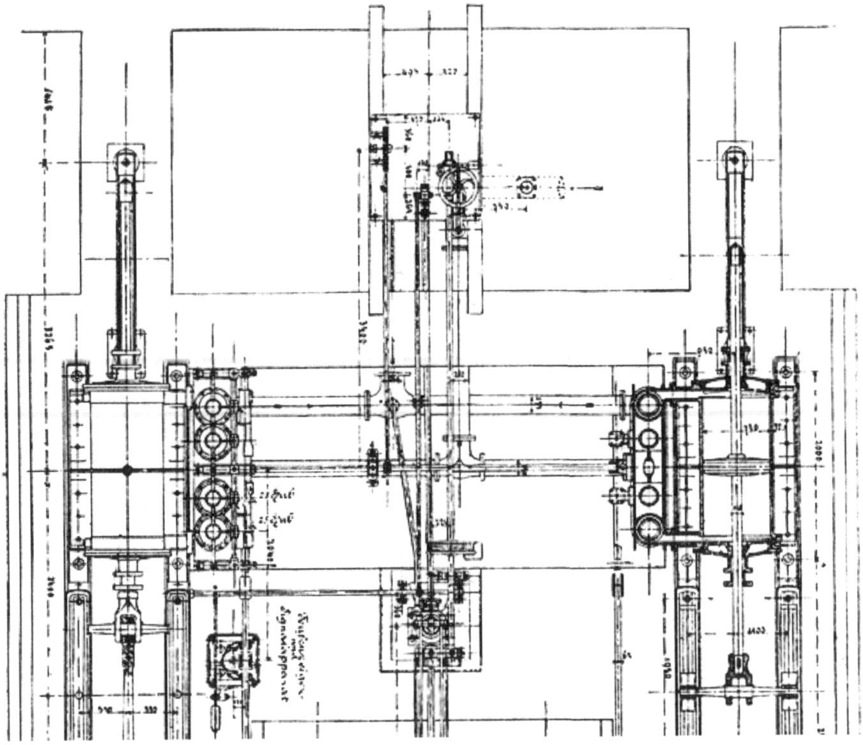

Fig. 30 (oberer Teil).

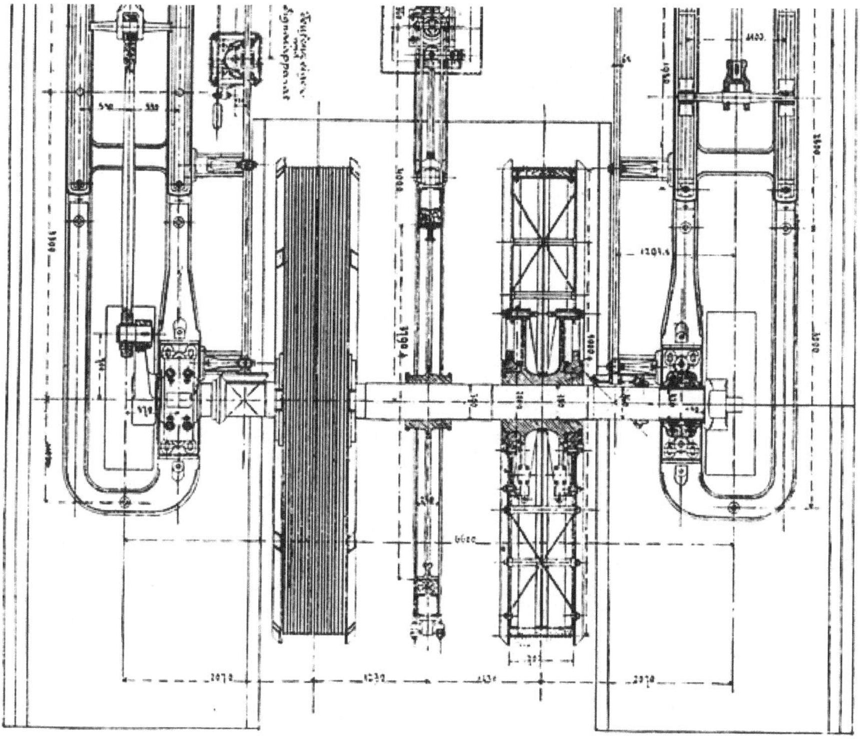

Fig. 30 (unterer Teil).

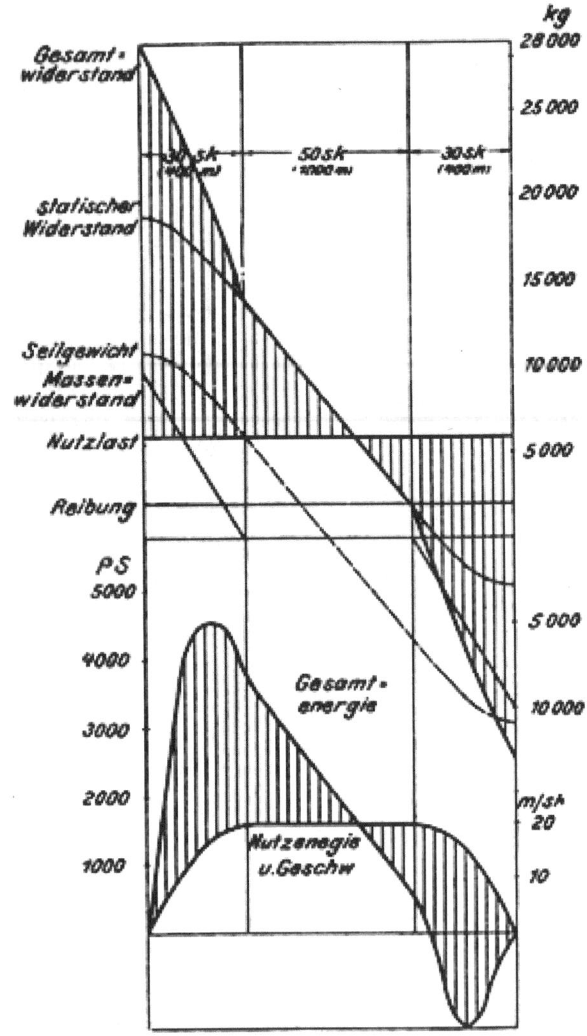

Fig. 31.

Demgegenüber ist in Fig. 31 (entnommen aus der Z. d. V. d. I. 1901, S. 1751) ein Diagramm dargestellt, welches sich ergeben würde wenn die in Fig. 32 und 33 (entnommen aus der Z. d. V. d. I. 1900, s. 249) abgebildete größte bisher ausgeführte Fördermaschine (der Tamarack-Mining Co. am Oberen See) ebenso wie die Heilbronner Maschine mit zylindrischen Trommeln ausgeführt wäre. Die Maschine ist gebaut für 1800 m Teufe, 6000 kg Nutzlast und 20 sekm Höchstgeschwindigkeit. Der große Widerstand infolge des Seilgewichtes von 10000 kg und die großen Beschleunigungswiderstände würden einen sprungweisen Verlauf des Gesamtwiderstandes ergeben, der insbesondere im zweiten Teil des Hubes die Steuerung der Maschine sehr erschweren und demgemäß die Betriebssicherheit beeinträchtigen würde.

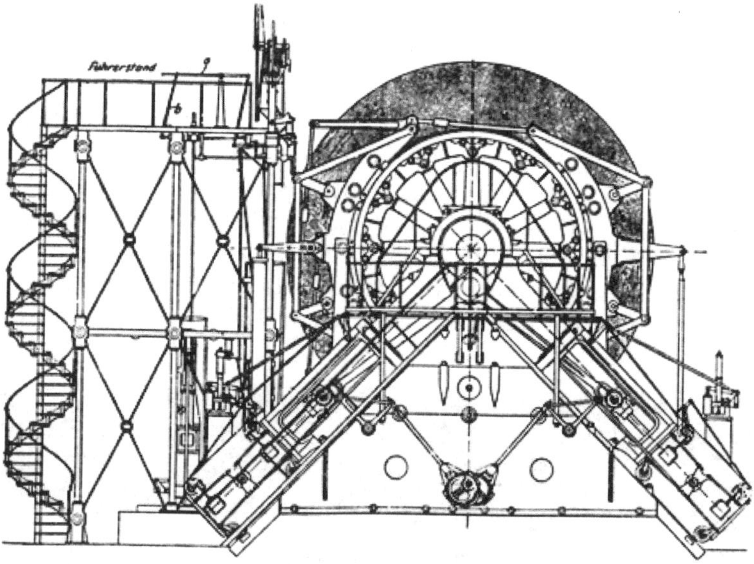

Fig. 32.

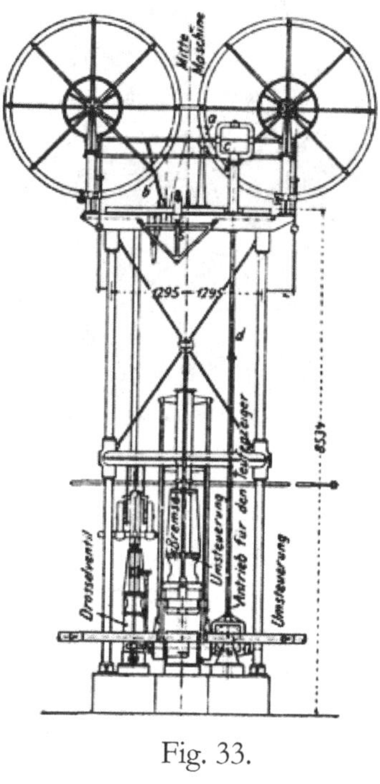

Fig. 33.

Der störende Einfluß des veränderlichen Seilgewichtes machte sich schon bei den alten Göpel-Fördermaschinen bemerkbar. Langsdorf hatte bereits mitgeteilt, in welcher Weise man in Schemnitz diesem Übelstand begegnet war. Schon damals kam man auf den Gedanken, die Seilkörbe nicht zylindrisch sondern kegelförmig in solcher Weise auszuführen, daß zu Beginn des Hubes das große Seilgewicht am kleinen Hebearm angreift, während das geringe Seilgewicht zu Ende des Hubes am großen Hebelarm wirkt. Die Maschine der Tamarack-Co. ist mit kegelförmigen Seiltrommeln ausgeführt, ähnlich wie die in Fig. 34 dargestellte Maschine, die von der Gutehoffnungshütte für die Zeche Zollverein ausgeführt wurde. Um indessen die Abmessungen nicht allzugroß werden zu lassen, hat man auf vollkommene Ausgleichung verzichtet und den mittleren Teil der Seiltrommeln zylindrisch gestaltet, wobei dieser Teil abwechselnd von beiden Seilen benutzt wird.

Fig. 34.

Fig. 35 (entnommen aus der Z. d. V. d. I. 1901, S. 1751) stellt das Diagramm dar, welches sich für die tatsächlich ausgeführten kegelförmigen Seiltrommeln ergibt. Wenn auch die Seilausgleichung nur eine sehr unvollkommene ist, so ist doch der Verlauf des Gesamtwiderstandes nicht mehr der sprunghafte des vorhergehenden Diagramms.

Werden die kegelförmigen Trommeln so gestaltet, daß sie eine vollkommene Seilausgleichung ergeben, dann müssen sie so große Abmessungen erhalten, daß die Maschine sehr schwerfällig und teuer wird. Man hat daher derartige sogenannte Spiralkörbe nur in Ausnahmefällen ausgeführt. Dazu kommen noch einige andere Betriebsnachteile, die gleichfalls dazu geführt haben, daß diese Maschinen nie eine typische Ausgestaltung gewonnen haben.

Eine weit einfachere Seilausgleichung ergibt sich dadurch, daß man ein sogenanntes Unterseil anwendet, d. h. ein Seil, welches mit seinen beiden Enden an den Böden der beiden Gerippe befestigt ist und als Schleife bis zur Sohle des Schachtes hinabhängt. Es sind dann die Seilgewichte in beiden Schachttrümen stets gleich groß. Diese Erfindung wurde bereits im Jahre 1821 von Delneufcourt gemacht (Fig. 36; entnommen aus Dinglers Journal 1821, Bd. 5, S. 129), aber erst sehr viel später zur Anwendung gebracht.

Fig. 37 (entnommen aus der Z. d. V. d. I. 1901, S. 1751) läßt erkennen, daß bei dieser Anordnung der Widerstand des Seilgewichtes gänzlich verschwindet, und daß infolgedessen der Verlauf des Gesamtwiderstandes sehr viel gleichmäßiger wird.

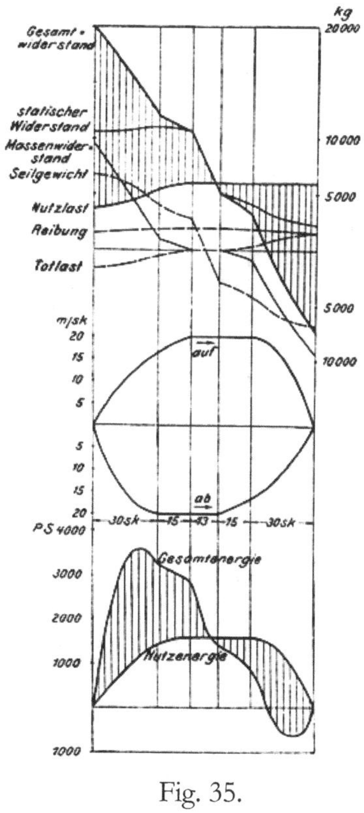

Fig. 35.

Diese Anordnung kann indessen nur innerhalb gewisser Grenzen verwendet werden. Sie hat sich bei Dampfbetrieb bis zu 700 m Teufe bewährt; darüber hinaus ruft das infolge des Kurbeltriebwerks stark veränderliche Drehmoment der Dampfmaschine Geschwindigkeitsänderungen und damit Schwankungen im Seil hervor, die dessen Lebensdauer sehr verkürzen. Abgesehen von der Seilausgleichung, gewährt das Unterseil noch die Möglichkeit, an Stelle der zwei Seiltrommeln eine einzige Seilscheibe (Fig. 38; entnommen aus der Z. d. V. d. I. 1902, S. 364) verwenden zu können, auf welcher das endlose Seil nur mit einer halben Umschlingung aufliegt, also nur durch Reibung mitgenommen wird. Es entsteht bei dieser Anordnung — der sog. Koepeförderung — der Vorteil, daß bei Klemmungen der Gerippe im Schacht oder bei übermäßig schnellem Anfahren das Seil auf der Scheibe gleiten kann, so daß Zerrungen und Überlastungen des Seils vermieden werden. Gleichzeitig wird die ganze Maschine leichter und daher steuerfähiger und darum wieder betriebssicherer.

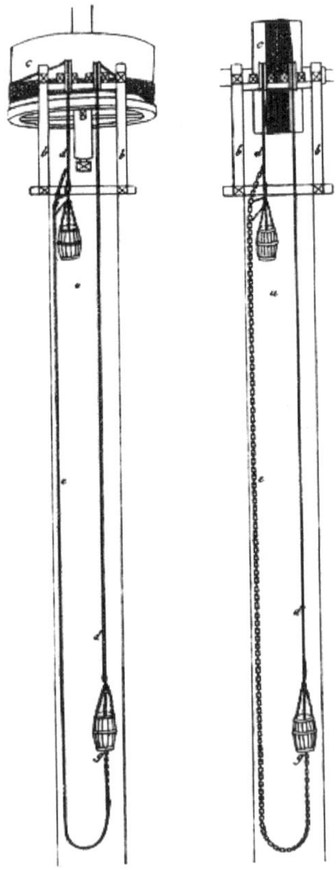

Fig. 36.

Alles in allem genommen, hat die Koepeförderung die Eigentümlichkeit, daß sie dem Dampfbetrieb gut angepaßt ist; der zur Erzielung der nötigen Reibung erforderliche große Durchmesser der Koepescheibe ist außerdem gut in Einklang zu bringen mit der für die Dampfmaschine passenden Umlaufzahl, so daß ein einfacher und harmonischer Aufbau entsteht.

Für größere Teufen ist, wenigstens bei Dampfbetrieb, das Unterseil nicht anwendbar, weil die dann sehr große Masse des Seils unter den unvermeidlichen Geschwindigkeitsschwankungen zu sehr leiden würde, die mit dem Kurbeltrieb unabänderlich verknüpft sind.

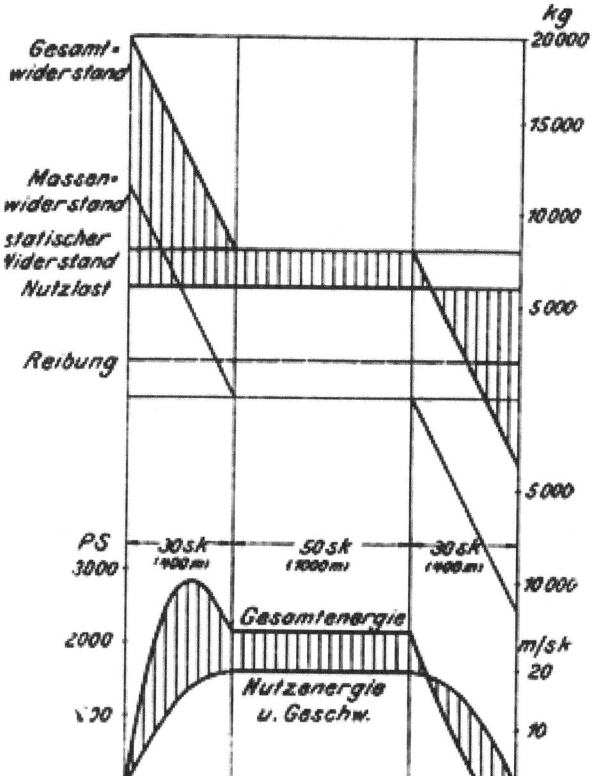

Fig. 37.

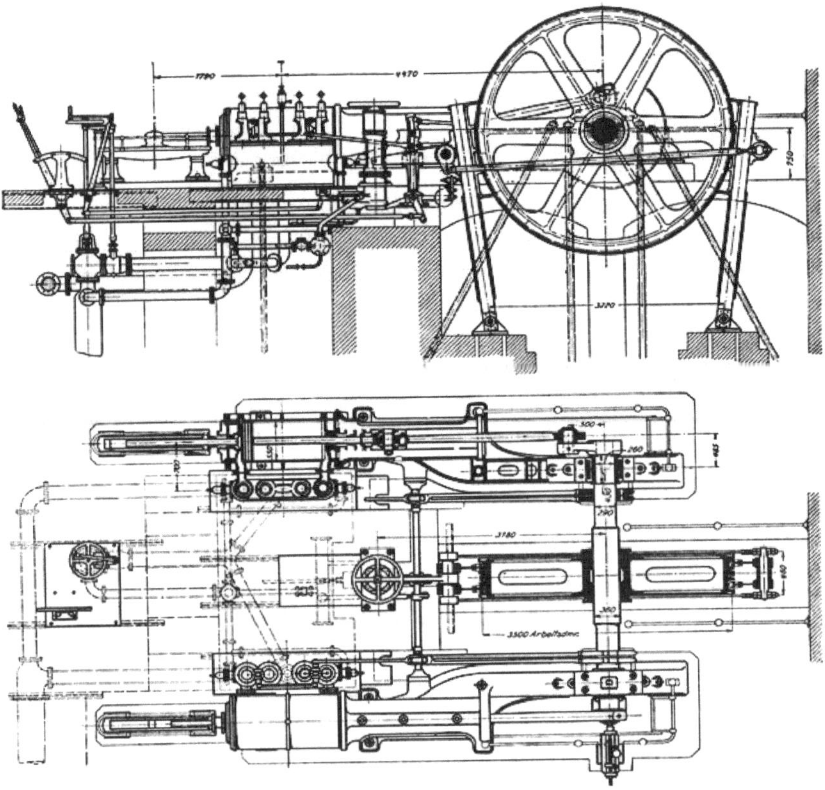

Fig. 38.

Alle diese Bestrebungen bezweckten in erster Linie, die Dampffördermaschine leichter, steuerfähiger und betriebssicherer zu gestalten. Gleichzeitig hatten sie aber das Ziel, den im Verhältnis zu Betriebsdampfmaschinen ungeheuer großen Dampfverbrauch der Fördermaschinen zu vermindern. Der eingeschlagene Weg, den Dampfverbrauch durch Vermeidung allzu sprunghafter Belastungsänderungen zu verringern, war zweifellos grundsätzlich richtig und führte auch zu einem gewissen Erfolg. Aber er konnte nichts daran ändern, daß bei dem Anfahren der Maschine der heiße Dampf in die kalt gewordenen Zylinder stürzt und zum großen Teil kondensiert; ferner war es nicht möglich, zu wirtschaftlichen kleinen Füllungen überzugehen, weil andernfalls das Drehmoment allzu veränderlich und infolgedessen die Geschwindigkeitsschwankungen während einer Umdrehung allzu heftig wurden.

Man hatte schließlich versucht, die ungünstigen thermischen Verhältnisse dadurch zu verbessern, daß man die Verbundwirkung zur Anwendung brachte. Zunächst versuchte man eine zweizylindrige

Anordnung, bei der ganz wie bei der Zwillingsmaschine der Hochdruckzylinder auf die eine Kurbel und der Niederdruckzylinder auf die andere Kurbel wirkte. Das Anfahren war bei dieser Anordnung so schwierig, daß dieses System bald wieder aufgegeben wurde.

Dann versuchte man eine vierzylindrige Anordnung, bei der auf jede der beiden Kurbeln ein Hochdruckzylinder und ein Niederdruckzylinder hintereinander liegend arbeiteten, also eine Zwillingsmaschine, die durch zwei angekuppelte Niederdruckzylinder ergänzt war. Dieses System erwies sich als steuerfähig, führte aber naturgemäß zu einer sehr verwickelten Maschine mit zahlreichen Organen. Es kam daher dieses System nur für sehr große Teufen vereinzelt zur Anwendung. Man kam zuletzt dazu, den großen Dampfverbrauch als ein notwendiges Übel zu betrachten: die einfache Zwillingsmaschine blieb der Normaltyp.

Die stetige Erweiterung des Bergbaubetriebes führte zu immer größeren Abmessungen und Geschwindigkeiten der Fördermaschine. Man war schließlich dazu gekommen, bis zu acht Wagen gleichzeitig zu fördern und hatte zuletzt die Fördergeschwindigkeit bei sehr großen Teufen bis zu 20 sekm gesteigert. Die größte bisher angeführte Fördermaschine, die in Fig. 33 bereits dargestellte Maschine der Tamarack-Mining Co. am Oberen See, arbeitet mit einer vierzylindrigen Zwillingsmaschine von insgesamt 5000 PS und fördert bei jedem Hub 6000 kg Nutzlast aus 1800 m Teufe mit 20 sekm Höchstgeschwindigkeit.

Die zunehmenden Abmessungen sowohl wie die gesteigerten Geschwindigkeiten stellten an den Steuermann immer größere Ansprüche. Man mußte bereits dazu übergehen, die Steuerung durch einen Dampfvorspannzylinder zu bewegen, um dem Steuermann die Arbeit zu erleichtern; selbst das Absperrventil wurde bei sehr großen Maschinen mit Dampfvorspann betätigt. Infolge der schwierigen Steuerung kam es immer häufiger vor, daß der Maschinenführer es versäumte, rechtzeitig abzustellen, und daß infolgedessen das Gerippe mit solcher Wucht über die Hängebank hinaus gegen die Seilscheiben fuhr, daß Seilbrüche und Zertrümmerungen die Folge waren. Bei Menschenförderungen führten derartige Zufälle wiederholt zu schweren Unglücksfällen.

Zahlreich waren die Vorschläge für Sicherheitsvorkehrungen, die nun auftauchten. Nach vielerlei mehr oder weniger mißglückten Versuchen glaubte man das Übel an der Wurzel fassen zu können durch Einführung sog. Retardierapparate, d. h. Einrichtungen, welche selbsttätig und rechtzeitig die Geschwindigkeit der Maschine so weit verzögern, daß die Hängebank nur um ein Geringes überfahren wird. Die Absicht ist durchaus richtig; die Ausführung scheitert aber an dem Umstand, daß die Geschwindigkeit einer Dampffördermaschine keineswegs von der Stellung des Steuerhebels allein abhängig ist, sondern außerdem auch noch von der Größe der Belastung und von der Kurbelstellung. Der selbsttätige Eingriff muß sich daher auf Absperrung des Dampfes und auf plötzliches Anziehen der Bremse beschränken. Es kann demnach keine wirkliche Verzögerung, sondern nur ein mehr oder weniger ruckweises Anhalten eintreten; man wird sich daher hüten, diese Vorkehrung im normalen Betriebe wirken zu lassen. Außerdem sind diese Apparate sehr verwickelt und unübersichtlich; erfahrungsgemäß haben sie nur selten genutzt, in einzelnen Fällen sogar geschadet.

Diese Erfahrungen lassen, zusammengefaßt, erkennen, daß der Dampfbetrieb für geringe Teufen zwar einfach ist, für große Teufen aber zu recht verwickelten und betriebsunsicheren Maschinen führt. Ein schlagendes Bild hierfür zeigten die Fördermaschinen der Düsseldorfer Ausstellung vom Jahre 1902. Von den beiden Dampffördermaschinen für große Teufen war die eine nach dem Tandem-Zwillingssystem gebaut und besaß dementsprechend 4 Dampfzylinder mit 16 Ventilen und 24 Stopfbüchsen, die andere war als Verbundmaschine mit Kunstkreuzübertragung ausgeführt und war mit 8 festen Lagern und 12 Zapfenlagern im Kurbeltriebwerk ausgerüstet; beide hatten außerdem Dampfvorspann für die Umsteuerung. Diese Maschinen waren in ihrer Einzelkonstruktion und ihrer Werkstättenausführung zweifellos bewundernswert; als Ganzes genommen aber waren sie drastische Zeugnisse dafür, daß die Technik hier in eine Sackgasse geraten war.

3. Von 1900 an: Antrieb durch elektrischen Strom.

In jener Zeit waren bereits Versuche gemacht worden, die Wirtschaftlichkeit des Förderbetriebes dadurch zu verbessern, daß man die Fördermaschine nicht durch eine gesonderte Dampfmaschine betrieb, sondern daß man sie durch elektrische Übertragung an die wirtschaftlich arbeitenden Zentral-Dampfdynamos des Bergwerks anschloß.

Versuche dieser Art wurden gleichfalls in der Düsseldorfer Ausstellung im Leerlauf vorgeführt und ließen erkennen, daß eine brauchbare Lösung damals zwar im Werden, aber noch nicht reif war.

Schwierigkeiten lagen in zwei Richtungen vor: in der Steuerung der Fördermaschine selbst und in der Rückwirkung auf das Kraftwerk.

Für die Steuerung der Fördermaschine war die sonst für Elektromotoren übliche Anlaßmethode mit Vorschaltwiderstand von vornherein unbrauchbar. Ein Versuch dieser Art führte zu einem Ungeheuer von Anlasser, das für den Bergwerksbetrieb nie geeignet gewesen wäre. Bei dieser Anlaßmethode wird der Fördermaschine die für den Anlauf erforderliche niedrige Spannung dadurch zugeführt, daß der überschüssige Teil der

Netzspannung in einem Anlaßwiderstand abgedrosselt wird. Die Kontakte des Steuerapparates müssen daher den Hauptstrom führen, d. h. Ströme von 2000 bis 4000 Amp. schließen und unterbrechen.

Diese Schwierigkeit war grundsätzlich nur dadurch zu beheben, daß man Unterbrechungen des Hauptstroms während des Anfahrens überhaupt vermied. Nach einem von Leonard schon früher für andere Zwecke gemachten Vorschlag ging man dazu über, die Fördermaschine nicht unmittelbar aus dem Netz mit Strom zu versorgen, sondern sie von einer besonderen Dynamomaschine aus zu speisen, die ihrerseits durch einen an das Netz geschalteten Elektromotor getrieben wurde. Dadurch wurde freilich eine mehrfache Umwandlung der Energie erforderlich: die Dampfdynamo des Kraftwerks muß zunächst die Wärme-Energie in mechanische Energie und von dieser in elektrische Energie von konstanter Spannung verwandeln. Letztere wird durch das Leitungsnetz dem Anlaßumformer zugeführt, der seinerseits die elektrische Energie von konstanter Spannung zunächst in mechanische Energie zurück verwandelt und aus dieser in elektrische Energie von veränderlicher Spannung umsetzt. Diese erst wird dem Elektromotor der Fördermaschine zugeführt und von diesem schließlich in die für die Förderung erforderliche mechanische Energie umgewandelt. Naturgemäß entsteht bei jeder dieser vier Umsetzungen ein Verlust; der hohe Wirkungsgrad der elektrischen Maschinen gestaltet indessen den Gesamtverlust zu einem verhältnismäßig geringen. Der große Vorteil, der durch diese in der Theorie verwickelte, in der praktischen Ausführung einfache Anordnung entsteht, ist darin zu finden, daß der Hauptstrom während des Betriebes nicht unterbrochen wird; die Regelung wird lediglich durch Veränderung der Feldstärke des Umformers herbeigeführt, der Steuerapparat hat daher nur Ströme zu unterbrechen, die einige Hundertstel des Hauptstroms betragen.

Die zweite Schwierigkeit bot die Rückwirkung auf das Kraftwerk. Bei der Dampffördermaschine wird die große während des Anfahrens erforderliche Energie einfach dem stets vorhandenen Dampfvorrat des Dampfkessels entnommen, es werden also andere Maschinen nicht in Mitleidenschaft gezogen. Anders bei der elektrischen Fördermaschine. Diese würde den großen Anlaufstrom dem Kraftwerk entnehmen, es müßten daher die Dampfdynamomaschinen den ganzen Stoß aushalten, so daß als Kraftspeicher wieder der Dampfvorrat der Kesselanlage herhalten müßte. Bei solch stoßweisem Betrieb würde das Kraftwerk sehr unwirtschaftlich arbeiten und störende Spannungsschwankungen im ganzen Netz hervorrufen. Nur dann, wenn ein sehr großes Kraftwerk eine große Zahl von stetig laufenden Elektromotoren zu versorgen hätte, würde eine mitangeschlossene Fördermaschine ohne Störungen betrieben werden können.

Ein Mittel, um die Belastungsschwankungen von den Dampfdynamos fernzuhalten, würde in der Einschaltung einer Pufferbatterie bestehen, wie sie in den Kraftwerken der Straßenbahnen verwendet werden. Dieses Mittel würde bei den großen Stromstärken aber ein sehr kostspieliges sein und würde außerdem nur bei Gleichstromzentralen anwendbar sein. Für Bergwerke kann der großen Entfernungen wegen aber in der Regel nur Drehstrom verwendet werden.

Ein weit einfacheres Mittel ergab die von Ilgner vorgeschlagene Anwendung eines Schwungrades, welches auf die Welle des Anlaßumformers gekeilt wird — Fig. 39. Während der Förderpausen wird vom Motor des Umformers mechanische Energie in das Schwungrad geleitet, d. h. die Umlaufzahl des Schwungrades allmählich erhöht. Sobald die Fördermaschine anfährt, entnimmt sie durch Vermittlung der Dynamo des Umformers mechanische Energie aus dem Schwungrad, wodurch die Umlaufzahl des Schwungrades sich allmählich vermindert. Die Belastungsschwankungen gehen dann lediglich durch die Dynamo des Umformers, nicht aber durch den Motor desselben und noch weniger in das Kraftwerk. Letzteres läuft vielmehr mit fortwährend gleichbleibender Belastung. Es ist daher gleichgültig, ob das Kraftwerk Drehstrom oder Gleichstrom liefert, da der Netzstrom lediglich in den Motor des Umformers geht, während die Dynamo des Motors stets als Gleichstrommaschine gebaut wird.

Fig. 39.

Die Energieverluste dieses Systems beschränken sich auf den Verlust, der bei der mehrfachen Energieverwandlung entsteht, und auf den

Luftwiderstand und die Lagerreibung des Schwungrades. Würde man das Schwungrad mit der bei Dampfmaschinen üblichen Umfangsgeschwindigkeit von 20 sekm laufen lassen, so würde es außerordentlich schwer und kostspielig werden. Man führt daher diese Schwungräder aus Stahl aus und läßt sie mit 80 sekm Umfangsgeschwindigkeit laufen. Die Folge der hohen Geschwindigkeit ist eine ziemlich große Luftreibung auch dann, wenn das Schwungrad glatt poliert ist.

Dagegen treten keinerlei Energieverluste in Anlaßwiderständen auf; das Kraftwerk kann sehr wirtschaftlich arbeiten, weil seine Belastung eine vollständig gleichbleibende ist.

Die Fördermaschine selbst erhält bei elektrischem Antrieb die denkbar einfachste Gestalt, wie Fig. 40 zeigt: die Welle eines Elektromotors wird einfach mit einer Seiltrommel oder Seilscheibe unmittelbar gekuppelt. Der Motor wird als einfacher Nebenschlußmotor gewickelt, dessen Feld konstant erregt wird, und dessen Anker die regelbare Spannung des Schwungradumformers zugeführt wird.

Fig. 40.

Die Fördermaschine hat daher keine hin und her gehenden, sondern nur noch drehbare und starr miteinander gekuppelte Teile. Die Lagerung läßt sich bei geschickter Anordnung auf zwei Lager beschränken. Das Drehmoment schwankt nicht wie bei der Dampfmaschine während einer Umdrehung in weiten Grenzen, sondern ist vollkommen gleichmäßig.

Die Fördermaschine fährt daher ohne Stoß an, treibt die Seile ohne Geschwindigkeitsschwankungen und kann auf beliebig große, bzw. kleine Geschwindigkeit durch Handhabung eines einzigen Hebels eingestellt werden, der die Feldstärke des Umformers regelt.

Überwiegt gegen Ende des Hubes das Seilgewicht, so verwandelt sich die elektrische Fördermaschine ohne Zutun des Führers in eine elektrische Bremse; die abgebremste Arbeit geht nahezu verlustlos in das Schwungrad und wird dort bis zum nächsten Hub aufgespeichert. Die Geschwindigkeit der Seiltrommel ist lediglich von der Stellung des Steuerhebels abhängig, dagegen von der der Größe der Belastung völlig unabhängig.

Dieser Umstand gewährt die Möglichkeit, eine wirkliche Verzögerungs-Vorrichtung einfachster Art anzubringen. Der Teufenzeiger braucht nur so gestaltet zu werden, daß er am Hubende mittels eines Kurvenschubes den Steuerhebel langsam in die Nullstellung zurückschiebt. In genau demselben Verhältnis vermindert sich dann selbsttätig die Geschwindigkeit der Fördermaschine bis auf Null, so daß ein Überfahren der Hängebank vollständig ausgeschlossen ist.

Die elektrische Fördermaschine arbeitet daher nicht nur wirtschaftlicher, sie ist auch viel einfacher und steuerfähiger und gewährt aus beiden Gründen eine wesentlich höhere Betriebssicherheit. Diese Vorzüge kommen um so mehr zur Geltung, je größer Teufe und Geschwindigkeit sind. Dampffördermaschinen werden daher voraussichtlich nur noch für geringe Teufen und Leistungen in solchen Fällen ausgeführt werden, wo nicht die Betriebskosten sondern nur die Anlagekosten ausschlaggebend sind, wie dies bei provisorischen Anlagen vorkommen kann.

Die erste elektrisch betriebene Hauptschachtfördermaschine nach diesem System wurde zu Ende des Jahres 1903 auf der Zeche Zollern II zu Merklinde in Westfalen in Betrieb gesetzt. Sie ist ausgeführt im elektrischen Teil von den Siemens-Schuckert-Werken, im mechanischen Teil von der Friedrich-Wilhelmshütte. Fig. 41 zeigt das Maschinenhaus, in dem die Fördermaschine aufgestellt ist. Die vorhergehenden Figuren 39 und 40 stellten Umformer und Fördermaschine selbst dar.

Die wenigen bisher ausgeführten elektrischen Fördermaschinen sind nahezu ausschließlich mit Koepe-Scheiben ausgerüstet worden. Dieser Vorgang ist natürlich, da die Koepe-Förderung bei den in letzter Zeit ausgeführten Dampffördermaschinen sehr gebräuchlich geworden war. Es liegt nun die Frage nahe, ob die Koepe-Scheibe für den elektrischen Antrieb ebenso zweckmäßig ist wie für den Dampfbetrieb.

Die Anlagekosten einer elektrischen Fördermaschine sind um so geringer, je höher ihre Umlaufzahl ist; von diesem Standpunkt aus ist es erwünscht, den Durchmesser der Koepe-Scheibe nicht größer auszuführen als die Rücksicht auf die Biegungsbeanspruchung des Drahtseils es erfordert. Anderseits ist es zur Erzielung der erforderlichen Reibung zwischen Seil und Scheibe notwendig, den Durchmesser der Scheibe groß zu wählen. Letzteres ist besonders dann nötig, wenn man zur Erzielung hoher Leistung die hohe Anfahrbeschleunigung ausnutzen will, die der elektrische Betrieb mit seinem gleichmäßigen Drehmoment gegenüber dem Dampfbetrieb zuläßt. Man hat sich bisher durch einen Kompromiß zu helfen gesucht, ist dabei aber teilweise in Schwierigkeiten geraten, und hat sich dann durch Auswechslung des Rundseils gegen Bandseil geholfen, was als ein Notbehelf zu betrachten ist.

Fig. 41.

Einen Ausweg aus diesem Zwiespalt bietet der Vorschlag Heckels, die Treibscheibe mit zwei Rillen auszuführen und das Seil unter Einschaltung einer Zwischenrolle mit zwei halben Umschlingungen um die Treibscheibe zu legen. Diese Anordnung würde Verminderung des Scheibendurchmessers auf die Hälfte des Durchmessers einer Koepe-Scheibe erlauben, wenn nicht die Biegungsbeanspruchung des Drahtseils zur Einhaltung eines Mittelwertes nötigen würde.

Der kleine Durchmesser der Treibscheibe der Heckelanordnung vermindert nicht nur die Anlagekosten des elektrischen Teils der Fördermaschine, er gewährt auch einen organischen Zusammenbau, weil Treibscheibendurchmesser und Ankerdurchmesser des Elektromotors sich einander nähern, infolgedessen eine unmittelbare starre Verbindung zulassen und gleichzeitig den Maschinenrahmen einfach gestalten. Endlich hat die Heckel-Treibscheibe den Vorteil, daß durch Verstellung der Zwischenrolle eine Kürzung des Drahtseils ermöglicht wird, welche ein periodisches Abschneiden der Seilenden behufs Festigkeitsprüfung gestattet.

Diesen Vorzügen steht der Nachteil gegenüber, daß die Zwischenrolle mit ihrer Unterstützung schon bei mittelgroßen Fördermaschinen ein Mehrgewicht von 12000 bis 14000 kg und einen entsprechenden Mehrpreis von 7000 bis 8000 M. für den mechanischen Teil erfordert. Dazu kommt, daß das Maschinenhaus wesentlich größer ausgeführt werden muß, was wiederum Mehrkosten im Betrag von 6000 bis 8000 M. erfordert. Durch diesen Mehraufwand wird die Ersparnis im elektrischen Teil mehr als aufgewogen.

Die Gründe, welche bei der Dampfförderung für die Anwendung des Unterseils sprachen — Vermeidung negativer Drehmomente behufs Steuerfähigkeit und Konstanthaltung der Belastung behufs Wirtschaftlichkeit — gelten nicht in gleichem Maß für den elektrischen Betrieb. Die elektrische Fördermaschine ist bei negativem Drehmoment ebenso steuerfähig wie bei positivem, und die Ungleichheit der Belastung wird durch das Schwungrad vollständig ausgeglichen. Das Unterseil bringt zudem eine Reihe von Nachteilen mit sich: es vermehrt die zu beschleunigenden Massen, es hindert die Förderung aus verschiedenen Sohlen, es beansprucht die Fördergerippe und die Gehänge sehr stark, es erschwert die Tätigkeit der Fangvorrichtung, es verhindert die Anwendung verjüngter Seile, und es ist schließlich für große Teufen von mehr als 1000 m seiner Schwankungen wegen überhaupt nicht anwendbar.

Es ist daher wohl möglich, daß die elektrische Förderung die Anwendung der Treibscheibe — die für sie nicht wie für den Dampfbetrieb eine Notwendigkeit ist — wieder aufgibt und zur Anwendung von zylindrischen oder kegelförmigen Trommeln zurückkehrt, die mit dem Durchmesser gewählt werden können, der für die Anlagekosten des elektrischen Teils und für einen organischen Zusammenbau wünschenswert erscheint. Bei geschickter Einzelkonstruktion der Seiltrommel und ihrer Kupplung mit dem Anker des Elektromotors läßt sich eine Bauart finden, die mit geringen Anlagekosten ausführbar ist und den konstruktiven Nachteil vermeidet, der der Trommel-Dampffördermaschine anhaftet, nämlich die schwere, hoch beanspruchte und kostspielige Welle.

Ein Rückblick auf die Entwicklung der Fördermaschine von der Göpelfördermaschine aus dem Jahre 1500 über die Wasserradfördermaschine und die Dampffördermaschine zur Elektrofördermaschine aus dem Jahre 1903 zeigt, daß die Beherrschung der Naturkraft das entscheidende Moment für die Gesamtanordnung bildet.

Die Aufgabe der nächsten Zeit wird darin bestehen, die Fördermaschine für große Teufen von 1000 bis 2000 m zweckmäßig zu gestalten. In Südafrika und Nordamerika sind Teufen von 1500 bzw. 1800 m bereits erreicht, in Europa werden sie in absehbarer Zeit erschlossen werden.

Auf die Entwicklung der Einzelheiten der Fördermaschine hat nebenher noch eine Reihe von anderen Einflüssen eingewirkt, in erster Linie das Bestreben, die Leistung im Verhältnis zum Schachtquerschnitt möglichst zu steigern.

Die Leistungsfähigkeit eines Bergwerks ist unmittelbar abhängig von der Förderleistung seiner Schächte. Da die Abteufung der Schächte den Hauptanteil der Anlagekosten der Gesamtanlage beansprucht, so ist man bei Neuanlagen durchweg bestrebt, die Zahl der Schächte auf zwei zu beschränken: den Förderschacht, der gleichzeitig zur Wettereinführung dient und den Wetterschacht, der die ausziehenden Wetter zu führen hat und gleichzeitig die Reserveförderanlage aufnimmt. Es liegt also die Aufgabe stets so, daß die Förderleistung des Schachtes auf das Höchste zu steigern gesucht wird. Den Querschnitt des Schachtes sucht man aus technischen und wirtschaftlichen Gründen ebenfalls möglichst zu beschränken. Es kommt also schließlich darauf an, die Förderleistung für den Quadratmeter-Schachtquerschnitt auf einen Höchstwert zu bringen.

Bei Schächten, die lediglich zur geologischen Untersuchung dienen — Schurfschächten — und die aus Ersparnisrücksichten mit allerengstem Querschnitt hergestellt werden müssen, läßt sich nur die eintrümige Förderung anwenden. Bei dieser wird nur ein einziges Seil und nur ein einziger Kübel verwendet. Der Nachteil dieses Systems liegt darin, daß die ganze Zeit, die zum Niedergang des leeren Kübels erforderlich ist, nicht ausgenutzt wird. Außerdem muß die Totlast des Kübels stets nutzlos gehoben werden.

Steht etwas mehr Schachtquerschnitt zur Verfügung, so läßt sich ein Gegengewicht anwenden, welches die Totlast des Kübels ausgleicht; allerdings ist für das Gegengewicht der Einbau von besonderen Spurlatten erforderlich.

Sehr bald kam man darauf, die Förderleistung des Schachtes durch die Anwendung von zweitrümiger Förderung zu steigern, d. h. zwei Seile in gegenläufiger Wicklung auf die Seiltrommel zu legen. Bei Niedergang des einen leeren Kübels steigt gleichzeitig der andere Kübel gefüllt empor. Die zweitrümige Förderung gewährt weiter den Vorteil, daß die Totlasten der Kübel ausgeglichen sind, so daß nur Nutzlast und überschießendes Seilgewicht zu heben sind. Auf den Bildern von Agricola (Fig. 20 und 22) wird bereits zweitrümig gefördert. Diese Anordnung verdoppelt die Gesamtleistung des Schachtes, erfordert aber auch doppelt so großen Querschnitt des letzteren.

Für die Steigerung der Schachtleistung stehen drei Wege offen: Vergrößerung der Nutzlast, Verkleinerung der für Beladen und Entladen erforderlichen Zeit, der sog. Sturzpause, und Steigerung der Hubgeschwindigkeit.

Zunahme der Nutzlast setzt Steigerung der Zahl der Fördergefäße voraus. Als Fördergefäße benutzte man ursprünglich Kübel aus Leder, sog. »Bulgen«, wie sie auf Agricolas Bildern dargestellt sind. Der Inhalt dieser Kübel war naturgemäß nur gering, etwa 500 kg. Hätte man die Kübel so groß ausgeführt, daß sie 2000 bis 4000 kg aufnehmen könnten, dann würde die Beladung und Entladung viel Zeit in Anspruch genommen haben. Man ging daher dazu über, die zum Horizontaltransport benutzten Wagen, die sog. Hunte, auch für die Vertikalförderung ohne Umladung zu benutzen, indem man an das Förderseil ein Gestell aus Walzeisen, das sog. Gerippe, hing, auf welches die Wagen aufgeschoben wurden. Mit dieser Einrichtung ließ sich die Sturzpause auf 30 Sek. beschränken; die Totlast wird allerdings wesentlich größer und damit auch die Seilbelastung.

Die Zahl der bei einem Hub geförderten Wagen ist von 1 allmählich bis auf 8 gesteigert worden. Ursprünglich stellte man die Wagen nebeneinander auf das Gerippe, gab dieses Verfahren aber bald auf, weil es einen sehr großen Schachtquerschnitt erforderte. Dann ging man dazu über, die Gerippe mit mehreren Stockwerken auszuführen, so daß die Wagen nicht nebeneinander sondern übereinander stehen. Die Förderleistung für den Quadratmeter Schachtquerschnitt wird durch diese Anordnung naturgemäß sehr gesteigert, aber nur dann, wenn die Wagen aus allen Stockwerken gleichzeitig abgezogen werden, was viel Hilfsmannschaft verlangt. Zieht man die Wagen nacheinander auf nur einer Bühne ab, so muß die Fördermaschine das Gerippe mehrmals einstellen, wodurch die Sturzpause vergrößert, die Leistung also verkleinert wird.

Neben Steigerung der Nutzlast und Verkleinerung der Sturzpause steht noch die Erhöhung der Hubgeschwindigkeit als drittes Mittel zur Vermehrung der Leistung zur Verfügung. Die Geschwindigkeit steigt von Null allmählich auf einen Höchstwert, behält diesen einige Zeit bei und sinkt wieder auf Null. Die Durchschnittsgeschwindigkeit kann nun in zweierlei Weise vergrößert werden: entweder durch Steigerung der Höchstgeschwindigkeit oder durch schnelleres Ansteigen der Geschwindigkeit, d. h. durch Erhöhung der Beschleunigung. Die Höchstgeschwindigkeit ist von 2 sekm zu Beginn des 19. Jahrhunderts allmählich auf 20 sekm zu Ende des Jahrhunderts gesteigert worden. Die Durchschnittsgeschwindigkeit steigt natürlich nicht in gleichem Verhältnis mit der Höchstgeschwindigkeit, sondern weit langsamer.

Der angegebene Wert von 20 sekm für die Höchstgeschwindigkeit, der eine sehr starke Maschine erfordert, ist daher wirtschaftlich gerechtfertigt nur bei großen Teufen von mehr als 800 m.

Die Steigerung der Beschleunigung findet bei Dampfbetrieb sehr bald eine Grenze, weil das gerade beim Anfahren sehr wechselnde Drehmoment hinderlich im Wege steht. Ebenfalls niedrig liegt die Grenze bei Anwendung von Koepescheiben, weil der geringe Reibungsschluß der halben Umschlingung nur ein begrenztes Drehmoment zuläßt. Dagegen gestattet der elektrische Betrieb in Verbindung mit einer ganzen Umschlingung eine wesentliche Steigerung der Beschleunigung bis etwa zu dem Wert von 1 in Geschwindigkeitszunahme in jeder Sekunde, so daß nach 20 Sek. eine Geschwindigkeit von 20 sekm erreicht werden kann.

Da die Sturzpause etwa ein Drittel bis die Hälfte der Fahrzeit in Anspruch nimmt, so erscheint als wirksamstes und daher aussichtsreichstes Mittel die weitere Verkürzung der Sturzpause. Tatsächlich geht neuerdings das Bestreben dahin, die Sturzpause durch Einführung selbsttätiger Beladungs- und Entladungseinrichtungen zu verkürzen. Eine Lösung dieser Aufgabe ergibt sich dadurch, daß die Wagen durch Maschinenkraft auf das Gerippe hinauf- und heruntergeschoben werden. Ein anderes Mittel ist die in Südafrika übliche Anwendung von Kübeln, die aus Trichtern selbsttätig gefüllt und durch Kippvorrichtungen entleert werden.

Das wichtigste Maschinenelement der Fördermaschine, das Seil, hat im Laufe der Zeit mannigfache Wandlungen durchgemacht. Auf den Bildern von Agricola finden wir noch Ketten dargestellt, ebenso auf der Skizze von Borgnis; für die geringen Teufen und Geschwindigkeiten des 15. Jahrhunderts, die 100 m bzw. 1 sekm wohl kaum überschritten haben, reichten Ketten noch aus. Darüber hinaus sind sie nicht mehr anwendbar, weil das Eigengewicht der Ketten im Verhältnis zu ihrer Tragfähigkeit außerordentlich groß ist.

In Fig. 42 ist das Verhältnis EigengewichtAngehängte Last für verschiedene Teufen zunächst für Ketten aufgetragen. Man sieht, daß bei siebenfacher Sicherheit und bei 150 m Teufe das Eigengewicht bereits größer als die getragene Last wird, und daß bei 200 m Teufe das Eigengewicht schon auf das Zweieinhalbfache der Last steigt. Bei 280 m Teufe würde das Eigengewicht unendlich groß werden.

Außerdem haben Ketten den Nachteil, daß sie sehr unelastisch sind, und daß man nicht erkennen kann, ob die Kette Schweißfehler besitzt und ob sie durch die unvermeidlichen Stöße hart und spröde geworden ist. Aus diesen Gründen sind Ketten sehr betriebsunsicher. Für Geschwindigkeiten von mehr als 1 sekm sind sie überhaupt nicht verwendbar.

Man ist daher sehr bald zur Verwendung von Hanfseilen übergegangen, wie sie auf den Zeichnungen von Langsdorf sichtbar sind. Da ihr Eigengewicht sehr gering ist, so sind mit Hanfseilen wesentlich größere Teufen erreichbar; wie aus Fig. 42 ersichtlich ist, würde bei achtfacher Sicherheit die Grenzteufe, d. h. die Teufe, bei der das Eigengewicht unendlich groß wird, erst bei 850 m liegen.

Wesentlich günstiger als Hanfseile sind Aloëseile, d. h. Seile, die aus den Fasern der Agave hergestellt werden. Hanfseile müssen geteert werden, um der in Schächten stets vorhandenen Feuchtigkeit zu widerstehen, werden dadurch aber schwerer, weniger biegsam und minder tragfähig. Ungeteerte Aloëseile hingegen nehmen in feuchtem Zustande an Festigkeit zu, sind leicht und biegsam. Ihre Grenzteufe beträgt bei siebenfacher Sicherheit 1700 m. In der Regel werden sie nur bis zu 300 m Teufe mit gleichbleibendem Querschnitt, für größere Teufen mit nach unten verjüngtem Querschnitt dargestellt, wodurch sie bei gleicher Tragfähigkeit leichter werden. Die Grenzteufe von verjüngten Seilen ist daher wesentlich größer. Aus dem Jahre 1838 stammt eine Mitteilung in Dinglers Journal, wonach um diese Zeit bereits Aloëbandseile in den Kohlengruben des Herrn Braconier bei Lüttich in Betrieb waren. In Belgien wird heutzutage noch größtenteils mit Aloëflachseilen gefördert.

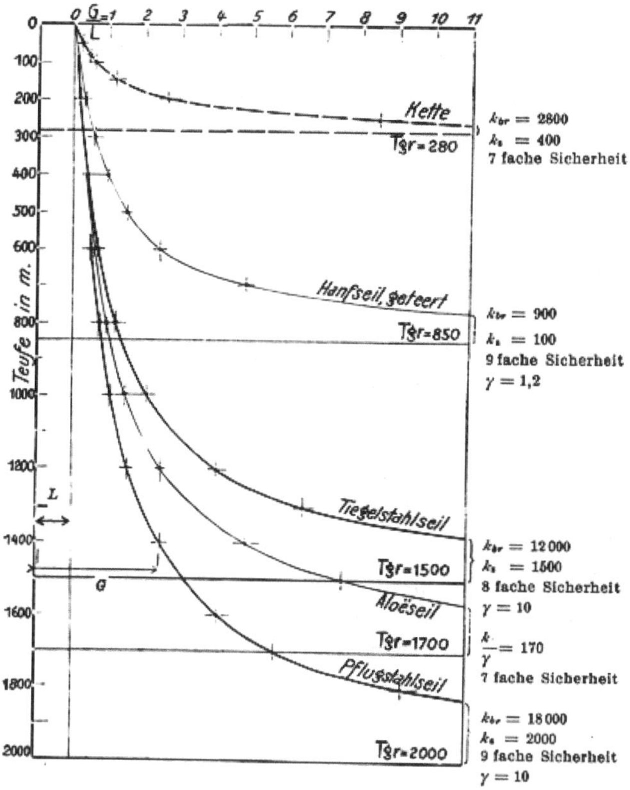

G = Seil- bzw. Ketten-Eigengewicht
L = Nutzlast
T = Teufe
Tgr = Grenzteufe
k_z = zulässige Beanspruchung
k_{br} = Bruchbeanspruchung
γ = Gewicht von 10 m Seil von 1 qcm tragfähigem Querschnitt

für Kette:

$$\frac{G}{L} = \frac{1}{k_z \frac{0,7}{T} - 1} \qquad Tgr = k_z \cdot 0,7$$

für Seil:

$$\frac{G}{L} = \frac{1}{\frac{k_z}{\gamma} \cdot \frac{10}{T} - 1} \qquad Tgr = \frac{k_z}{\gamma} \cdot 10$$

Fig. 42.

Versuche mit Drahtseilen wurden zuerst vom Oberbergrat Albert im Jahre 1834 (nach O. Hoppe) in den tiefen Schächten des Oberharzer Bergbaues gemacht. Die ersten Seile waren aus wenigen und sehr dicken Drähten (3 Litzen aus je 4 Drähten von mehr als 3 mm Stärke) von weichem Eisen (6000 kg-qcm Bruchfestigkeit) hergestellt, und zwar ohne Hanfseele. Sie waren daher nur in geringem Grade biegsam.

In den rund 300 m tiefen Schächten von Falun in Schweden wurde der erste Versuch mit Drahtseilen in der Stora-Kopparbergsgrube im Jahre 1835 gemacht, nachdem die Kunde von den Versuchen im Harz dorthin gelangt war. Auch dort wurden zuerst Seile aus weichem Eisendraht von über 3 mm Stärke verwendet.

Aus dem Jahre 1845 liegt bereits ein Bericht vor (Dinglers Journal, Bd. 95, S. 72), wonach um diese Zeit Drahtseile mit Hanfseelen in Deutschland und England bereits vielfache Verbreitung gefunden haben.

Bis zu Ende der 60er Jahre behielt man den weichen Eisendraht von 6000 kg-qcm Bruchfestigkeit bei, stellte aber die Seile aus einer größeren Zahl dünnerer Drähte her (6 Litzen aus je 6 Drähten von 1–2 mm Stärke). In der von Redtenbacher im Jahre 1865 mitgeteilten Tabelle finden wir bereits die Drahtseile in überwiegender Anzahl gegenüber den Hanfseilen.

Um das Jahr 1867 (nach Hraback) gelang es der Firma Felten & Guilleaume in Köln, Drahtseile aus Tiegelgußstahl herzustellen, die eine doppelt so große Festigkeit besaßen als die Eisenseile (12000 kg-qcm Bruchfestigkeit).

In neuester Zeit ist es gelungen, durchaus betriebssichere Förderseile aus Extrastahldraht bis zu 18000 kg-qcm Bruchfestigkeit herzustellen und mit solchen Seilen aus Teufen bis 1800 m zu fördern.

Aus Fig. 42 ist deutlich zu entnehmen, daß mit festerem Seilmaterial wesentlich größere Teufen erreicht werden können. Verwendet man Stahldraht von 120 kg-qmm Bruchfestigkeit mit achtfacher Sicherheit, also mit einer Beanspruchung von 120008 = 1500 kg-qcm, so wird die Grenzteufe 1500 m; für Stahl von 180 kg-qmm Bruchfestigkeit und für neunfache Sicherheit, also für eine Beanspruchung von 180009 = 2000 kg-qcm wird die Grenzteufe 2000 m.

Hierbei war vorausgesetzt, daß die Seile mit gleichem Querschnitt über die ganze Länge ausgeführt wurden. Bei Anwendung von Trommeln können die Seile mit nach unten verjüngtem Querschnitt hergestellt werden. Bei gleicher Tragfähigkeit werden die Seile dann entsprechend leichter. Die Meinungen über die Berechtigung dieser Konstruktion sind noch geteilt, da der Einfluß der Schwingungen des Seils auf die Beanspruchung noch nicht genügend geklärt ist. Ausführungen von verjüngten Drahtseilen liegen bislang nur in geringer Zahl vor. Bestätigt längere Erfahrung ihre Anwendbarkeit, so gestatten sie die Erreichung von wesentlich größeren Teufen.

Für die Entscheidung dieser Frage sind noch die Betriebsergebnisse der elektrischen Fördermaschinen hinsichtlich der Drahtseile abzuwarten. Es ist zu vermuten, daß die Lebensdauer der Seile eine größere sein wird, weil einmal die durch das periodisch wechselnde Drehmoment hervorgerufenen Schwingungen wegfallen, und weil das Stauchen des Seils beim Anhalten infolge sanfteren Einfahrens vermieden wird. Es ist daher möglich, daß den verjüngten Seilen in Verbindung mit Spiralkörben, die unmittelbar mit den

Ankern der Elektromotoren zusammengebaut sind, für größere Teufen die Zukunft gehören wird.

Ein kennzeichnendes Bild über die Entwicklung der Schachtförderseile gibt die Statistik des Oberbergamtsbezirks Dortmund, die in Fig. 43 graphisch dargestellt ist. Im Jahre 1872 waren hauptsächlich eiserne Seile in Gebrauch; auch Aloëseile wurden damals noch vielfach verwendet, während Stahlseile noch wenig vertreten waren. Die Zahl der Seilbrüche war damals im Verhältnis zur Zahl der überhaupt abgelegten Seile sehr groß. Vom Jahre 1877 an verschwanden die Hanfseile, von 1884 an die Aloëseile und von 1896 an die Eisenseile. Von da an finden sich nur noch Stahlseile, und zwar überwiegen weitaus die Rundseile über die Bandseile. Die Zahl der Seilbrüche nimmt fortwährend ab; namentlich das Verhältnis der gebrochenen zu den abgelegten Seilen wird immer günstiger. Das Schaubild ist somit ein ausgezeichnetes Zeugnis für die rasche Entwicklung der Seilindustrie.

Eine durchgreifende Wandlung hat sich im Laufe der Entwicklung hinsichtlich des Baumaterials und der Herstellung der Fördermaschinen vollzogen.

Die Göpel- und Wasserrad-Fördermaschinen vom 15. bis zum Beginn des 19. Jahrhunderts waren in fast allen ihren Teilen aus Holz ausgeführt; Schmiedeeisen wurde nur zu Klammern und Zapfen verwendet, Gußeisen kam überhaupt nicht vor. Die Maschinen wurden nicht in einer Maschinenfabrik sondern an der Baustelle hergestellt und lediglich örtlichen Verhältnissen angepaßt. Die primitive Formgebung entsprach den rohen Herstellungsmitteln.

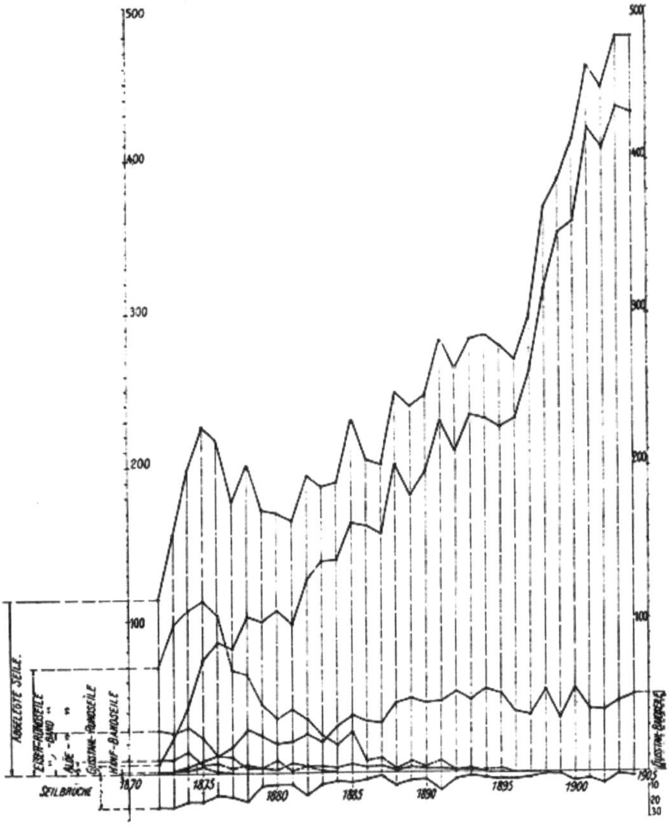

Fig. 43.

Bei den Dampffördermaschinen verschwand bald Holz vollständig, Gußeisen wurde in großem Umfang verwendet. Die Herstellung wurde in die Maschinenfabrik verlegt.

Die Formgebung wurde eine sehr vollkommene: sie entsprach nicht nur der Herstellung und dem allgemeinen Gebrauchszweck, sondern sie ging im einzelnen auch darauf aus, die Instandhaltung und Reinhaltung der Maschine möglichst zu erleichtern, wodurch die Maschinen ein sauberes und demgemäß elegantes Aussehen gewannen.

Aber noch war jede Maschine eine Einzelkonstruktion, für die höchstens einzelne vorhandene Modelle von Zylindern u. dgl. verwendet wurden, die im übrigen aber meist für jeden Einzelfall besonders entworfen wurde unter weitgehendster Berücksichtigung der Sonderwünsche des Bestellers. Manche Bergbaureviere hatten geradezu ihren Sondertyp.

Kennzeichnend für diese Maschinen war auch, daß viele Teile, namentlich die Bremsteile, die Steuerungsteile, die Sicherungselemente nicht starr mit der Maschine verbunden waren, sondern für sich auf das Fundament geschraubt wurden. Es war daher nicht möglich, die Maschine in der Fabrik vollständig zu montieren; es blieb vielmehr dem Monteur an der Baustelle ein großer Teil der Anpaßarbeit und der Verantwortung.

Dabei blieb es bis zur Einführung des elektrischen Betriebes. Bei diesem tritt das Bestreben in den Vordergrund, Walzeisen in umfangreichstem Maße zu verwenden, nicht nur für die Seilscheiben und Trommeln, sondern auch für die Lagerrahmen der Maschine. Der Einfluß der Elektrotechnik macht sich auch bereits in dem Bestreben bemerkbar, eine Normalisierung der Maschinen herbeizuführen, d. h. die Maschine nicht mehr für jeden Einzelfall besonders zu entwerfen, sondern sie nach Normen mit modernen Herstellungsmethoden zu bauen und dadurch an Herstellungskosten zu sparen, genauere Arbeit zu erzielen und geringere Lieferzeiten zu ermöglichen. Dieses Bestreben macht sich namentlich in den Einzelheiten bemerkbar: Steuerstand, Teufenzeiger und Bremsen erhalten typische Gestalt. Die Maschine wird von vornherein so entworfen, daß sie allen örtlichen Verschiedenheiten gerecht wird, so daß eine Anpassung für jede Einzelausführung entbehrlich wird. Sondertypen für Reviere sind bei dem heutigen Aktionsradius der großen Werke unmöglich. Neuerdings macht sich auch das Bestreben bemerkbar, die Fördermaschine ebenso wie andere durchgebildete Maschinen als in sich geschlossene Maschinen zu bauen, d. h. Einzelteile zu vermeiden, die für sich auf das Fundament geschraubt werden müssen. Zweck dieser Bestrebung ist Verlegung aller Anpaßarbeit in die Maschinenfabrik, wo sie viel genauer und billiger hergestellt und sicherer geprüft werden kann als auf der Baustelle. Die Formgebung strebt äußerste Zweckmäßigkeit in Herstellung und Gebrauch sowie möglichst ruhige und übersichtliche Erscheinung an.

In jüngster Zeit sind mehrfache Vorschläge gemacht worden, die Förderung dadurch leistungsfähiger zu gestalten, daß zahlreiche, stetig bewegte Fördergefäße angewendet werden. Dies wäre erreichbar entweder durch Becherwerke oder durch Kletteraufzüge. Diese Vorschläge sehen verlockend aus, führen in der Einzelkonstruktion aber auf zahlreiche Schwierigkeiten; zu einer Ausführung ist es bisher nie gekommen.

Der wirtschaftliche Einfluß der Fördermaschine auf den Bergbaubetrieb ergibt sich am deutlichsten, wenn man die Göpelmaschine aus dem Jahre 1500 mit der Elektrofördermaschine aus dem Jahre 1903 vergleicht hinsichtlich ihrer Abmessungen, Leistungen, Anlagekosten und Betriebskosten. Dieser Vergleich ergibt sich aus folgender Gegenüberstellung:

Göpelförder-
maschine
1800

Elektroförder-
maschine
1903

Teufe

200 m

560 m

Nutzlast

550 kg

2200 kg

Höchstgeschwindigkeit

0,27 sekm

16 sekm

Höchste Leistung im Schacht gemessen

2 PS

470 PS

Höchste Leistung an der Welle gemessen

3 PS

ca. 1000 PS

Stündliche Lieferung

2,2 t

132 t

Anlagekosten der Fördermaschine

4000 M.

300000 M.

Gesamtbetriebskosten der Fördermaschine für die Tonne geförderte Kohle

0,25 M.

0,08 M.

Gesamtbetriebskosten für die Kilometer-Tonne

1,25 M.

0,14 M.

Verkaufspreis für die Tonne Kohle

34 M.

15 M.

Die Leistungsfähigkeit eines Bergwerks ist stets begrenzt durch die Leistung der Fördermaschine, es ist also die Fördermaschine das entscheidende Lebenselement für den Bergbaubetrieb. Die Schächte mit ihren Fördermaschinen haben für das Bergwerk dieselbe Bedeutung wie die Arterien und das Herz für den animalischen Körper. Bei größeren Teufen machen die Gesamtförderkosten, bestehend aus den Betriebskosten der Fördermaschine, aus den Besitzkosten des Schachtes und seines Zubehörs und aus den Kosten für die Wasserhebung, den Hauptanteil der Gestehungskosten der Kohle aus; man bezeichnet als »abbauwürdige Teufe« diejenige, bei der die Förderkosten im Verhältnis zu den Gesamtkosten noch nicht Übermäßig sind. Jede Vervollkommnung der Fördermaschinen in bezug auf die Gesamtförderkosten ist daher von unmittelbarer Bedeutung für den Verkaufspreis der Kohle.

Wenn man anderseits bedenkt, daß unsere gesamte moderne wirtschaftliche Entwicklung, und damit mittelbar die geistige auf der Ausnutzung der in der Kohle aufgespeicherten Sonnenenergie früherer Jahrtausende beruht, so wird die Bedeutung der Fördermaschine für die Volkswirtschaft deutlich sichtbar.

Im Jahre 1900 wurden in Deutschland insgesamt 149000 t gefördert. Würde die durchschnittliche Teufe, aus der diese Kohlen gefördert werden, 500 m betragen haben, so würde unter Annahme von 6000 Förderstunden im Jahre hierzu dies einer Arbeitsleistung entsprechen von

149788000000 kg × 500 m6000 Std. × 3600 Sek. × 75 = 46250 PS.

Unter Voraussetzung von täglich 8 Arbeitsstunden würden für diese Leistung rd. 150000 Pferde oder rd. 1500000 Menschen, also rd. ein Vierzigstel der Gesamtbevölkerung Deutschlands erforderlich gewesen sein.

B.
Die Hebemaschinen im Hüttenwerk.

Die ersten Kulturstufen der Menschheit wurden nach dem Material, dessen Bearbeitung man damals verstand, als Steinzeit, Bronzezeit und Eisenzeit bezeichnet, weil sinnfällig mit dem vollkommenen Material auch die Kulturstufe eine höhere wurde. Im Grunde genommen gilt für das 19. Jahrhundert das Gleiche, wenn auch nur wenige sich dessen bewußt sind. Man könnte unbedenklich dieses Jahrhundert als das Zeitalter der Kohle und des Stahls bezeichnen; denn die Kohle bot dem 19. Jahrhundert die für seine Entwickelung kennzeichnende Maschinenkraft, und der Stahl bildete den unentbehrlichen Baustoff für die Maschinen, Eisenbahnen, Brücken, Dampfschiffe, Waffen und Werkzeuge dieses Jahrhunderts.

Zu Anfang des 19. Jahrhunderts unterschied sich die Gewinnung des Eisens noch wenig von dem Verfahren der Zeit um 1500: Hochöfen von geringen Abmessungen und primitivster Ausrüstung erzeugten das Roheisen; die Stahlbereitung besorgten zum größten Teil noch Herdfrischen, die nur mit kostspieligen Holzkohlen betrieben werden können; die Stahlerzeugung mit Steinkohlen in Puddelöfen wurde erst 1784 von Henry Cort erfunden. Für die Bearbeitung des schmiedbaren Eisens stand nur der einfache, vom Wasserrad getriebene Schwanzhammer zur Verfügung. Die sonstigen maschinentechnischen Hilfsmittel beschränkten sich auf Blasebälge und primitive Zylindergebläse, die ebenfalls durch Wasserräder betrieben wurden; die Hebemaschinen der damaligen Zeit bestanden aus Gichtaufzügen und aus Drehkranen allereinfachster Art.

Im 19. Jahrhundert tritt eine vollständige Umwandlung der Eisenerzeugung ein; der Hochofen nimmt in seinen Abmessungen fortwährend zu und wird vollkommener ausgerüstet; die Stahlerzeugung erhält durch die Einführung des Flußstahls an Stelle des Schweißstahls eine ungeahnte Ausdehnung; an Stelle des Schwanzhammers tritt das Walzwerk. Eine Fülle der verschiedenartigsten Hebemaschinen wird geschaffen, die allen Besonderheiten des Hüttenbetriebes angepaßt sind. All das zusammen führt zu einer gewaltigen Entwicklung der Eisenerzeugung, die in nachstehenden Zahlen ihren Ausdruck findet:

Roheisenerzeugung
der Erde

Roheisenerzeugung
Deutschlands

Anteil
Deutschlands

im Jahre 1807

760000 t

25000 t

1/30

im Jahre 1899

40611000 t

9521000 t

1/5

Während also die Roheisenerzeugung der Erde im 19. Jahrhundert auf das 50fache gestiegen ist, ist in derselben Zeit der Anteil Deutschlands auf das mehr als 300fache gewachsen: die glänzende wirtschaftliche Entwicklung Deutschlands in diesem Jahrhundert findet in diesen Zahlen einen beredten Ausdruck.

Die Bedeutung des Eisens für den Volkshaushalt ergibt sich aus der Tatsache, daß der Verbrauch an Eisen auf den Kopf der Bevölkerung in Deutschland

im Jahre 1861

25 kg

im Jahre 1900

132 kg

betragen hat.

Mit dieser Ausdehnung der Eisenerzeugung geht eine Entwickelung ihrer Hebemaschinen Hand in Hand, die so vielgestaltig ist, daß eine Gliederung, entsprechend den einzelnen Stufen der Eisenerzeugung — Hochofen — Stahlwerk — Walzwerk — Verladung — erforderlich ist.

a) Die Hebemaschinen des Hochofens.

Aus der Zeit von 1500 bis 1800 sind uns keine Nachrichten über die damals gebräuchlichen Hilfsmittel bekannt. Da die Hochöfen jener Zeit in Gebirgsgegenden lagen, so bot sich als einfachstes Mittel die Anlage des Hochofens an einem Berghang, so daß die Erze aus dem Stollen über eine Brücke unmittelbar zur Gicht gefahren werden konnten, wie es heute noch bei Kalköfen gebräuchlich ist.

1. 1803 bis 1900: Antrieb durch Druckluft und Dampf.

Das Bild der St. Antonihütte — dem Anfang der heutigen Gutehoffnungshütte — aus dem Jahre 1835 (Fig. 44, entnommen aus Frölich »Die Werke der Gutehoffnungshütte«) zeigt uns die typische Erscheinung eines Hochofens aus dem Anfang des 19. Jahrhunderts. Die Abmessungen sind sehr bescheidene, die Höhe des Hochofens beträgt etwa 10 m. Aus dem Bild ist ersichtlich, daß der Ofen mit einem Gichtaufzug ausgerüstet ist.

Fig. 44.

Es lag nahe, für den Betrieb der Gichtaufzüge die stets vorhandene Gebläseluft zu benutzen.

Fig. 45 (entnommen aus Hülße »Enzyklopädie« 1. Bd.) stellt einen derartigen mit Luftdruck betriebenen Gichtaufzug dar, der zu Chatlinot im Jahre 1839 in Betrieb war und in den Einzelheiten bereits eine gute Durchbildung erkennen läßt.

Diese Druckluftaufzüge fanden sowohl in Europa wie in den Vereinigten Staaten große Verbreitung. Sie waren sehr leistungsfähig, ließen aber hinsichtlich der Betriebskosten und der Betriebssicherheit zu wünschen übrig.

Als die Dampfmaschine in ihrer Steuerfähigkeit hinreichend durchgebildet war, um für schnellgehende Gichtaufzüge die erforderliche Sicherheit zu bieten, trat sie allenthalben an Stelle der Druckluftaufzüge, denen sie an Leistungsfähigkeit gleichkam, an Betriebssicherheit und Wirtschaftlichkeit überlegen war.

Mit der zunehmenden Höhe der Hochöfen — die bis zu 40 m stieg — nahm auch die Hubgeschwindigkeit der Gichtaufzüge zu, bis zu 2 sekm. Eine weitere Steigerung der Geschwindigkeit würde die Leistungsfähigkeit so verschwindend wenig steigern, daß sie zwecklos wäre.

Dagegen trat bald das Bedürfnis nach einer Vervollkommnung in anderer Hinsicht auf. Die einfachen Gichtaufzüge förderten lediglich die gefüllten Beschickungswagen bis an die Gicht, während das Abziehen der Wagen von dem Aufzuggerippe bis an die Gicht und das Entleeren der Wagen von Hand geschehen mußte. Diese Arbeit erforderte eine beträchtliche Zahl von Arbeitskräften und war wegen der ausströmenden Gichtgase zudem mit Gefahr verbunden. In den Vereinigten Staaten machte sich zuerst das Bestreben geltend, die Gichtaufzüge so zu gestalten, daß die Beschickungswagen selbsttätig in die Gicht entleert werden, so daß auf der Gicht keinerlei Bedienungsmannschaft gebraucht wird. Gleichzeitig ging man dazu über, die Dampfmaschine des Aufzuges durch den steuerfähigeren und sparsameren Elektromotor zu ersetzen.

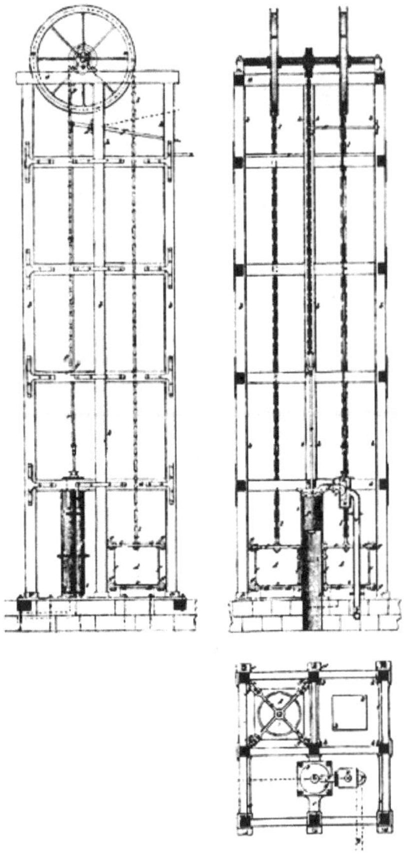

Fig. 45.

2. Von 1900 an: Elektrischer Betrieb.

Fig. 46 und 47 stellen einen sogenannten Schrägaufzug nach amerikanischer Bauart vor.

Die Schräglage des Aufzuggerüstes gewährt den Vorteil, daß der Beschickungswagen unmittelbar über die Gicht gelangt. Durch geeignete Gestaltung der Führungsschienen ist dafür gesorgt, daß der Wagen umkippt, sobald er in seine höchste Stellung gelangt ist. Neuerdings hat man zu weiterer Vereinfachung der Bedienung den Aufzug so gestaltet, daß in dem Augenblick des Umkippens gleichzeitig der Gichtverschluß selbsttätig geöffnet wird, so daß eine besondere Steuerung des letzteren nicht erforderlich ist. Fig. 48 zeigt eine derartige Ausführung der Firma Pohlig in Köln.

Die Schräglage des Aufzuges ist nicht unbedingt erforderlich; sie kann ersetzt werden durch ein Gerüst, welches vom Boden an zunächst lotrecht aufsteigt und dann in schlanker Krümmung über die Gicht führt. Diese Anordnung gewährt den Vorteil, daß sie eine geringere Grundfläche benötigt als der Schrägaufzug.

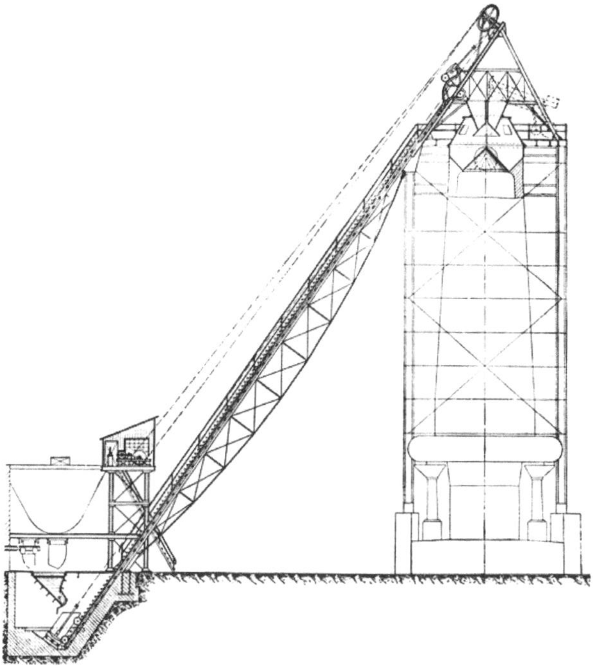

Fig. 46.

Fig. 47.

Der erzielte Fortschritt ergibt sich aus folgenden Vergleichswerten:

Druckluftaufzug
mit Entleerung
von Hand
1839

Elektrischer Schräg-
aufzug mit selbst-
tätiger Entleerung
1900

Hubhohe

12 m

40 m

Nutzlast

200 kg

4000 kg

Hubgeschwindigkeit

1 sekm

1 sekm

Leistung, am Seil gemessen

3 PS

50 PS

Stündliche Förderung

2 t

80 t

Bedienungsmannschaft

7 Mann

3 Mann

Stündlich erzeugtes Roheisen

0,4 t

40 t

Verkaufspreis von 1 t Roheisen

160 M.

60 M.

b) Die Hebemaschinen des Stahlwerks.

Aus der Zeit von 1500 bis 1800 ist wenig zu berichten, weil die Stahlerzeugung damals auf das Verfahren des Herdfrischens sich beschränkte, das nur sehr kleine Mengen lieferte und darum Transportmittel für schwere Lasten nicht erforderte. Es lag einzig und allein die Aufgabe vor, die Deckel der Triebherde abzuheben. Da hiefür nur eine ganz kleine Geschwindigkeit notwendig war, so genügte ein Drehkran mit Handbetrieb vollständig für diesen Zweck.

Fig. 48.

Das schon genannte Werk von Agricola aus der Zeit um 1550 überliefert uns eine deutliche Darstellung eines Drehkrans Fig. 49.

Der Kran ist mit Fuß- und Halszapfen auf dem Boden und an der Decke der Gießhalle gelagert. Gegenüber älteren Ausführungen zeigt er zum erstenmal die Anordnung einer verschiebbaren Laufkatze auf dem Ausleger. Die Verschiebung der Laufkatze kann jedoch nur vor dem Anheben der Last vorgenommen werden; solange der Kran arbeitet, ist die Laufkatze durch eine Sperrklinke festgestellt. Das Gerüst des Krans ist vollständig aus Holz unter sparsamer Verwendung von schmiedeeisernen Bändern zusammengefügt; die Triebwerkswellen sind aus Vierkanteisen, die Stirnräder aus Holz hergestellt.

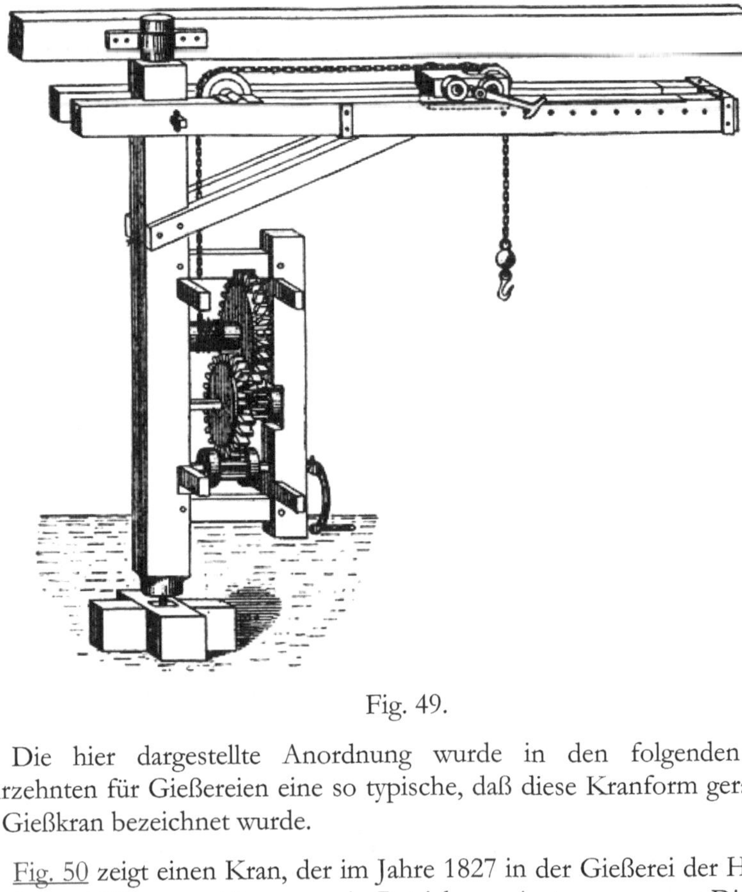

Fig. 49.

Die hier dargestellte Anordnung wurde in den folgenden drei Jahrzehnten für Gießereien eine so typische, daß diese Kranform geradezu als Gießkran bezeichnet wurde.

Fig. 50 zeigt einen Kran, der im Jahre 1827 in der Gießerei der Herren Manby und Wilson zu Charenton in Betrieb war (entnommen aus Dinglers Journal 1827, Bd. 23, Taf. 6). Er zeigt im wesentlichen den gleichen Aufbau wie der Kran von Agricola, nur ist das Krangerüst nicht aus Holz sondern aus Gußeisen hergestellt. Er verfügt bereits über eine Tragkraft von 6 t bei einer größten Ausladung von 6,5 m. Ein wesentlicher Fortschritt ist darin zu finden, daß die Laufkatze bei angehängter Last verschoben werden kann, was dadurch erreicht wurde, daß das feste Ende der Lastkette nicht an der

Laufkatze, sondern am äußeren Ende des Auslegers befestigt wurde. Die Verschiebung wurde durch Zahnstange und Haspelrad bewirkt.

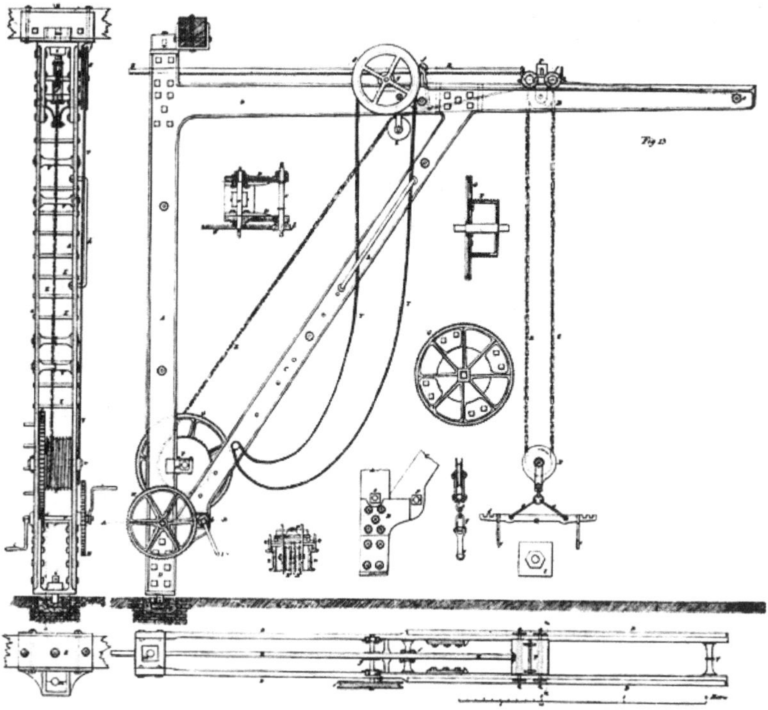

Fig. 50.

Neben derartigen Gußeisenkonstruktionen wurden auch noch hölzerne Krangerüste mit gußeisernen Verbindungsstücken bis über die Mitte des 19. Jahrhunderts hinaus ausgeführt. Im letzten Drittel des Jahrhunderts trat Walzeisen an die Stelle von Gußeisen und Holz; die typische Gestalt des Gießereidrehkrans wurde aber immer noch beibehalten, bis schließlich der elektrische Betrieb dem Laufkran die Überlegenheit verschaffte.

1. 1840 bis 1900: Antrieb durch Druckwasser.

Die im Jahre 1784 durch Cort erfundene Stahlerzeugung durch das Puddelverfahren erforderte keine maschinentechnischen Hilfsmittel, führte daher auch zu keiner weiteren Entwickelung dieser Mittel. Eine großzügige Gestaltung erhielt die Stahlerzeugung erst durch das Verfahren von Bessemer, das von diesem im Jahre 1855 erfunden wurde, und das nach Einführung der basischen Auskleidung durch Thomas und Gilchist im Jahre 1878 auch in Deutschland sich allgemein einbürgerte. Die Anforderungen, welche das Bessemerverfahren an die Transportmittel stellt, werden sofort erkennbar, wenn man die Anordnung eines Bessemerwerks sich vor Augen hält.

Fig. 51 (entnommen aus Frölich S. 25) stellt einen Schnitt durch das Bessemerwerk der Gutenhoffnungshütte dar. Man erblickt rechts die drehbare Birne, die ausgezogen in der Blasstellung, gestrichelt in der Gießstellung gezeichnet ist. Die Zufuhr des flüssigen Roheisens zur Birne wird durch fahrbare Gießkübel auf dem Geleis der Roheisenbühne bewirkt. In der Mitte der Halle ist das Geleis für den Gießkran angeordnet, in dessen Kübel die Birne nach Beendigung des Prozesses den flüssigen Stahl ausgießt. Unbedingtes Erfordernis für die erfolgreiche Durchführung des Verfahrens sind rasch arbeitende und betriebssichere Gießkrane. Die Stahlwerks-Gießkrane haben mannigfache Wandlungen durchgemacht; ihre Gestaltung war maßgebend für die Anordnung des Stahlwerks.

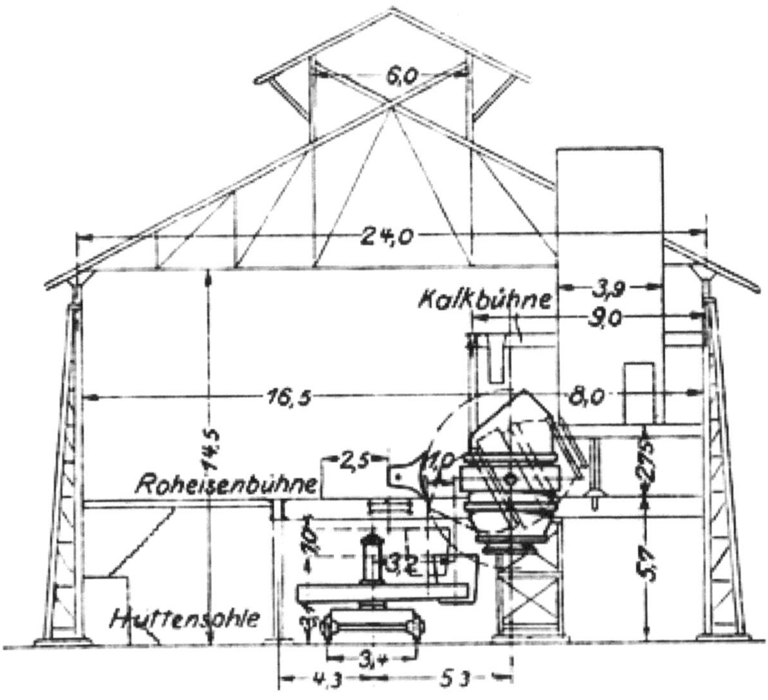

Fig. 51.

Neben schneller und sicherer Bewegung des Gießkübels in lotrechter und wagrechter Richtung sind größte Einfachheit und Unempfindlichkeit gegen Staub unerläßliche Betriebsbedingungen für Gießkrane. Der Dampfbetrieb mit seinen mehrfachen Getrieben und seiner umständlichen Bedienung ist für diesen Zweck kaum geeignet.

Um so mehr kam der einfache und sichere Druckwasserantrieb den Anforderungen des Stahlwerkbetriebs entgegen.

Den Vorläufer des Druckwasserkrans bildet die hydraulische Presse, die von Bramah im Jahre 1796 erfunden wurde. Aus dem Jahre 1826 liegt eine Veröffentlichung vor, aus welcher hervorgeht, daß Bramah bereits einen Kran mit Druckwasserantrieb konstruiert hat, wenn auch zunächst in einer Form, die dem gewöhnlichen Handantrieb gegenüber kaum einen Vorteil bot.

Fig. 52 (entnommen aus Nicholson »Der praktische Mechaniker«, Fig. 386) stellt diesen ersten Versuch dar. Durch eine Handpumpe wird Druckwasser in einen Treibzylinder gepreßt, dessen Kolben mit einer Zahnstange gekuppelt ist, die ihrerseits die Seiltrommel durch ein Stirnrad in Umdrehung versetzt.

Im Jahre 1846 setzte Armstrong in Newcastle einen Kran in Betrieb, der durch das der städtischen Leitung entnommene Druckwasser gespeist wurde.

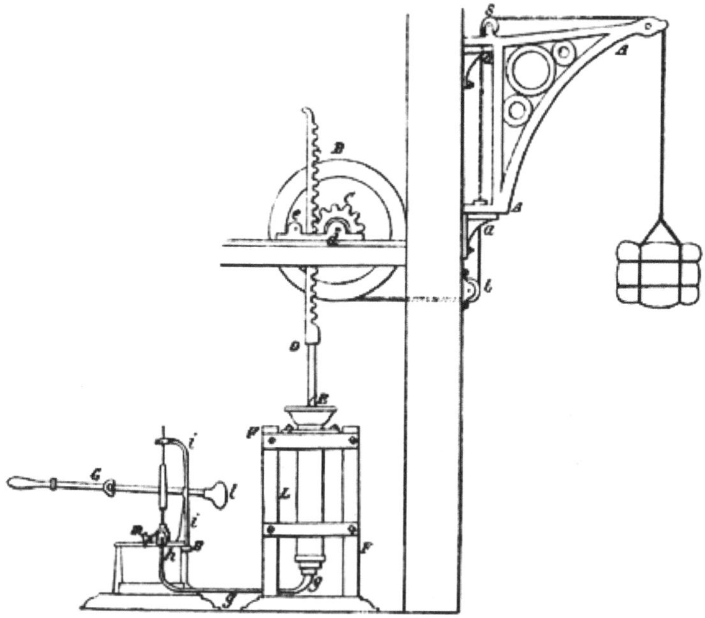

Fig. 52.

Das Grundsätzliche dieses Betriebes ist aus Fig. 53 zu erkennen. Das Wasserwerk pumpt Wasser aus einem Brunnen in einen Hochbehälter. Von diesem strömt das Wasser in das Leitungsnetz und zwar mit einem Druck, welcher der Höhenlage des Behälters über den Verbrauchsstellen abzüglich der Reibungswiderstände im Leitungsnetz entspricht. Durch eine geeignete Steuerung — Schieber oder Ventil — wird entweder das Druckwasser in den

Treibzylinder geleitet, um die Last zu heben, oder es wird der Treibzylinder abgesperrt, um die Last in gehobener Stellung festzuhalten, oder es wird schließlich der Treibzylinder in die Abwasserleitung entleert, um die Last zu senken.

Da die Wasserpressung in der städtischen Wasserleitung wegen der unregelmäßigen Entnahme stark schwankt, so stellte Armstrong später in Grimsby einen besonderen Wasserturm auf.

Der Einfachheit des Hochbehältersystems steht der Nachteil gegenüber, daß der Wasserdruck von der Höhenlage abhängig ist, daher meist nicht größer als zwei Atmosphären sein kann, daß infolgedessen große Querschnitte des Treibzylinders und der Leitungen erforderlich sind, und daß hierdurch die Anlagekosten außerordentlich hoch werden. Infolge der hohen Besitzkosten wird der Preis des Druckwassers aus städtischen Leitungen in den meisten Fällen so hoch, daß die Verwendung desselben zu Kraftzwecken unwirtschaftlich erscheint.

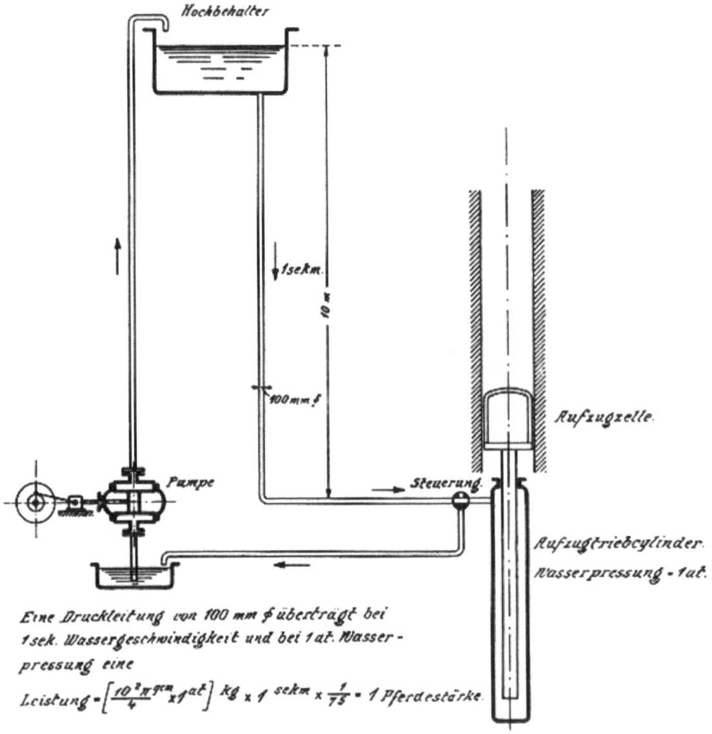

Fig. 53.

Armstrong suchte nun die Wirtschaftlichkeit dadurch zu verbessern, daß er den offenen Hochbehälter durch einen geschlossenen Windkessel ersetzte, in den durch die Pumpe Wasser gepreßt wird, Fig. 54. Da bei diesem

System der Wasserdruck nicht durch das Eigengewicht des Wassers, sondern durch die Spannkraft der eingeschlossenen und zusammengepreßten Luft erzeugt wird, so muß naturgemäß mit steigendem Wasserstand im Windkessel die Pressung zunehmen, mit fallendem Wasserstand abnehmen. Der Wasserdruck wird daher um so veränderlicher sein, je kleiner der Windkessel ist.

Dieses System gestattet, Pressungen bis zu 10 Atm. anzuwenden, ermöglicht daher eine weitgehende Verkleinerung der Leitungsquerschnitte und der Treibzylinder, so daß die Anlagekosten wesentlich verringert werden. Für noch höhere Pressungen ist das System nicht verwendbar, weil bei höherem Druck die Luft im Windkessel sehr bald vom Wasser absorbiert wird.

Armstrong gab den Versuch mit Windkessel sehr bald auf, weil er den Wasserdruck allzu veränderlich fand; vermutlich war der Windkessel zu klein ausgeführt. Dagegen wurde dieses System später in Amerika für den Betrieb von Aufzügen sorgfältig durchgebildet und viel verbreitet.

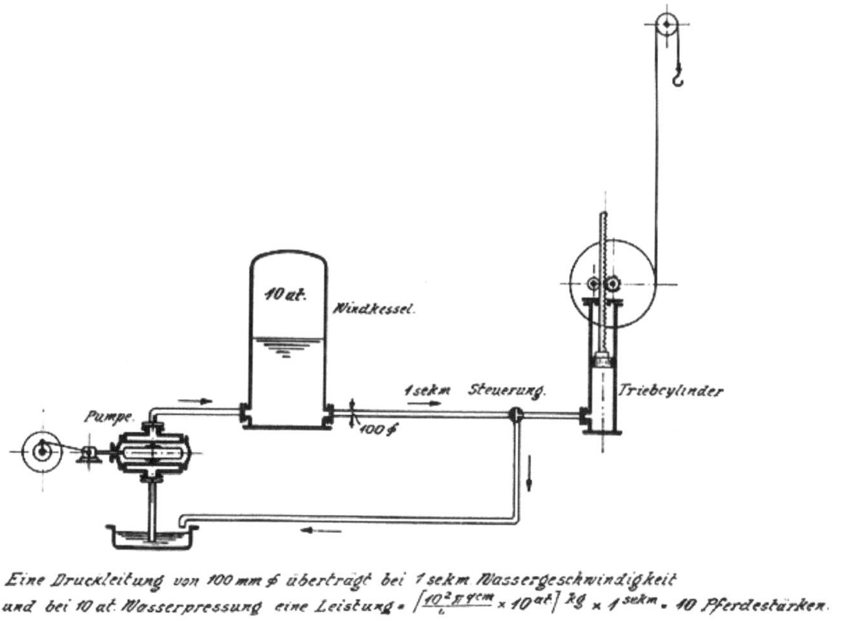

Fig. 54.

Im Jahre 1851 kam Armstrong auf den Gedanken, den Wasserdruck dadurch zu erhöhen, daß an Stelle des Hochbehälters ein Treibzylinder verwendet wurde, dessen Kolben durch ein Gewicht belastet war. Es entsteht dann eine Anordnung, wie sie in Fig. 55 schematisch dargestellt ist. Ein Pumpwerk preßt Wasser aus einem Vorratsbehälter in einen

Akkumulator, d. h. in einen Zylinder mit gewichtsbelastetem Kolben. Der Wasserdruck entspricht dem Querschnitt und der Belastung dieses Kolbens. Aus dem Akkumulatorzylinder strömt das Druckwasser in das Leitungsnetz und wird aus diesem den Kranen durch geeignete Steuerungen zugeführt. Sind alle Krane abgesperrt, so steigt der gewichtsbelastete Kolben des Akkumulators unter der Einwirkung des Pumpwerks. Sobald ein Kran dem Leitungsnetz Druckwasser entnimmt, sinkt der Kolben des Akkumulators wieder herab; das Wasser steht stets unter gleicher Pressung. Eine besondere Vorkehrung sorgt dafür, daß bei höchster Stellung des Akkumulatorkolbens die Pumpe selbständig stillgesetzt wird, damit der Kolben nicht aus dem Zylinder herausgetrieben wird; sobald der Kolben wieder sinkt, setzt sich die Pumpe selbsttätig wieder in Gang. Die Belastung des Akkumulators wird in der Regel so bemessen, daß die Wasserpressung 50 Atm. beträgt; ausnahmsweise steigert man die Pressung bis auf 100 Atm.

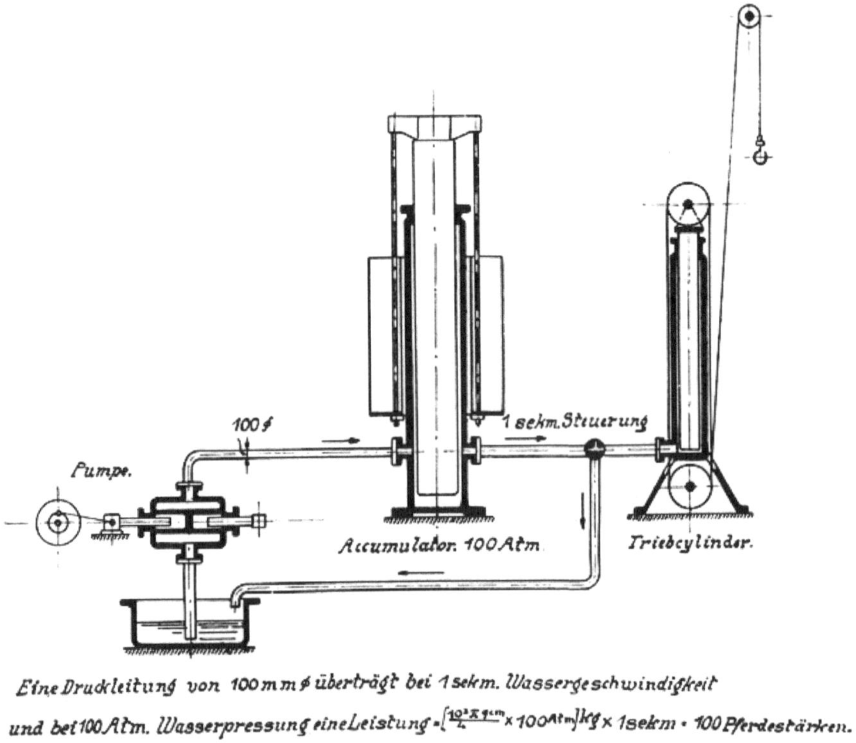

Fig. 55.

Für Stahlwerke fand der Druckwasserantrieb mit Akkumulator schon vor der Mitte des 19. Jahrhunderts Anwendung. Die Gießkrane erhielten durch Cockerill in Seraing eine eigenartige Gestaltung, die allgemein Verbreitung fand.

Fig. 56 (entnommen aus Ernst »Hebezeuge«, Taf. 82) stellt diesen Typ dar, der dadurch gekennzeichnet ist, daß der Treibzylinder gleichzeitig als Krangerüst dient. Der Zylinder ist im Boden verankert; der Tauchkolben führt sich in dem Grundring der Stopfbüchse und in einem zweiten in Zylindermitte eingefügten Halsring und ist dadurch befähigt, in jeder Hubstellung ein Biegungsmoment auf den Zylinder zu übertragen. Starr mit dem Tauchkolben verbunden ist ein Ausleger, der auf der einen Seite den Gießkübel von 11 t Inhalt, auf der andern ein Gegengewicht trägt, welches das Moment der Nutzlast zur Hälfte ausgleicht. Durch Einleiten von Druckwasser in den Zylinder wird der Tauchkolben mit Ausleger und Kübel gehoben; die Schwenkung des Auslegers wird durch ein Handtriebwerk bewirkt, die Entleerung des Kübels wird ebenfalls von Hand besorgt. Die Anordnung ist durch ihre außerordentliche Einfachheit bemerkenswert.

Der Druckwasserzuleitung wegen mußten die Gießkrane stets feststehend angeordnet werden. Der Gießkübel konnte daher nur die Ringfläche bestreichen, in deren Mittelpunkt der Kran gestellt war. Die Gießformen mußten infolgedessen in dieser Ringfläche angeordnet werden, die Bessemerbirne am Rande der Ringfläche. Die Eigenart des Krans bedingte daher die Anordnung des Stahlwerks. Naturgemäß entstanden zwischen den Ringflächen tote Ecken, die nicht ausgenutzt werden konnten.

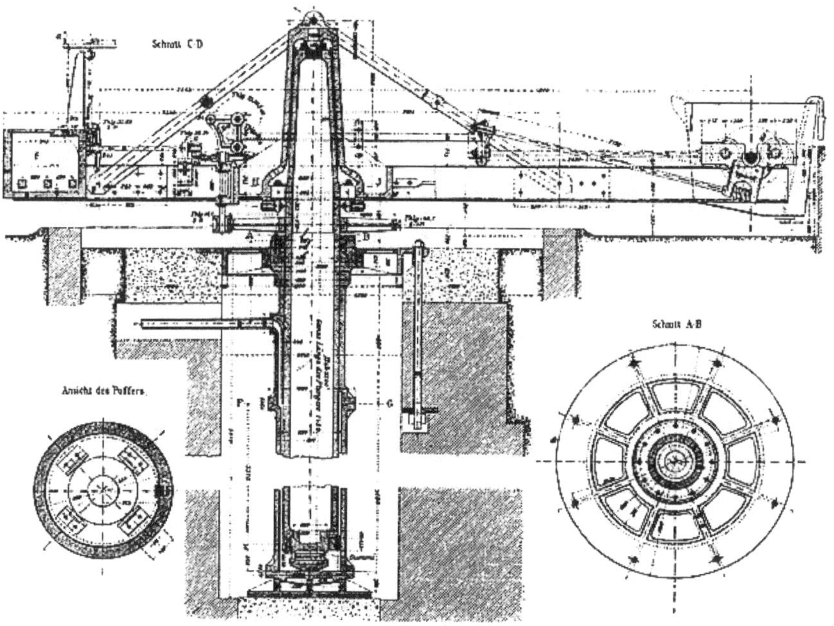

Fig. 56.

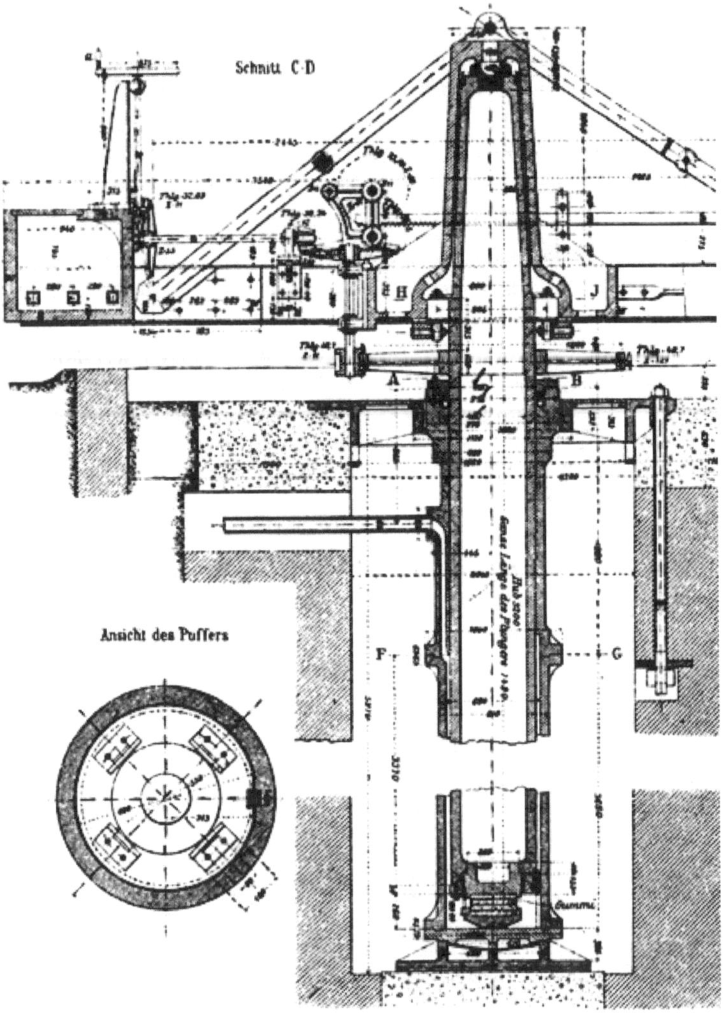

Fig. 56 (linker Teil).

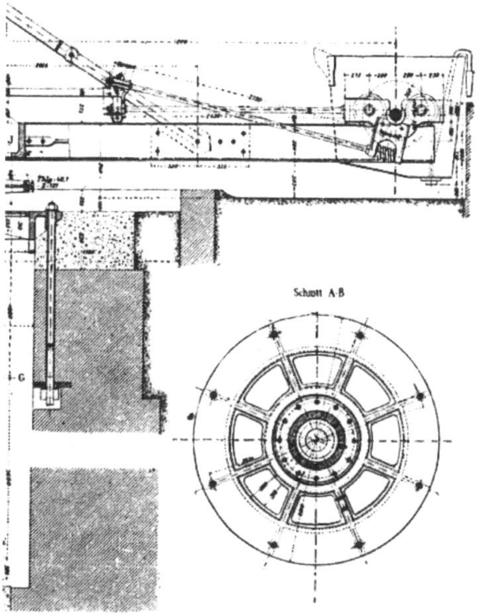

Fig. 56 (rechter Teil).

Fig. 57.

Diesem Nachteil suchte man später in der Weise abzuhelfen, daß man den flüssigen Stahl aus der Birne nicht unmittelbar dem Gießkran übergab, sondern daß man zwischen den Birnen und den Gießkranen ein Geleise anordnete. Auf diesem Geleise lief ein Gießwagen mit Dampfbetrieb, der den Stahl von den Birnen zu den einzelnen Gießkranen förderte; der Gießwagen goß den Stahl in die Kübel der Gießkrane aus, es war ein zweimaliges Ausgießen erforderlich. Die Gießkrane selbst wurden nun so gestaltet, daß sie die Grundfläche so viel wie irgend möglich freiließen, und daß sie anderseits eine möglichst breite Ringfläche bestrichen. Diese Forderungen führten zu der in Fig. 57 dargestellten Anordnung von Stuckenholz in Wetter a. Ruhr, bei welcher der Treibzylinder von dem Krangerüst getrennt ist. Das Gerüst ist aus Walzeisen so gebildet, daß möglichst wenig Raum verloren geht. In einem feststehenden, aus Walzeisen genieteten Unterbau ist drehbar die Kransäule gelagert, die als Kastenträger ausgebildet ist. Hinter ihr ist der Hubzylinder stehend montiert, der mittels Drahtseilflaschenzugs den Gießkübel hebt. Liegend auf dem Ausleger ist ein doppelt wirkender Treibzylinder angeordnet, dessen Kolbenstange die Laufkatze verschiebt. Neben ihm liegt ein dritter Zylinder, dessen gleichfalls doppelt wirkende Kolbenstange als Zahnstange ausgebildet ist und vermittelst Ritzel und Zahnkranz die Schwenkbewegung des Auslegers herbeiführt. Alle Triebwerksteile liegen frei zugänglich und so hoch, daß sie dem Einfluß des Staubes möglichst entzogen sind.

2. Von 1900 an: Elektrischer Betrieb.

Völlige Freiheit in der Anordnung des Stahlwerks konnte nur dann gewonnen werden, wenn es gelang, die Gießkrane selbst fahrbar einzurichten. Der Druckwasserbetrieb schloß diese Möglichkeit aus, der Zuleitung wegen.

Der Dampfkran war für den anstrengenden Gießbetrieb zu verwickelt in seinem Getriebe und zu umständlich in seiner Steuerung. Lösbar wurde die Aufgabe erst nach Einführung des elektrischen Betriebes, der durch die Kontaktleitung die notwendige freie Beweglichkeit und durch seine Steuerfähigkeit die erforderliche Betriebseinfachheit und Sicherheit gewährte. Sobald die Einzelheiten des elektrischen Kranbetriebes genügend dem derben Hüttenbetrieb angepaßt waren, entstanden in rascher Folge neue Gestalten von Gießkranen.

Fig. 58.

Fig. 58 stellt zunächst eine Ausführung der Union-E.-G. dar, die dem Dampfkran nachgebildet ist. Der Kran läuft auf einem Breitspurgeleise und trägt einen Ausleger, der gehoben und geschwenkt werden kann, und auf dem die fahrbare und kippbare Gießpfanne ruht. Fünf Elektromotoren betätigen die genannten fünf Bewegungen des Kübels bzw. des Krans. Die Anordnung befriedigt alle Anforderungen des Hüttenbetriebes: sie ist frei beweglich, betriebssicher und vollkommen steuerfähig. Eine Vervollkommnung war jedoch insofern möglich, als der von dem Breitspurgeleise beanspruchte Raum einen beträchtlichen Teil des Hallenquerschnitts in Anspruch nahm. Dieser Raum konnte gewonnen werden dadurch, daß man die beiden Schienen auf Konsolen an den Hallenwänden lagerte und den Kranwagen als eine Brücke ausbildete, welche die ganze Halle überspannte. Dadurch wurde gleichzeitig die Möglichkeit gewonnen, dem Gießkübel noch eine Bewegung quer zur Halle zu erteilen und so ein breites Rechteck zu bestreichen.

Fig. 59.

Fig. 59 zeigt eine Ausführung dieser Art von Stuckenholz, die über eine Tragkraft von 15 t verfügt. Derartige Laufkrane mit großen Geschwindigkeiten wurden erst durch die Einführung des elektrischen Betriebes möglich, denn einen Dampfkessel hätte man auf einem so hoch gelegenen Kran kaum in einwandsfreier Weise aufstellen können; die mechanische Zuführung der Energie durch Wellen oder Seile hingegen erlaubte die Anwendung von nur sehr kleinen Geschwindigkeiten, die für ein Stahlwerk nicht im entferntesten ausgereicht hätten.

Von der Notwendigkeit schnellarbeitender Hebemaschinen für ein modernes Stahlwerk kann man sich eine Vorstellung machen, wenn man sich den Umfang und die Schnelligkeit des Betriebes vergegenwärtigt. Ein modernes Bessemerwerk leistet mit zwei Birnen von je 10 t Inhalt 2000 t Stahl im Tag; dementsprechend muß alle 15 Min. eine Birne entleert werden. Hiervon entfallen 4 Min. auf das Füllen und Aufrichten der Birne, 9 Min. auf das eigentliche Blasen, die übrigen 2 Min. stehen zur Verfügung für das Senken der Birne, das Ausgießen des Stahls und der Schlacke und das Aufrichten in die Füllstellung. Das flüssige Roheisen wird durch einen Gießwagen von 20 t Inhalt mit einer Fahrgeschwindigkeit von 2 m in der Sekunde zugeführt, der flüssige Stahl durch einen Gießkran von 10 t Kübelinhalt, also 15 t Tragkraft in die Kokillen gegossen. Für diesen ganzen Betrieb sind an Mannschaft erforderlich: ein Gießmeister und ein Birnensteurer auf der Steuerbühne, ein Steuermann auf dem Gießwagen und ein zweiter auf dem Gießkran. Trotz der Geschwindigkeit, mit der die gewaltigen Massen bewegt werden, vollzieht sich alles mit größter Ruhe: ein überzeugender Beweis dafür, daß bei einem vollkommenen Maschinenbetrieb alle menschliche Handlangerarbeit ausgeschaltet ist, so daß der Mensch das Getriebe nur steuert und beherrscht, nicht ihm dient.

Neben dem Bessemerverfahren gewann für hochwertigen Stahl das Siemens-Martin-Verfahren bald eine solche Verbreitung, daß auch hierfür Maschinenkraft den Transport übernehmen mußte. Die Ansprüche, welche an diesen gestellt wurden, lassen sich aus dem Querschnitt eines Martin-Werks sofort herauslesen.

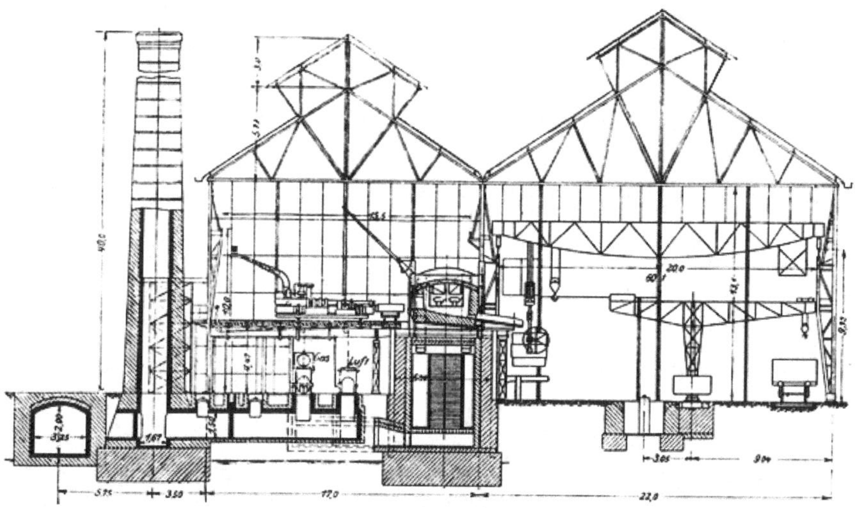

Fig. 60.

Fig. 60 (entnommen aus Fröhlich S. 34) stellt einen solchen Querschnitt dar, und zwar den des Stahlwerks der Gutenhoffnungshütte in Oberhausen. Die Roheisenmasseln und Eisenpackete werden auf der Bühne links oben durch einen sog. Chargierkran in den Siemens-Martin-Ofen eingeführt; der fertige Stahl läuft in den Gießkübel auf der rechten Seite, der von einem elektrischen Laufkran transportiert wird. Die erkalteten Stahlblöcke werden schließlich durch einen feststehenden Drehkran in die Eisenbahnwagen verladen.

Der in diesem Schnitt dargestellte Chargierkran läuft auf einem Breitspurgeleise und wird durch eine Kontaktleitung mit elektrischem Strom versorgt. Ein seitlich vorragender Arm trägt die Mulde, die außerhalb der Halle mit Roheisen gefüllt wird. Der Kran fährt in die Halle vor den zu ladenden Ofen, schiebt seinen Arm soweit seitlich heraus, daß die Mulde in den Ofen gelangt, senkt den Arm bis nahe an die Sohle des Ofens, dreht dann den Arm um seine Längsachse, so daß das Roheisen aus der Mulde in den Ofen fällt, und zieht schließlich den Arm leer zurück. Zuweilen kann auch der Arm noch nach der Seite um einen kleinen Winkel geschwenkt werden. Sämtliche Bewegungen werden durch einen einzigen Steuermann ausgeführt.

Fig. 61 (entnommen aus der Zeitschrift »Elektrische Bahnen und Betriebe«) zeigt eine gleichartige Ausführung. Auch hier ist die Chargiermaschine als Breitspurkran ausgeführt.

Fig. 61.

Fig. 62 läßt erkennen, daß bei dieser Ausführung der Duisburger M. A. G. der Kranwagen als weitgespannte fahrbare Brücke ausgeführt ist, deren Laufkatze in der Querrichtung beweglich ist und an ihrem unteren Ende den Ladearm trägt. Der Steuermann beherrscht von seinem Standplatze aus sämtliche Bewegungen: Längsfahrt und Querfahrt der Laufkatze, Heben und Schwenken des Arms, Entleeren der Mulde. Diese Ladekrane werden bis zu 3 t Tragkraft der Mulde ausgeführt.

Fig. 62.

c) Die Hebemaschinen des Walzwerks.

Bis zu der Zeit um 1800 wurde das schmiedbare Eisen nur mit dem vom Wasserrad getriebenen Schwanzhammer bearbeitet; es konnten daher nur Stücke von geringen Abmessungen hergestellt werden, die von Hand transportiert wurden. Auch nach Einführung der Walzwerke begnügte man sich lange Zeit mit Hilfsvorrichtungen allereinfachster Art, die von Hand betätigt wurden.

Der Betrieb eines solchen einfachen Walzwerks, wie es um die Mitte des 19. Jahrhunderts typisch war, ist erkennbar aus einer durchaus treuen Urkunde, nämlich aus dem berühmten Bilde Adolf Menzels: »Eisenwalzwerk« aus der Nationalgalerie, das im Jahre 1875 entstanden ist.

Fig. 63 (Mit Genehmigung der Photographischen Gesellschaft Berlin.)

Fig. 63. Aus diesem Bild ist deutlich zu entnehmen, wie der aus den Walzen kommende Block von den Arbeitern mit Zangen aufgefangen und auf die sog. Blockkarre geladen wird, die von Hand geschoben den Block zu dem nächsten Walzengerüst bringt. Irgendwelche Hebe- oder Transportvorrichtungen sind nicht vorhanden. Im Hintergrund ist wohl ein eiserner Handdrehkran sichtbar, er dient aber nicht zum Transport der Walzstücke, sondern lediglich zum Auswechseln der Walzen. Kennzeichnend für die damaligen Verhältnisse sind der beengte Raum, die dürftige Beleuchtung, die große Arbeiterzahl im Vergleich zu den geringen Abmessungen des Walzwerks, die mangelnde Fürsorge für die Unterbringung der abgelösten Arbeiter. Eine ausführliche Beschreibung könnte nicht im entferntesten die damalige Zeit so scharf beleuchten, wie dieses in allen Einzelheiten treue, im Gesamteindruck packende Bild.

Als allmählich die Abmessungen der Walzwerke und der verarbeiteten Stücke sich steigerten, führte man einfache Hebe- und Transportvorrichtungen mit Dampfbetrieb ein: feststehende Rollgänge, bestehend aus einer großen Zahl in einem Rahmen hintereinander angeordneten, stetig gedrehten Rollen, welche die Blöcke in wagrechter Richtung fortschoben. Ferner Hebetische und Dachwippen, die den aus dem unteren Walzenpaar kommenden Block so weit hoben, daß er zwischen das obere Paar gelangen konnte, und die durch einen einfachen Dampfzylinder betrieben wurden.

Von 1900 an: Elektrischer Antrieb.

Bei den genannten einfachen Dampfhebevorrichtungen blieb es, bis eine Energieform zur Verfügung stand, die nicht wie der Dampfzylinder und die Dampfmaschine an einen festen Standplatz gebannt war, sondern die eine freie Beweglichkeit der Hebemaschinen gewährte und dadurch völlig neue Arbeitsmöglichkeiten schuf.

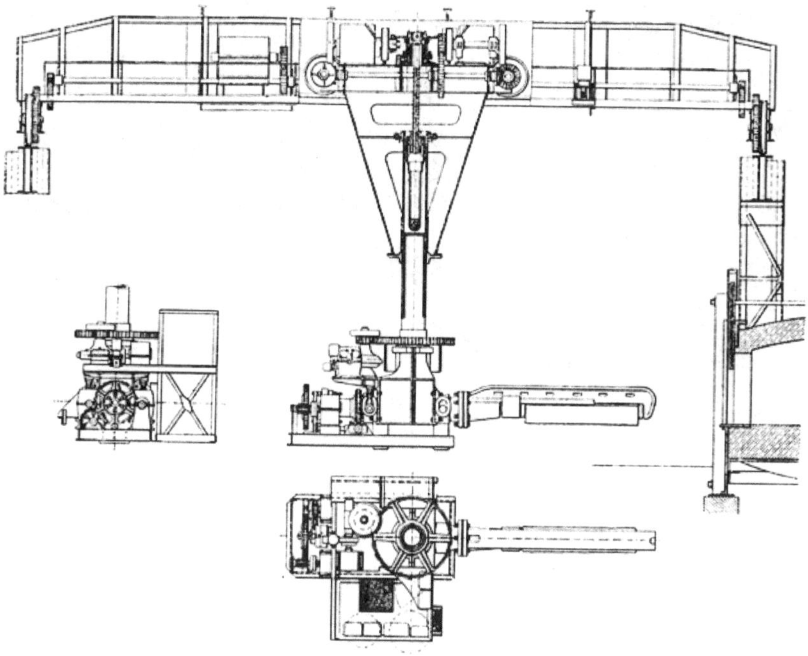

Fig. 64a.

Für den Transport von dem Blocklager nach dem Wärmeofen und von diesem nach dem Walzwerk wurden zunächst besondere Krane geschaffen, die gewissermaßen eine ins Riesenhafte vergrößerte Schmiedezange vorstellen, die, von einem Manne gesteuert, nach allen Seiten beweglich ist und durch Elektromotoren betrieben wird. Eine Kontaktleitung führt dem Kran an allen Stellen seiner Laufbahn den elektrischen Strom zu, so daß er nicht nur innerhalb der Walzwerkshalle, sondern unter Umständen auch außerhalb derselben sich bewegen kann. Je nach der Örtlichkeit wird der Kran als Deckenlaufkran oder als Breitspurkran ausgeführt.

64a, b, c zeigen einen derartigen Blockeinsetzkran, ausgeführt von Stuckenholz, der als Deckenlaufkran ausgebildet ist und Blöcke bis zu 2 t Gewicht fassen kann. Auf dem Bild ist deutlich der zangenartige Arm zu erkennen, der den Block an beiden Enden faßt. Der Arm selbst kann gehoben, geschwenkt und quer und längs gefahren werden.

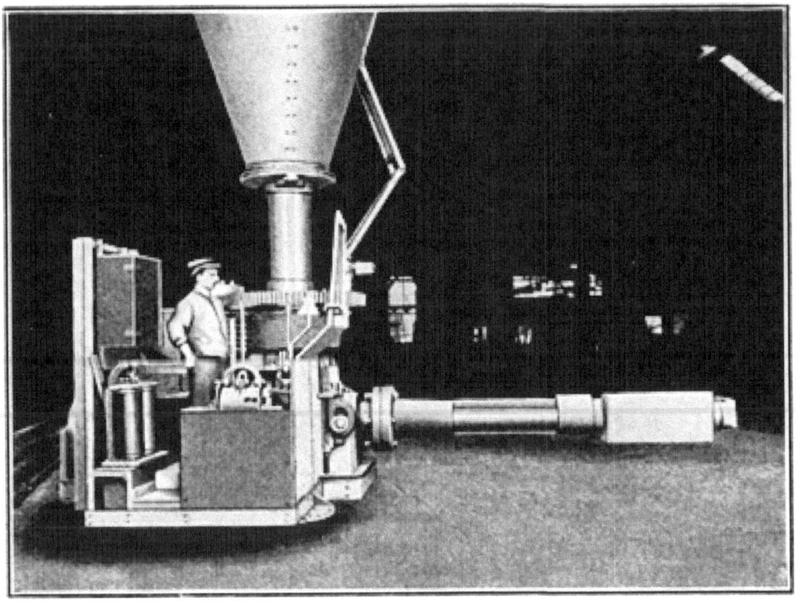

Fig. 64b.

Fig. 65 stellt ebenfalls einen Blockeinsetzkran dar, der indessen Blöcke bis zu 20 t Gewicht zu tragen vermag. Da er auch außerhalb der Walzwerkshalle arbeiten muß, ist er als Breitspurkran gebaut. Um ein umfangreiches Netz von Kontaktdrähten zu vermeiden, ist hier noch der Dampfbetrieb beibehalten worden. Der Block ruht auf einem Schnabel, der mit Tragrollen ausgerüstet ist. Ein verschiebbarer Schuh schiebt den Block von dem Schnabel herunter in den Ofen bzw. zwischen die Walzen, und ein über den Block gelegter Bügel zieht den Block aus dem Ofen auf den Schnabel. Der Kran läuft mit einer Geschwindigkeit von 2 m in der Sekunde auf seinem Geleise.

Fig. 64c.

Fig. 65.

Fig. 66 ist die Darstellung eines von Stuckenholz ausgeführten Blockeinsetzkrans von 6 t Tragkraft, der für Tieföfen bestimmt und demgemäß so eingerichtet ist, daß er den Block von oben fassen kann. Bei früheren Ausführungen war die hierzu dienende Zange an Seilen aufgehangen; es war dann ein Hilfsarbeiter erforderlich, der die Zange so über den Block streifte, daß sie den Block zu fassen vermochte. Die hier dargestellte neuere Ausführung macht den beschwerlichen und nicht ungefährlichen Handlangerdienst entbehrlich: die Zange hängt nicht an Seilen, sondern ist an einer starren Stange befestigt, die in einer Führung lotrecht verschoben und gedreht werden kann. Der im Steuerhaus befindliche Steuermann fährt mit dem Kran über den Block, stellt die Zange so, daß sie den Block ergreifen kann, hebt den Block heraus und fährt ihn zum Walzwerk. Die vier Bewegungen des Längsfahrens, Querfahrens, Hebens und Drehens werden durch ebensoviele Elektromotoren bewirkt, die der Kranführer von seinem Platz aus steuert. Zum Schutz gegen die von unten heraufstrahlende Wärme ist der Steuerstand mit wärmeisolierenden Platten bekleidet.

Fig. 66.

Fig. 67.

Den Transport von einem Walzengerüst zu einem zweiten hat man dadurch außerordentlich vereinfacht, daß man die Rollgänge fahrbar eingerichtet hat. Eine derartige Anordnung war unmöglich, solange man auf den Dampfantrieb angewiesen war; der elektrische Antrieb löste diese Aufgabe ohne Schwierigkeit. Es war nur notwendig, den Rollgangsrahmen mit Laufrädern auszurüsten und diese durch einen Elektromotor anzutreiben, während ein zweiter die Rollen selbst drehte. Der aus den Walzen schießende Block wird von den drehenden Rollen weitergeführt, dann durch Stillsetzen der Rollen festgehalten; nun wird der Rollgang quer bis vor das zweite Walzengerüst verschoben; die Rollen werden umgesteuert und der Block dadurch in der umgekehrten Richtung zwischen die Walzen geführt. Besondere Wendevorrichtungen gestatten außerdem ein Kanten des Blockes. Der höchst beschwerliche und gefahrvolle Handlangerdienst wird durch diese Hilfsvorrichtungen vollständig ausgeschaltet: ein neben dem Walzwerkssteuerer stehender Hilfssteuermann genügt für die Leitung des gesamten Triebwerks.

Fig. 67 läßt die Anordnung eines fahrbaren Rollgangs in der Friedenshütte zu Morgenroth in Oberschlesien erkennen, wo diese Konstruktion die erste Anwendung in Europa gefunden hat. Der Rollgang ist mit zwei Elektromotoren ausgerüstet, von denen der eine die Rollen mit 1,5 sekm, der andere das Fahrwerk mit 1–2 sekm Geschwindigkeit antreibt, und von denen jeder bis zu 60 PS leisten kann. Der Rollgang ist ausgeführt von der Duisburger Maschinenbaugesellschaft, der elektrische Antrieb von den Siemens-Schuckert-Werken.

Die gesteigerte Betriebsdichtigkeit stellte sehr bald die Forderung, die für das Auswechseln der Walzen erforderliche Zeit abzukürzen. Der alte Drehkran oder Bockkran mit Handbetrieb konnte dieser Forderung um so weniger genügen, als mit den zunehmenden Abmessungen auch die Walzen immer schwerer wurden und schließlich Gewichte bis zu 20 t erreichten.

Der fahrbare Dampfkran war aus wirtschaftlichen Gründen wenig geeignet für diese Aufgabe, weil die Fahrbarkeit einen eigenen Dampfkessel erforderte, der stetig unter Dampf gehalten werden mußte, aber nur während der Auswechslung tatsächlich Arbeit leisten konnte.

Um so besser konnte der elektrische Betrieb der gestellten Forderung entsprechen. Da Elektromotoren außerdem eine weit größere Freiheit in der Anordnung des Krangerüstes gewähren als der schwerfällige Dampfkessel, so läßt sich dieses ohne Schwierigkeit so gestalten, daß es möglichst wenig Grundfläche in Anspruch nimmt.

Fig. 68 stellt einen Kran dar, der diesem Bestreben entsprechend gestaltet ist. Der Kranwagen hat die Gestalt eines Portals, das den darunter liegenden Raum frei überspannt. Das Portal trägt eine Laufwinde, die besonders zum Auswechseln von Walzen bis zu 20 t Gewicht bestimmt ist, aber nebenher natürlich auch für allgemeinen Verladedienst benutzt werden kann.

Fig. 68.

Fig. 69.

Aber selbst diese vollkommene Lösung der Aufgabe entspricht noch nicht allen Betriebsverhältnissen. Dort, wo ein häufiger Wechsel der gewalzten Profile und damit der Walzen erforderlich ist, nimmt das Herausheben und Wiedereinlegen der Walzen trotz der rasch arbeitenden Krane immer noch einen unverhältnismäßig großen Teil der Zeit in Anspruch. Man ist daher neuerdings in den Rheinischen Stahlwerken in Meiderich dazu übergegangen, nicht mehr die Walzen aus ihrem Ständer zu heben, sondern das ganze Walzengerüst in einem Stück hochzunehmen, auf die Seite zu setzen und ein anderes, schon zusammengestelltes Walzengerüst an die Stelle des ersten zu heben. Während des Walzens wird dann das beiseite gestellte Gerüst mit den Walzen für die nächste Schicht versehen. Durch dieses Verfahren wird die für das Auswechseln des Gerüstes erforderliche Zeit bis auf 1½ Std. verkürzt. Allerdings muß der Kran nun so tragfähig sein, daß er das ganze Walzengerüst im Gewicht von 150 t zu heben vermag.

Fig. 69 zeigt eine derartige Ausführung von Stuckenholz. Da der Kran als Deckenlaufkran gebaut ist, so nimmt er keinerlei Grundfläche in Anspruch. Der Kran ist so bemessen, daß er mit einer Probelast bis zu 200 t geprüft werden konnte.

Die wirtschaftliche Bedeutung dieser Hilfsmittel wird deutlich erkennbar, wenn man die Betriebskosten eines alten Walzwerks mit Handlangerdienst vergleicht mit den Betriebskosten eines Walzwerks, das mit modernen Hebemaschinen ausgerüstet ist. (Nach »Stahl und Eisen« vom 1. Januar 1905.)

Altes Walzwerk mit Handlangerdienst:

Modernes Walzwerk mit Hebemaschinen:

Die Blöcke werden durch Handlanger in den Wärmofen eingesetzt und herausgezogen. Hierzu sind erforderlich:

Die Blöcke werden mit einem Einsetzkran in den Wärmofen eingesetzt und herausgezogen. Hierzu sind erforderlich:

1 Vorarbeiter und

1 Steuermann,

5 Taglöhner.

1 Einsetzkran. Anlagekosten = 12500 M.

Die Blöcke werden durch Handlanger zwischen die Walzen geschoben, mit Zangen und Blockkarre aufgefangen und seitwärts transportiert. Hierzu sind notwendig:

Die Blöcke werden durch zwei fahrbare Rollgänge zwischen die Walzen geschoben, aufgefangen und seitwärts transportiert. Hierzu werden gebraucht:

2 Vorarbeiter und

2 Steuerleute,

8 Taglöhner.

2 Rollgänge. Anlagekosten = 30000 M.

Die Walzen werden mit einem Handkran in 4 Stunden ausgewechselt und von Hand fortgerollt. Für diese Arbeit sind erforderlich:

Die Walzen werden durch einen Deckenlaufkran in 2 Stunden ausgewechselt und transportiert. Erforderlich:

1 Vorarbeiter und

1 Steuermann,

3 Taglöhner.

1 Laufkran. Anlagekosten = 8000 M.

Zur Bedienung der Walzenzugmaschine werden außerdem benötigt:

Bedienung der Walzenzugmaschine erfordert auch hier:

1 Maschinist und

1 Maschinisten und

2 Hilfsmaschinisten.

2 Hilfsmaschinisten.

Insgesamt sind erforderlich:

Im ganzen werden gebraucht:

23 Mann.

7 Mann

Der Handlangerdienst erfordert Mehrkosten an Löhnen für 23 − 7 = 16 Mann, entsprechend einem Jahresbetrag von rund

und Hebemaschinen im Werte von 50000 M. Diesen Anlagekosten entspricht ein Jahresbetrag für Zinsen und Tilgung von rund

27000 M.

10000 M.

Die Zeitersparnis bei Walzenwechsel beträgt 4 − 2 = 2 Stunden. Im ganzen Jahr werden rund 1100 Stunden erspart, die mit je 5 M. Gewinn zu berechnen sind, entsprechend einem Jahresbetrag von rund

5500 M.

Insgesamt ergibt sich für das Walzwerk mit Hebemaschinen ein Mehrgewinn von 27000 + 5500 – 10000 = 22500 M.

Verglichen mit den Anlagekosten der Hebemaschinen — 50500 M. — beträgt der Mehrgewinn 45% dieses Werts; die Hebemaschinen machen sich also in zwei Jahren bezahlt.

d) Die Hebemaschinen des Lagerplatzes.

War es im Stahlwerk und im Walzwerk eine technische Notwendigkeit, für die moderne Stahlerzeugung und Verarbeitung rasch arbeitende Hebemaschinen zu schaffen, so war es bei der Verladung der wirtschaftliche Zwang, der zur stetigen Vervollkommnung der Hebemaschinen und zur entsprechenden Verminderung des Handlangerdienstes führte. Auch hier wurden zuerst feststehende Druckwasserkrane, dann selbstfahrende Dampfkrane und schließlich die sparsam arbeitenden elektrischen Krane zur Dienstleistung herangezogen.

Bei der Durchbildung dieser Krane machte sich die Forderung geltend, möglichst ausgedehnte Lagerplätze zu bestreichen. Dieses Bestreben führte dazu, den Bocklaufkran in immer größeren Spannweiten auszuführen, so daß schließlich der moderne Brückenlaufkran von 50–100 m Spannweite entstand. Gleichzeitig wurden die Fahrgeschwindigkeiten immer mehr gesteigert, um große Leistung zu erzielen.

Fig. 70.

Fig. 70 gibt ein typisches Bild eines derartigen von Stuckenholz ausgeführten Brückenkrans, der eine Last von 7,5 t zu heben und auf der Brücke von 67 m Spannweite mit 1 m in der Sekunde zu fahren vermag, während die Brücke selbst mit einer Geschwindigkeit von 1,5 m in der Sekunde auf ihrem Gleise fährt. Zwei Elektromotoren von zusammen 140 PS dienen zur Kranfahrt, zwei weitere zur Querfahrt und zum Heben der Last. Fig. 71 stellt eine Ausführung der Duisburger Maschinenbau-A.-G. dar, die eine Spannweite von 86 m besitzt.

Fig. 71.

Fig. 72.

Die Einzelgestaltung dieser Brückenkrane für Lagerplätze — auch Hochbahnkrane genannt — hat in den letzten Jahren eine sehr vielfache Durchbildung erfahren: Gerüstform und Triebwerk haben die verschiedensten Formen angenommen. Während anfangs das amerikanische Vorbild — Hubwerk feststehend, Laufkatze durch Drahtseile bewegt — nachgeahmt wurde, ist neuerdings die deutsche Laufkrankonstruktion — Hubwerk und Fahrmotor auf der Katze — den hohen Geschwindigkeiten angepaßt worden, die bei Brückenkranen notwendig sind. Es würde aber zu weit führen, auf diese Einzelheiten in dieser Darstellung einzugehen, die einem weiteren Kreis nur die Leitmotive der Entwickelung der Hebemaschinen vorführen soll, nicht aber die Einzelheiten der Ausführung.

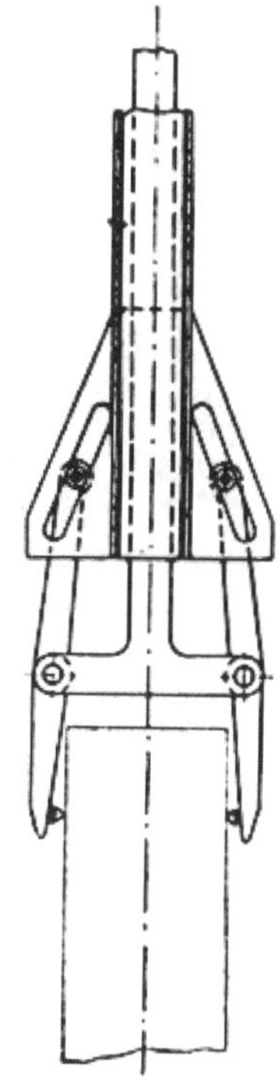

Fig. 73.

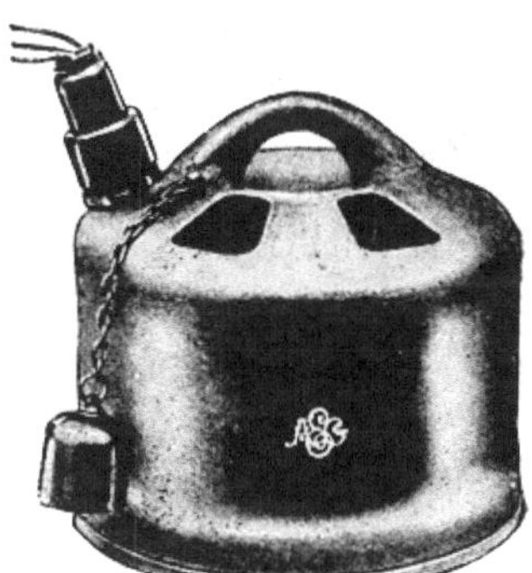

Fig. 74a.

Fig. 75.

Dagegen ist auf ein neues Bestreben aufmerksam zu machen, das neuerdings in den Vordergrund getreten ist und voraussichtlich maßgebend für die zukünftige Entwickelung sein wird.

Die vor kurzem gebräuchlichen Krane waren stets mit einem Lasthaken ausgerüstet, an den beliebige Lasten in der Weise angehangen werden konnten, daß letztere mit Schlingketten oder Hanfseilen umschlungen wurden. Diese Maßnahme erfordert Handlangerdienst und Zeitaufwand. Beides kann erspart werden, wenn der Kran statt des Lasthakens ein Greiforgan trägt, welches — gesteuert vom Kranführer — ohne Handlangerhilfe die Last zu ergreifen vermag. Derartige Organe sind bei den Stahlwerkskranen bereits dargestellt worden: für die Stahlblöcke hatten diese Greiforgane die Form von Zangen.

Ähnliche Greifer sind auch bei Verladekranen bereits verwendet worden.

Fig. 72 zeigt eine von der Duisburger Maschinenbau-A.-G. ausgeführte Zange zum Erfassen von Trägern, Schienen u. dgl. Fig. 73 stellt die Zange zu dem von Stuckenholz ausgeführten Tiefofenkran Fig. 66 dar.

Fig. 74b.

Für eiserne Lasten erscheint als einfachstes Greiforgan der Elektromagnet, dessen Wickelung unter Strom steht, so lange die Last gehalten werden soll, und ausgeschaltet wird, wenn die Last niedergelegt wird.

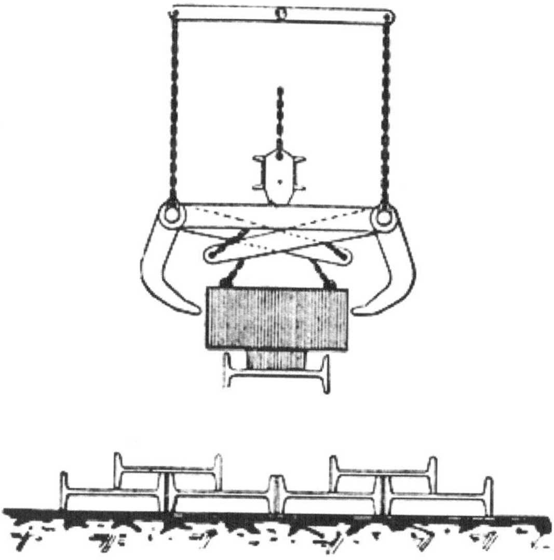

Fig. 76.

Fig. 74a und b und 75 (entnommen aus der Zeitschrift »Elektrische Bahnen und Betriebe«) stellen derartige Tragelektromagnete vor.

Da indessen der Magnet seine Tragkraft verliert, wenn eine zufällige Stromunterbrechung — z. B. infolge Durchschmelzens einer Sicherung — eintritt, so wird man derartige Magnete nur dort verwenden, wo unter der Last keine Arbeiter sich befinden, wie dies auf Lagerplätzen zumeist der Fall ist.

Neuere Ausführungen vereinigen den Magneten mit einer Greifzange. Der Magnet hebt zunächst das Eisenstück hoch, dann schließt sich die Greifzange und gestattet nun, die Last mit vollkommener Sicherheit zu transportieren. Fig. 76 zeigt eine Konstruktion nach diesem Grundsatz, ausgeführt von Stuckenholz.

Während die Fördermaschinen der Bergwerke in ihren Anfängen bis auf den Ausgang des Mittelalters zurückreichen, gehört die Entwickelung der Hüttenwerkshebemaschinen nahezu ausschließlich der zweiten Hälfte des 19. Jahrhunderts an. Die Behandlung dieses Gebietes mußte sich daher im wesentlichen auf eine Darstellung des heutigen Zustandes beschränken.

C.
Massentransport in Hafenanlagen.

Lange ehe die Landfahrzeuge so weit entwickelt waren, daß sie schwere Lasten befördern konnten, wurden Schiffe zum Transport von Schwerlasten benutzt. Wohl ebenso alt wie die Schiffahrt dürften die einfachsten Hebevorrichtungen zum Beladen und Entladen der Schiffe sein. Das Bedürfnis nach solchen Vorkehrungen bestand aber lange Zeit nur für Lasten, die so schwer waren, daß sie nicht unmittelbar getragen werden konnten; tragbare Lasten wurden nahezu zwei Jahrtausende lang von Handlangern aus- und eingeladen, ehe die Notwendigkeit auftrat, sie durch Anwendung von Maschinenkraft in möglichst kurzer Zeit zu entladen.

Der erste Kaikran, von dem uns eine Nachricht vorliegt, ist in der Handschrift des Jakobus von Siena aus dem Jahre 1440 dargestellt (Fig. 12). Weitere Darstellungen finden sich in den Werken von Leonardo da Vinci (Fig. 16), die um die Zeit von 1500 entstanden sind.

1. 1500 bis 1850: Antrieb durch Tretrad und Kurbel.

In Deutschland erhielt der Kaikran eine typische Gestalt, der wir auf alten Städtebildern wiederholt begegnen.

Fig. 77 (entnommen aus Steinhausen »Geschichte der deutschen Kultur« S. 365 a) zeigt ein Städtebild aus dem 15. Jahrhundert mit einem Kaikran im Vordergrund. Der ganze sichtbare Teil des Krans ist um eine feststehende Säule drehbar. Die Seile werden auf eine Welle gewickelt, an der zwei Treträder angebracht sind. Diese Anordnung macht alle Zahnräder entbehrlich und erzielt einen hohen Wirkungsgrad, ist also für die damaligen Herstellungsmittel als durchaus zweckmäßig zu bezeichnen. Das Krangerüst besteht ganz aus Holz.

Fig. 77.

Fig. 78 (entnommen aus Steinhausen S. 542 a) stellt den Straßburger Weinmarkt im 17. Jahrhundert dar. Bei den hier sichtbaren Kaikranen steht das Haus fest und nur der obere Teil des Daches mit dem Ausleger ist drehbar. Das Tretrad ist im Inneren des feststehenden Hauses untergebracht. Dieser Aufbau ist wesentlich stabiler als der vorher dargestellte.

Fig. 78.

Fig. 79 ist das Bild eines Kaikranes zu Andernach am Rhein, der im Jahre 1554 erbaut und heute noch in Betrieb ist. Die Konstruktion stimmt mit derjenigen von Straßburg vollständig überein.

Gleichartige Kaikrane stehen noch in Lüneburg und in Bingen.

Fig. 80 gibt die Einzeldarstellung eines Tretrades, das zum Betrieb einer Schütze in Augsburg zurzeit noch in Betrieb ist. Der einzige Nachteil, den es besitzt, ist der große Raumbedarf; vorteilhaft erscheinen der gute Wirkungsgrad und die Betriebssicherheit.

Fig. 79.

Dieser Krantyp blieb drei Jahrhunderte hindurch mit wenig Veränderungen bestehen. Professor Langsdorf aus Heidelberg teilt in einem umfangreichen Werk über die damaligen technischen Hilfsmittel die genaue Zeichnung eines Kaikrans von 3 t Tragkraft und 8 m Ausladung mit, der im Jahre 1768 in Heidelberg aufgestellt wurde. Fig. 81 ist eine Umzeichnung der etwas undeutlichen Originalzeichnung. Auch hier ist der Unterbau als feststehendes Haus ausgeführt. Drehbar ist die Mittelsäule mit dem daran befestigten Ausleger und der oberen Dachkappe. Zwei Treträder sind im Innern des Hauses rechts und links von der Mittelsäule angeordnet. Die Drehung des Krans wird durch Speichen bewirkt, die an der Mittelsäule befestigt sind. Ein Kranz von Steinen, die aus dem Boden herausragen, dient als Stützpunkt beim Drehen. Der ganze Kran ist aus Holz ausgeführt unter sparsamer Verwendung von Schmiedeeisen für Verbindungsklammern, Wellenzapfen und Bolzen.

Auch die ältere Form mit feststehender Säule und drehbarem Gehäuse kommt zu Anfang des 19. Jahrhunderts noch vor. In dem obengenannten Werk von Langsdorf findet sich die Darstellung eines Kaikrans Fig. 82, der in Paris um die Zeit von 1828 in Betrieb war. Auch hier ist Holz das Konstruktionsmaterial.

Fig. 80.

Die Leistung dieser Tretradkrane war naturgemäß gering, da selbst bei gleichzeitiger Verwendung von 6 Arbeitern in den Treträdern eine Gesamtleistung von nur etwa einer halben Pferdestärke zur Verfügung stand.

Immerhin boten die Treträder die Möglichkeit, 6 Mann, in besonderen Fällen sogar 8 Mann gleichzeitig angreifen zu lassen; der Antrieb durch Handkurbeln ist weit weniger geeignet, eine gleichmäßige Kraftäußerung von mehreren Arbeitern auf die Last zu übertragen. Erst als der ohnehin beschränkte Raum auf dem Kai immer mehr ausgenutzt werden mußte, machte das Tretrad der Kurbel Platz. Nicholson berichtet im Jahre 1826 von der Einführung der Kurbel an Stelle des Tretrades in England.

Über die Entwickelung in Deutschland gibt Poppe in seinem Bericht über eine von ihm in Belgien und Westfalen ausgeführte Studienreise (Dinglers Polytechnisches Journal 1838, Bd. 69) wie folgt Aufschluß:

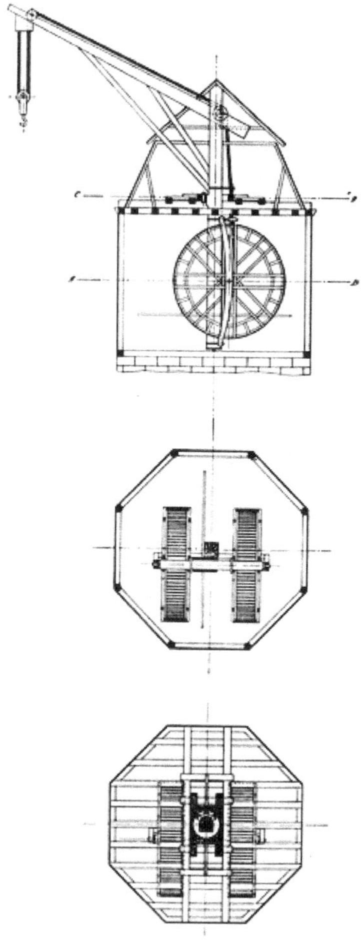

Fig. 81.

»Seit einigen Jahren kommt der gußeiserne Schiffskran an den Stapelplätzen des Rheins und Mains immer mehr in Gebrauch und verdrängt allmählich jene unbehilflichen, Raum einnehmenden Tretradkrane. An den Kais von Köln sah ich 3 eiserne Krane, in Düsseldorf 2 und in Frankfurt 1 in Tätigkeit; sie kommen aus den Werken von Mühlheim a. Ruhr und Sterkrade, sind sehr solide, nehmen einen geringen Raum in Anspruch und werden in der Regel von 4 Mann bedient, wovon 2 das Heben verrichten, die 2 anderen das Schwenken, Losmachen der Lasten, Bremsen usw.«

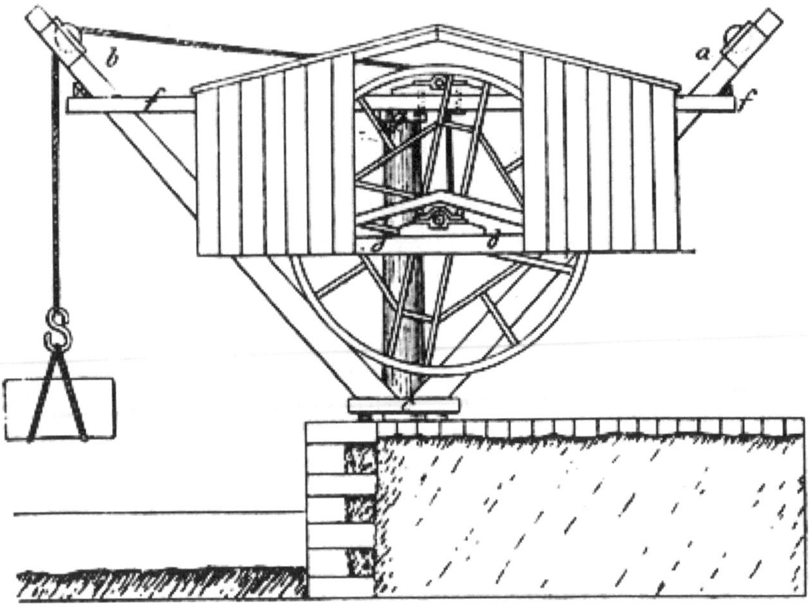

Fig. 82.

Der in diesem Bericht dargestellte Kran (Fig. 83, entnommen aus Dinglers Journal 1838 Bd. 69, Taf. 2) besitzt eine feststehende gußeiserne Säule. Der drehbare Teil setzt sich aus zwei gußeisernen Windenschilden von seltsam barocker Formgebung, aus einer gußeisernen Druckstrebe und aus zwei schmiedeeisernen Zugstangen zusammen. Er zeigt in seinem Aufbau zum erstenmal die typische Gestalt, die für Handkrane bis gegen das Ende des 19. Jahrhunderts hin sich im wesentlichen erhalten hat, mit geringfügiger Änderung der Einzelheiten. Die Tragkraft betrug 2,5 t, die Ausladung vom Drehpunkt aus gemessen 4,75 m, die nutzbare Ausladung von Kaimauervorderkante aus gemessen rund 3,5 m, während der Heidelberger Tretradkran über 2 t Tragkraft bei 8 m Gesamtausladung und bei 3,5 m nutzbarer Ausladung verfügte. Es erzielte also der gußeiserne Kran mit einer wesentlich gedrängteren Anordnung die gleiche Leistung wie der sperrige alte hölzerne Kran.

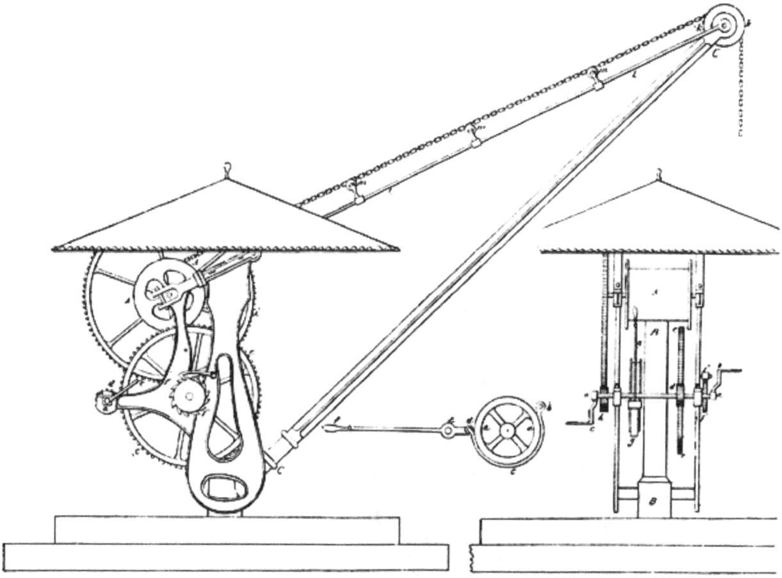

Fig. 83.

Aus etwas späterer Zeit — die Zeichnung findet sich in einem Werk aus dem Jahre 1845 — stammt der Kaikran Fig. 84 (entnommen aus Kronauer, Bd. 1, Taf. 4 und 5), der für zehnfach so große Lasten — 20 t — ausgeführt ist. Hier ist zum erstenmal der Grundsatz des Schachtkrans verwendet, d. h. die Kransäule selbst ist drehbar in einem gemauerten Schacht gelagert, wobei das Halslager als Rollenlager ausgebildet ist.

Eigenartig und kennzeichnend für die damalige Werkstättentechnik ist die Wahl und Formgebung des Materials. Die Kransäule ist aus Gußeisen mit Rippenquerschnitt; Druckstrebe und Zugstangen sind aus Holz, die Windenschilde aus Gußeisen; Schmiedeeisen ist nur für Wellen, Schrauben, Kurbeln und Verbindungsanker sparsam verwendet. Zum Schwenken des Krans ist kein Triebwerk angebracht, es wurde also wohl durch Zugseile bewirkt, die am Auslegerkopf befestigt waren. Bemerkenswert ist die hohe Übersetzung der Stirnräder des Hubwerks, die bei zwei Räderpaaren mit 1 : 9 ausgeführt ist.

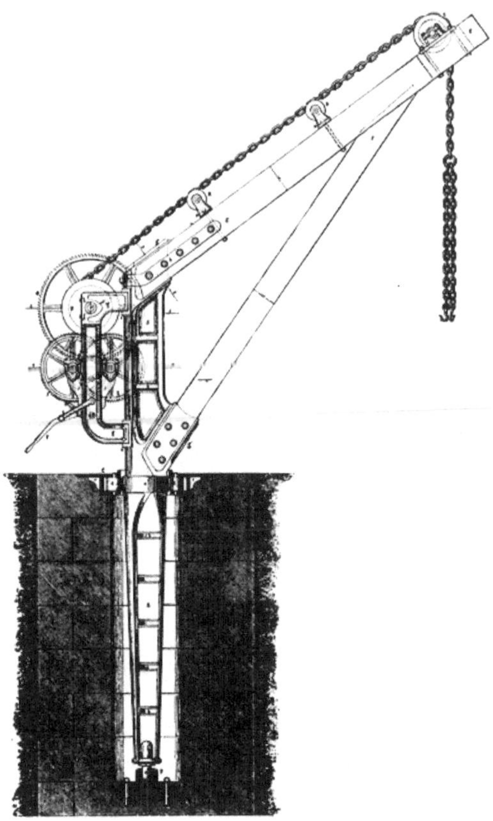

Fig. 84.

Wenige Jahre später — 1851 — führte Fairbairn die als Blechträger gestalteten Ausleger ein. Fig. 85 (entnommen aus Dinglers Journal 1851, Bd. 121, Taf. 4) zeigt einen als Schachtkran angeordneten Handkran von 20 t Tragkraft, bei dem Ausleger und Kransäule zu einem einzigen Blechträger vereinigt sind. Das Halslager ist hier nicht mehr wie bei dem vorigen Kran mit Zapfenrollen, sondern bereits mit freigehenden Walzen ausgerüstet, so daß Zapfenreibung vollständig vermieden wird.

Bei der Anwendung von Handbetrieb blieb es bis in die Mitte des 19. Jahrhunderts, denn eine andere Kraftquelle stand damals nicht zur Verfügung; für einen Pferdegöpel wäre am Kai nicht der erforderliche Raum vorhanden gewesen, und an einen Wasserradantrieb war an dieser Stelle überhaupt nicht zu denken: neue Kaikran-Gestalten traten daher erst auf, als eine neue Naturkraft so weit in den Dienst des Menschen gestellt wurde, daß sie dem Kaibetrieb angepaßt werden konnte.

Fig. 85.

2. 1850 bis 1890: Antrieb durch Dampf und Druckwasser.

Für die Fördermaschinen der Bergwerke war der Dampfbetrieb frühzeitig zur Verwendung gekommen. Wie bereits berichtet, teilt Severin mit, daß im Jahre 1826 in Preußen bereits 16 Dampffördermaschinen in Betrieb waren.

Sehr viel später erfolgte die Einführung der Dampfkraft in den Kaikranbetrieb. Diese Tatsache wird begreiflich, wenn man sich die Schwerfälligkeit der damaligen Niederdruckdampfmaschine vor Augen hält, die für den engen Raum am Kai völlig ungeeignet war.

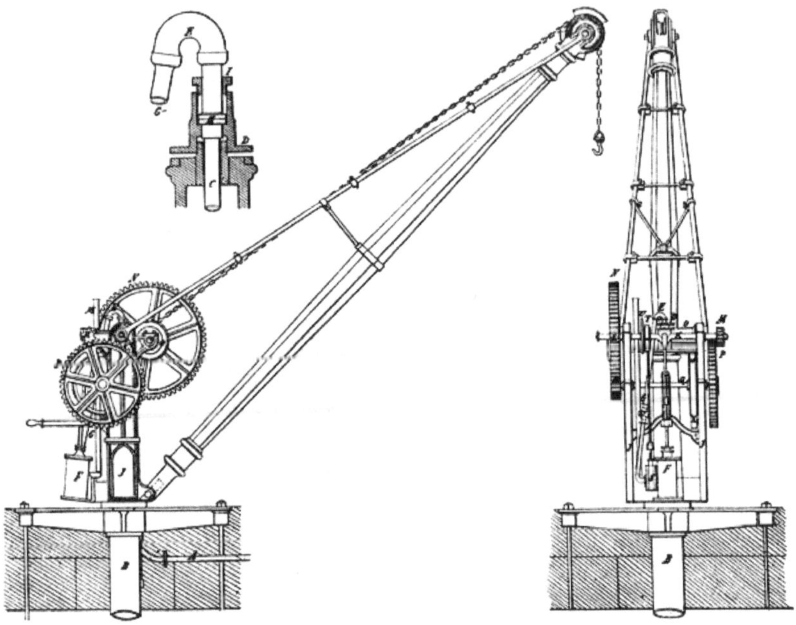

Fig. 86.

Der Engländer Colyer berichtet in seinem Werk: »Hydraulic, Steam and Hand Power Lifting and Pressing Machinery«, daß der erste Dampfkran um das Jahr 1851 erbaut worden sei, daß Dampfkrane in den Kaibetrieb um die Zeit von 1863 eingeführt worden seien, und daß selbst im Jahre 1881 Kaikrane mit Dampfbetrieb noch keine sehr große Verbreitung gefunden hätten.

Über den ersten Dampfkran liegt ein Bericht aus dem Practical Mechanics Journal vom März 1851 vor, wonach dieser Kran von Neilson ausgeführt war. Wie Fig. 86 (entnommen aus Dinglers Journal 1851, Bd. 121, Taf. 4) zeigt, wurde der Dampf aus einer feststehenden Kesselanlage durch eine unterirdische Dampfleitung in die feststehende hohle gußeiserne Kransäule geleitet und durch eine Drehstopfbüchse mit aufeinander geschliffenen Stirnflächen der Rohre in den Kranteil geleitet. Wie die ersten Dampffördermaschinen, hatte auch der erste Dampfkran nur einen Zylinder; neben dem Exzenter war ein Handrad auf die gekröpfte Welle gekeilt, um beim Anlassen von Hand über den Totpunkt hinweghelfen zu können. Von der Kurbelwelle aus wurde mit einfacher oder zweifacher Stirnradübersetzung die Kettentrommel angetrieben, je nachdem das eine oder andere Ritzel eingeschoben war. Eine Umsteuerung war nicht vorhanden; es wurde also bei dem Übersetzungswechsel die Kette offenbar in umgekehrtem Drehsinn auf die Trommel gewickelt. Das Schwenken des Krans wurde von Hand mittels Zugseilen bewirkt.

Nach einer Mitteilung in dem Werk von Glynn »A rudimentary Treatise on the Construction of Cranes« ist dieser erste Dampfkran in Dover aufgestellt worden.

Aus etwas späterer Zeit — 1860 — liegt das Werk: »Zeichnungen von ausgeführten Maschinen« von Prof. Kronauer in Zürich vor. In diesem ist die genaue Zeichnung eines Dampfkrans Fig. 87 (entnommen aus Kronauer, 3. Bd., Taf. 30) enthalten, der von Lebrun in Paris ausgeführt wurde und über eine Tragkraft von 3 t bei 6 m Ausladung verfügte. Auch hier ist nur ein einziger Dampfzylinder eingebaut, und zwar in oszillierender Anordnung. Wie in Dover wird der Dampf einer vorhandenen Kesselanlage entnommen und durch eine Drehstopfbüchse dem drehbaren Teil des Krans zugeführt; der Kran konnte demgemäß nur feststehend angeordnet werden. Die Kransäule von I Querschnitt ist aus Gußeisen, die Druckstrebe aus genietetem Blechrohr, die Zugstange aus zwei Flacheisen hergestellt. Zur Überwindung der Totpunkte der Kurbel dient ein Schwungrad. Die Schwenkung des Krans wird von Hand mittels Zugseilen bewirkt, die am Auslegerkopf angreifen.

Solange der Dampfkran an eine zentrale Kesselanlage angeschlossen war, hatte er den Vorteil steter Betriebsbereitschaft, war aber anderseits zur festen Aufstellung gezwungen. Als man mit der Zeit gelernt hatte, leistungsfähige Dampfkessel von kleinen Abmessungen und hoher Spannung zu bauen, wurde die Möglichkeit eröffnet, den Dampfkran mit einem eigenen Kessel auszurüsten und das Ganze fahrbar und weiterhin selbstfahrend zu machen. Dadurch wurde freie Beweglichkeit gewonnen, und der Kran konnte demgemäß ein großes Arbeitsfeld bestreichen. Der Vorteil steter Betriebsbereitschaft ging allerdings verloren; außerdem arbeitete der kleine Krankessel naturgemäß weniger wirtschaftlich als die zentrale Kesselanlage. Freilich wurde dieser letztere Nachteil dadurch teilweise ausgeglichen, daß der Dampfverlust durch Kondensation in der langen Zuleitung erspart wurde.

Der fahrbare Dampfkran gewann bald eine typische Gestalt, wie sie durch Fig. 88 (entnommen aus Colyer Nr. 38) gekennzeichnet wird, die einen Dampfkaikran aus den siebziger Jahren darstellt. Das Krangerüst wurde anfangs größtenteils aus Gußeisen hergestellt; als später das Walzeisen billiger wurde, traten mehr und mehr genietete Walzeisenteile an Stelle der Gußstücke. Moderne Dampfkrane bestehen fast ausschließlich aus Walzeisen und Stahlguß; Gußeisen wird nur noch für untergeordnete kleinere Teile verwendet.

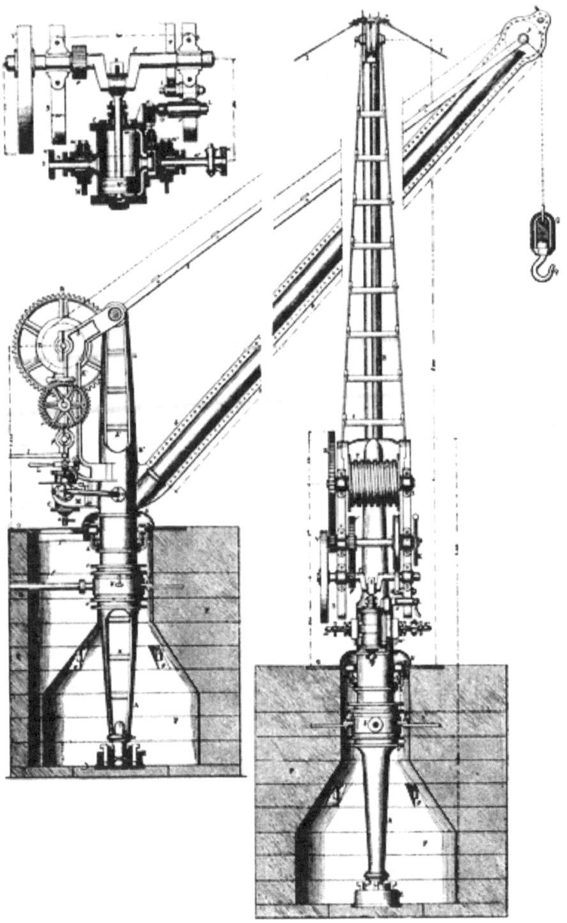

Fig. 87.

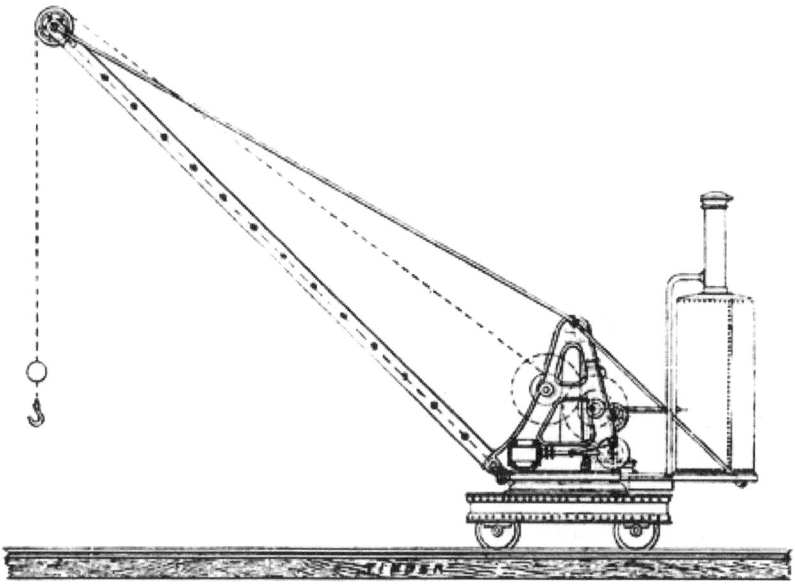

Fig. 88.

Bemerkenswert ist die sehr einfache Steuerung des Hubwerks, die derjenigen von alten Mühlenaufzügen nachgebildet ist; das Vorgelege ist in Exzentern gelagert; wird der Handhebel heruntergedrückt, so wird das Vorgelege gehoben und dadurch das auf ihm sitzende große Stirnrad außer Eingriff mit dem Ritzel auf die Kurbelwelle gebracht und gleichzeitig der an das genannte Rad angegossene Bremskranz an einen feststehenden Bremsklotz gedrückt.

Bis zur Mitte des 19. Jahrhunderts wurden Kaikrane lediglich für Schwerlasten benutzt, d. h. zum Ausladen von Lasten, die so schwer waren, daß sie von Hand nicht bewältigt werden konnten. Alle leichten Lasten — Fässer, Säcke, Ballen — wurden von Hand gerollt, auf schiefen Ebenen geschleift oder getragen.

Erst als die kleinen billigen Segelschiffe durch große kostspielige Dampfer verdrängt wurden, änderte sich die Sachlage. Das große in den Dampfern angelegte Kapital kann nur verzinst und getilgt werden, wenn sie möglichst viele Fahrten machen, wenn sie also ihre Aufenthaltszeit in den Häfen möglichst abkürzen. Rasche Entladung wurde daher dringendes Bedürfnis. Kam es vorher darauf an, schwere Lasten mit geringer Geschwindigkeit zu heben, so wurde nun Massentransport gefordert, d. h. es wurde verlangt, daß die Kaikrane leichte Lasten von 1 bis 2 t mit möglichst großer Geschwindigkeit bis zu 1 m der Sekunde heben und mit einer

Geschwindigkeit bis zu 2 m der Sekunde schwenken. Größere Lasten auf einmal zu nehmen, wäre unzweckmäßig, weil das Anlegen der Schlingketten sich dann allzu umständlich und zeitraubend gestalten würde.

Mit den zunehmenden Abmessungen der Dampfer mußten auch Ausladung, Auslegerhöhe und Hubhöhe der Kaikrane stetig gesteigert werden, so daß man schließlich auf Ausladungen bis zu 15 m, auf Auslegerhöhen bis zu 10 m und auf Hubhöhen bis zu 20 m kam.

Solange die Schiffe klein und leicht beweglich waren und wenig Luken hatten, konnte man die Krane feststehend ausführen; das Schiff wurde dann so verholt, daß die Luke vor den Kran zu stehen kam. Bei den schweren Dampfern wurde dieses Verfahren unausführbar. Es war daher unbedingt notwendig, die Krane fahrbar einzurichten. Nachdem das Schiff vertaut war, wurde vor jede Deckluke ein Kran gefahren, so daß aus allen Luken gleichzeitig entladen werden konnte.

Eine weitere Forderung, die an Kaikrane gestellt wurde, war die steter Betriebsbereitschaft. Sobald ein Schiff einlief, mußten die Krane unverzüglich ihre Arbeit beginnen können.

Diesen Anforderungen der Massenverladung konnte der Dampfkran nur ungenügend entsprechen. Der an eine zentrale Kesselanlage angeschlossene Dampfkran war ohnehin nicht geeignet, weil er nur feststehend verwendet werden konnte. Der Gedanke, eine bewegliche Dampfleitung auszuführen, trat erst sehr viel später auf, als die Einzelheiten der Rohrleitungen wesentlich vervollkommnet waren. Der fahrbare Dampfkran mit eigenem Kessel aber bot nicht die verlangte sofortige Betriebsbereitschaft, da das Anheizen zwei Stunden in Anspruch nahm. Außerdem war noch das verwickelte Triebwerk des damaligen Dampfkrans wenig für eine Massenverladung mit großen Geschwindigkeiten geeignet.

Man sah sich daher nach einem Kraftverteilungssystem um, welches besser als der unmittelbare Dampfantrieb für den Kaibetrieb sich eignete. Wie bei den Stahlwerksmaschinen bereits erwähnt, hatte Sir W. G. Armstrong bereits im Jahre 1846 den von Bramah zuerst gefaßten Gedanken der Druckwasserübertragung aufgenommen und praktisch fertig durchgebildet.

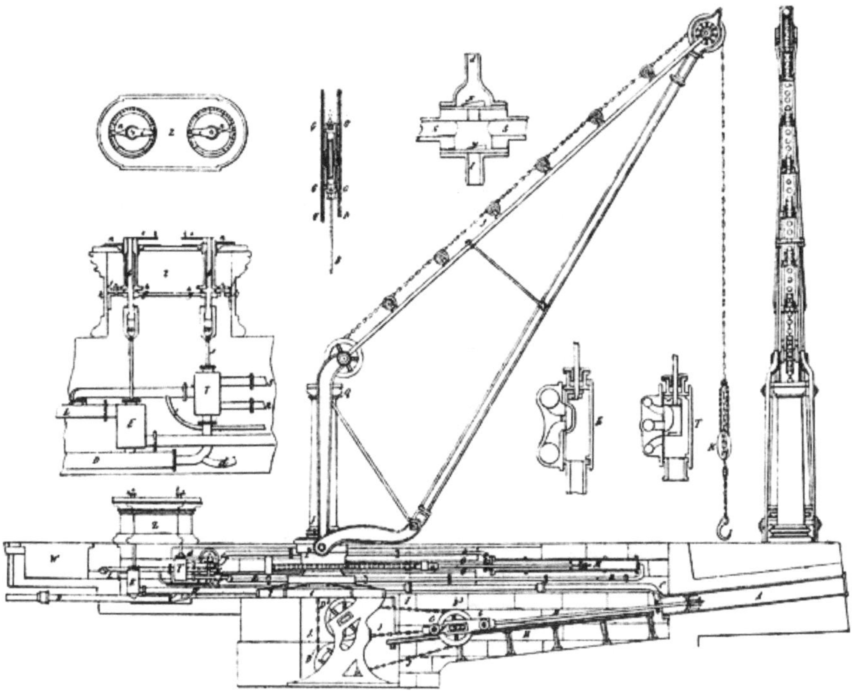

Fig. 89.

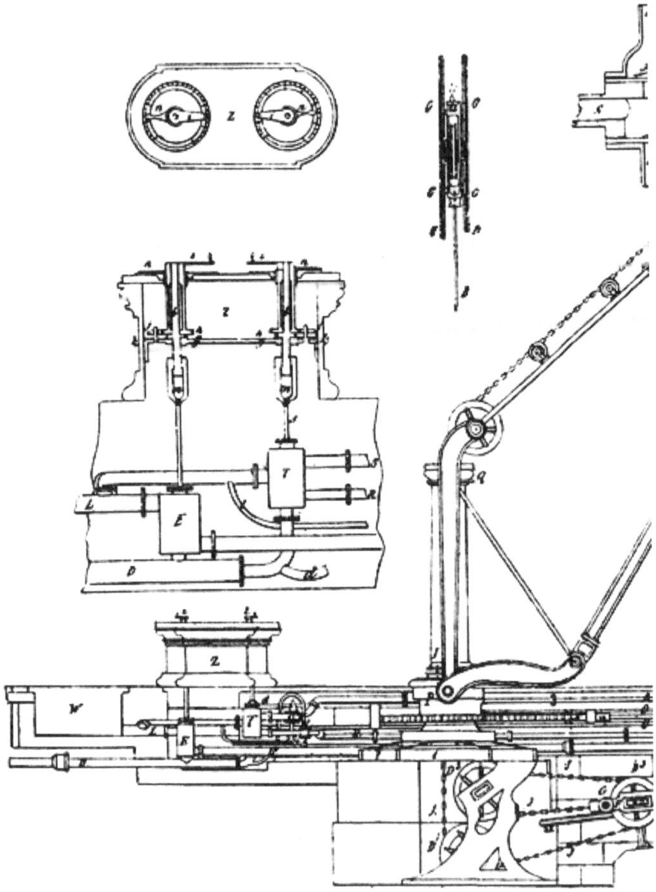

Fig. 89 (linker Teil).

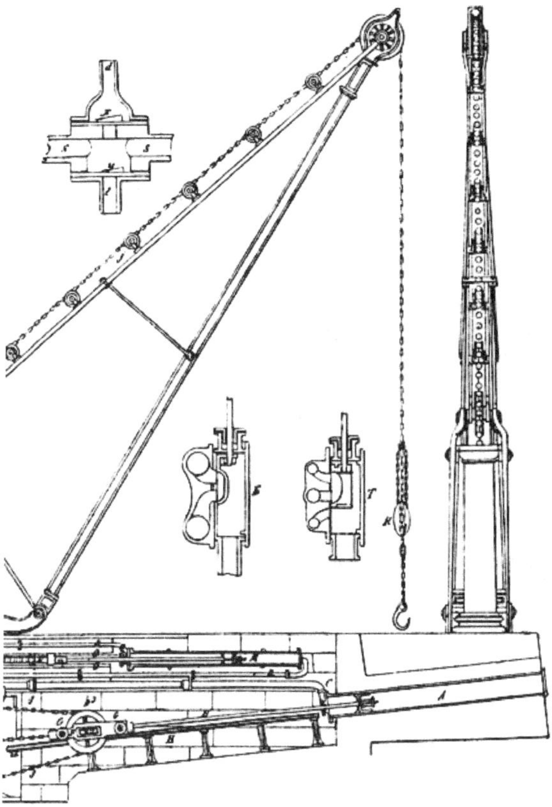

Fig. 89 (rechter Teil).

Der erste Druckwasserkran wurde nach einer Mitteilung in dem Practical Mechanic and Engineers Magazine vom Mai 1847 von Armstrong auf dem Kai zu Newcastle-on-Tyne aufgestellt. Er war an die städtische Wasserleitung angeschlossen, die dort eine Pressung von 6 Atm. besaß. Wie Fig. 89 (entnommen aus Dinglers Journal 1847, Bd. 106, Taf. 3) zeigt, war dieser Kran mit feststehender gußeiserner Säule in Hohlgußform ausgeführt. Der drehbare Ausleger setzte sich aus einer hölzernen Druckstrebe mit gußeisernen Endstücken und aus zwei Rundeisen-Zugstangen zusammen. Besonders bemerkenswert ist, daß bei diesem ersten Druckwasserkran bereits drei Hubzylinder nebeneinander angeordnet waren, von denen der mittlere für kleine Lasten, die beiden äußeren für mittlere und alle drei für große Lasten mit Druckwasser gefüllt wurden. Die Treibzylinder für das Hubwerk waren im Fundament schief liegend eingemauert, um das Senken des leeren Hakens zu erleichtern; ihre Kolben hoben die Last mittels eines Kettenrollenzuges. Da drei Kettenstränge gleichzeitig verkürzt wurden, so war der Lasthub dreimal so groß wie der Kolbenhub. Ein zweiter Treibzylinder war doppeltwirkend und in wagrechter Lage angeordnet; seine

Kolbenstange war mit einer Zahnstange gekuppelt, die in ein am drehbaren Ausleger festgeschraubtes Stirnrad eingriff. Die Bewegung des Kolbens veranlaßte das Schwenken des Auslegers. Beide Treibzylinder wurden durch Flachschieber gesteuert, die mittels Schraubenspindeln und Kurbeln betätigt wurden. Bereits bei dieser Ausführung waren Sicherheitsventile *x* und Nachsaugventile *y* am Schwenkzylinder eingebaut worden.

Die Einzeldurchbildung war noch eine sehr mangelhafte: die Teile des Triebwerks waren einzeln auf das Mauerwerk geschraubt, ohne unmittelbare Verbindung miteinander. Namentlich die Lagerung des Hubzylinders war sehr unbehilflich. Zudem nahm das Triebwerk einen unverhältnismäßig großen Raum im Fundament ein und war trotzdem schlecht zugänglich.

Weitere Druckwasserkrane wurden — wie Glynn mitteilt — von Armstrong in den Albert-Docks zu Liverpool mit Anschluß an die städtische Wasserleitung von 6 Atm. aufgestellt, ein Kran von 15 t Tragkraft mit 6 Atm. Wasserpressung in Glasgow.

Nach dem Bericht von Colyer hat Armstrong ferner eine Anlage im Hafen von Grimsby geschaffen. Da man in Liverpool die Erfahrung gemacht hatte, daß in städtischen Leitungen der Druck sehr stark schwankt, so wurde in Grimsby ein Hochbehälter von 150 cbm Inhalt in einer Höhe von 70 m aufgestellt, so daß er Druckwasser von 7 Atm. liefern konnte. Die Hauptleitung besaß eine lichte Weite von 325 mm Durchmesser.

Da dieser Behälter mit seinem Turm natürlich sehr kostspielig war, so bemühte sich Armstrong, an Stelle des offenen Hochbehälters einen geschlossenen Windkessel einzuführen, fand aber den Druck dabei zu sehr veränderlich.

Dagegen erwies sich als eine wesentliche Verbesserung des hydraulischen Systems der Ersatz des Hochbehälters durch den Gewichtsakkumulator, den ebenfalls Armstrong einführte und zwar im Jahre 1851. Der Akkumulator ermöglichte — wie bereits bei den Stahlwerkskranen ausgeführt — die Anwendung höherer Pressung bis zu 50 Atm. und gestattete infolgedessen, Leitungen von kleinem Querschnitt und geringen Kosten einzubauen.

Im Jahre 1859 gab es in England nach einem Bericht von Armstrong (Mechanics Magazine 1859) bereits 1200 Druckwasser-Hebemaschinen, die von Dampfpumpen mit zusammen 3000 PS gespeist wurden.

Einen wesentlichen Fortschritt stellt der in Fig. 90 (entnommen aus Colyer Nr. 8) dargestellte Druckwasserkran dar, der ungefähr zwei Jahrzehnte später, in den Siebziger Jahren erbaut worden ist. Als besondere Eigentümlichkeit ist zu beachten, daß der Treibzylinder gleichzeitig als drehbare Kransäule ausgebildet ist, die mittels Spurlager und Halslager im

Fundament gelagert und mit dem ganz aus Walzeisen hergestellten Ausleger unmittelbar verschraubt ist. Der Kolben ist als Tauchkolben ausgebildet und arbeitet mit zwei hintereinander geschalteten Kettenrollenzügen auf die Last, so daß der Lasthub das Vierfache des Kolbenhubes beträgt. Zwei wagrechtliegende Treibzylinder bewirken mittels Tauchkolben und Kettenrollenzügen das Schwenken des Auslegers.

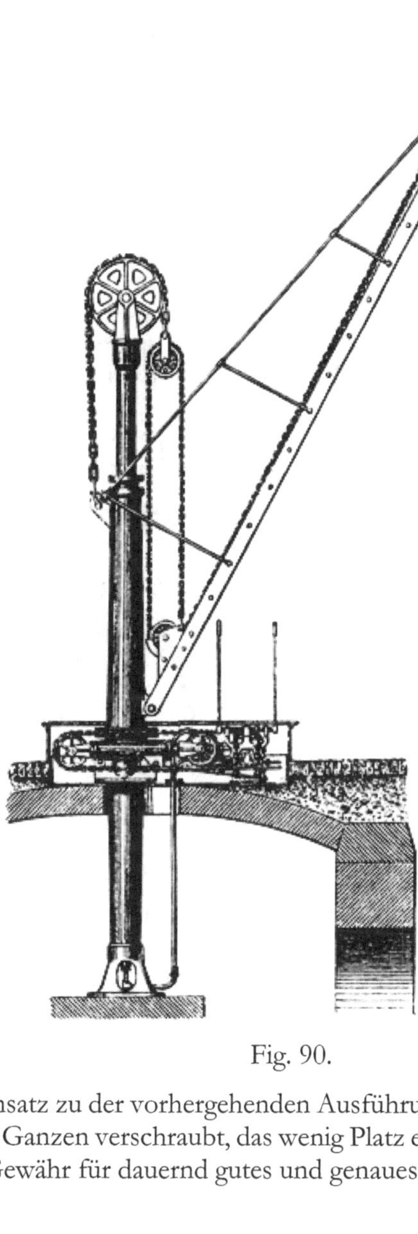

Fig. 90.

Im Gegensatz zu der vorhergehenden Ausführung sind hier alle Teile zu einem starren Ganzen verschraubt, das wenig Platz einnimmt, gut zugänglich ist und eine Gewähr für dauernd gutes und genaues Arbeiten gibt.

Diese Konstruktion entsprach den Anforderungen des Kaibetriebes insofern vorzüglich, als sie ein rasches und gleichzeitig betriebssicheres Arbeiten ermöglichte, einfach und übersichtlich in der Anordnung war, geringe Anlagekosten erforderte und geräuschlos arbeitete. Es fehlte nur noch die Fahrbarkeit. Um auch diese zu erreichen, versah man die Druckwasserleitung mit zahlreichen Anschlußstutzen und führte das vom Anschlußstutzen zum Kran führende Verbindungsrohr als Teleskoprohr oder als Gelenkrohr aus, so daß nunmehr der fahrbare Kran jede beliebige Stellung einnehmen konnte.

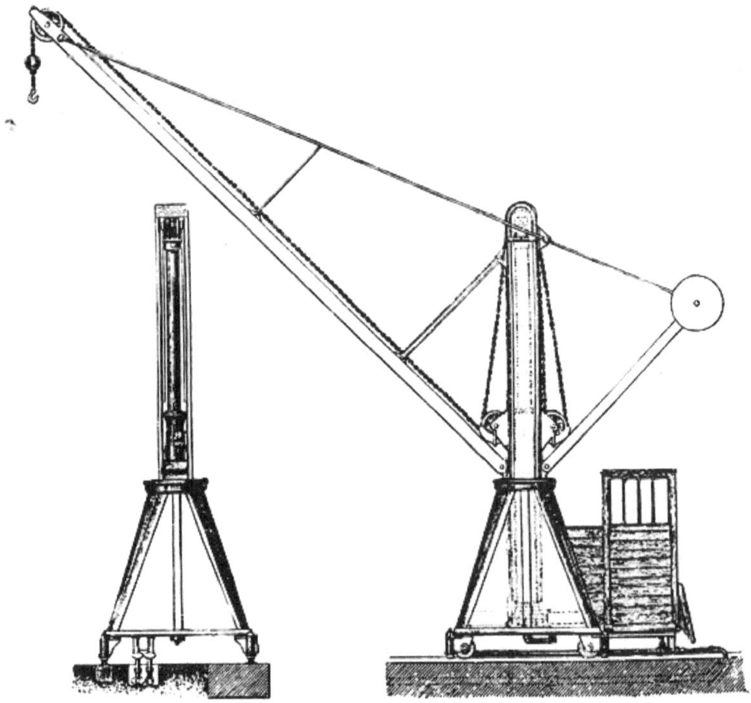

Fig. 91.

Fig. 91 (entnommen aus Colyer Nr. 6) zeigt einen fahrbaren Druckwasserkran nach einer Ausführung aus den Siebziger Jahren. Der aus Walzeisen genietete Kranwagen bewegt sich auf einem Breitspurgleis. In dem Kranwagen ist die drehbare Kransäule gelagert, die ebenfalls aus Walzeisen genietet ist, und an die an der einen Seite der Ausleger, an der anderen ein Gegengewicht angeschlossen ist. Der Treibzylinder für das Hubwerk liegt im Inneren der Säule; der Kolben arbeitet mit einem aus sechs Strängen gebildeten Kettenrollenzug auf den Lasthaken. Die Schwenkzylinder liegen im unteren Teil des Kranwagens.

Damit der fahrbare Kran ausreichende Standfestigkeit besitzt, muß die Spurweite des Kranwagens ausreichend groß gehalten werden; sie beträgt meist 2,4 m. Durch den breiten Wagen wird die ganze Kaimauer entlang ein Streifen von rund 2,6 in Breite fortgenommen, der sonst zur Aufstellung von Fahrzeugen benutzt werden konnte. Man kam daher auf den Gedanken, den Kranwagen als ein Portal von solcher lichten Weite auszubilden, daß normale Eisenbahnwagen unter diesem Portal durchfahren können. Die schmalen Beine des Portals nehmen dann nur geringen Raum auf dem Kai in Anspruch.

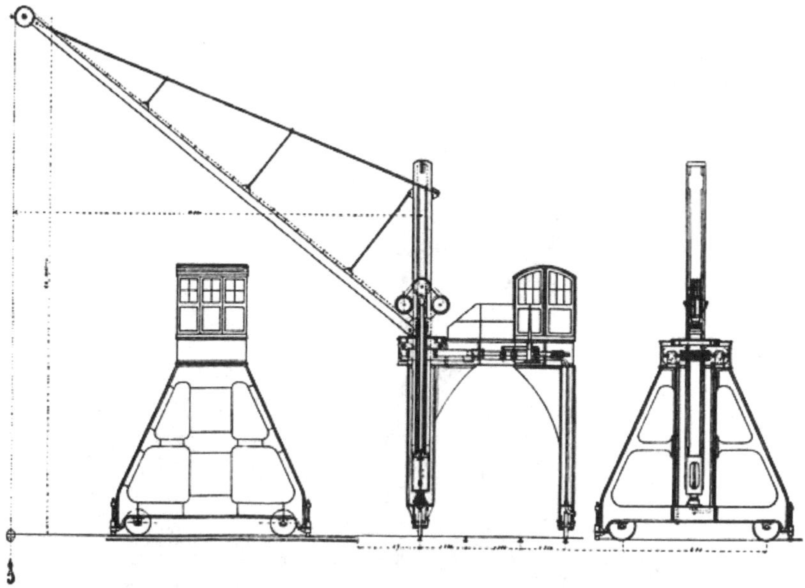

Fig. 92.

Fig. 92 und Fig. 93 (entnommen aus Anvers »Port de Mer«) stellen Portalkrane dieser Art dar.

In diesem Bestreben, Raum zu sparen, ging man schließlich noch weiter und führte das Portal so aus, daß nur die Vorderbeine auf der Kaimauerschiene laufen, während der rückwärtige Teil des Portals sich auf eine am Kaischuppen montierte Schiene stützt.

Fig. 94 (entnommen aus Ernst, Taf. 84) stellt die erste Ausführung dieser Art dar, die in Bremen nach dem Vorschlag von Neukirch im Jahre 1887 erfolgte. Der Kranwagen erscheint hier als ein aus Walzeisen genietetes sog. Winkelportal, an dem der Ausleger drehbar aufgehangen ist. Der Treibzylinder des Hubwerks ist an dem drehbaren Ausleger montiert, die Schwenkzylinder sitzen am Winkelportal.

Im wesentlichen hatte in dieser Gestaltung der Druckwasser-Kaikran seine vollkommene Durchbildung erlangt und wurde im folgenden nur noch in Einzelheiten verbessert. Er entsprach hinsichtlich Schnelligkeit, Sicherheit, Einfachheit und Wirtschaftlichkeit allen Anforderungen des Kaibetriebes.

Nur zwei Nachteile des Druckwasserbetriebes waren nicht zu beseitigen: die Empfindlichkeit gegen Einfrieren und die hohen Anlagekosten der Druckwasserleitung.

Fig. 93.

Man hatte im Lauf der Zeit die verschiedensten Mittel versucht, um das Einfrieren zu verhüten: man wärmte das Wasser, man setzte Salze zu, man sorgte für fortwährende Zirkulation, man brachte Gasheizung an, man isolierte Rohre und Zylinder durch Wärmeschutzmittel. Alle diese Mittel erwiesen sich aber als Notbehelfe, die das Übel nicht grundsätzlich beseitigten.

Die Druckwasserleitungen an sich waren verhältnismäßig billig. Man hatte sie anfangs unmittelbar in das Erdreich gelegt, machte damit aber schlechte Erfahrungen, denn zahlreiche Rohrbrüche waren die Folge der unvermeidlichen Senkungen im Erdreich. Schließlich ging man allgemein dazu über, die Rohrleitungen in gemauerten Tunnels unterzubringen, die aber ihrerseits hohe Anlagekosten erforderten.

Diese beiden Nachteile des Druckwasserbetriebes führten zu Bemühungen, den Dampfbetrieb den Anforderungen des Kaibetriebes anzupassen. Bereits in den Achtziger Jahren hatte der Engländer Brown eine eigenartige Dampfkrankonstruktion geschaffen, die dem hydraulischen Kran nachgebildet war.

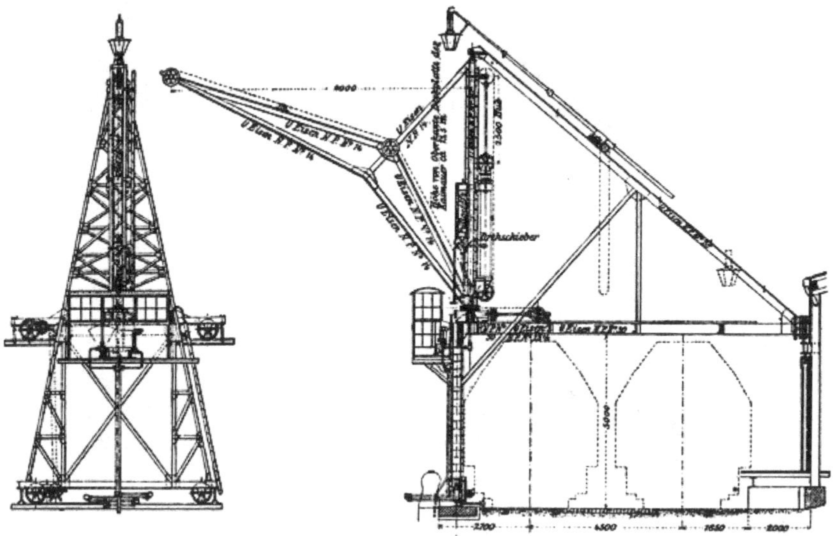

Fig. 94.

Fig. 95a und b (entnommen aus Ernst, Taf. 85) zeigen diese Konstruktion. Der Dampf tritt hier nicht in eine Dampfmaschine mit Stirnradübersetzung üblicher Art, sondern in zwei Hubzylinder, deren Kolben vermittelst eines Rollenzuges unmittelbar die Last heben. Zum Festhalten und zum Senken der Last dient ein Wasserbremszylinder, der zwischen den Dampfzylindern angeordnet ist, und dessen Kolben starr mit den Dampfkolben verbunden ist. Beim Heben der Last saugt der Kolben des Bremszylinders Wasser aus einem Behälter durch ein Rückschlagventil an. Sobald der Dampfzufluß abgesperrt wird, schließt sich das Rückschlagventil des Bremszylinders und der Kolben desselben setzt sich auf das eingeschlossene Wasser auf, so daß die Last sicher festgehalten wird. Wird das Rückschlagventil gelüftet, so sinkt die Last mit genau regelbarer Geschwindigkeit. Ein weiterer Dampfzylinder besorgt das Schwenken des Auslegers.

Diese Brownsche Konstruktion arbeitet ebenso rasch und sicher wie ein Druckwasserkran. In wirtschaftlicher Beziehung verhält sie sich weniger günstig, weil durch Kondensation in den großen Zylindern beträchtliche Dampfverluste entstehen. Derartige Krane haben in England, in Holland und in Hamburg große Verbreitung gefunden.

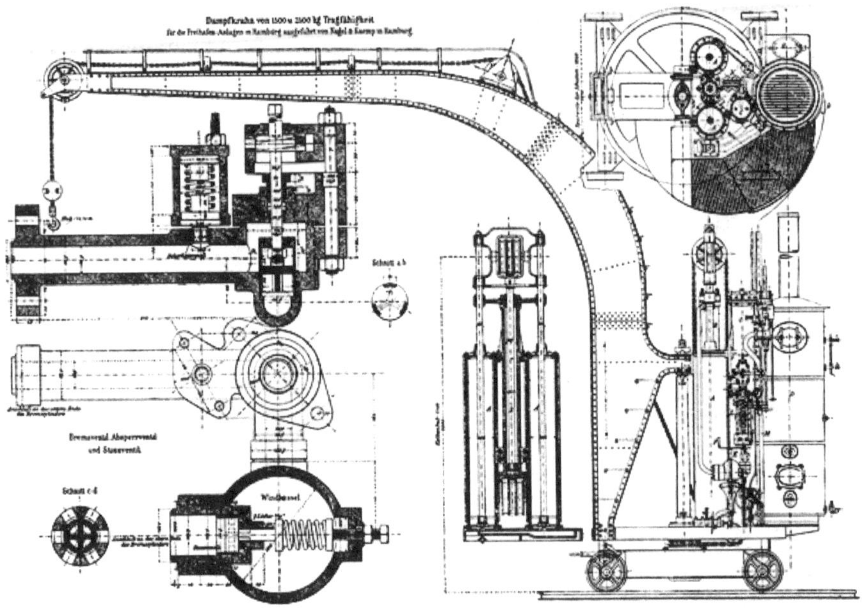

Fig. 95a.

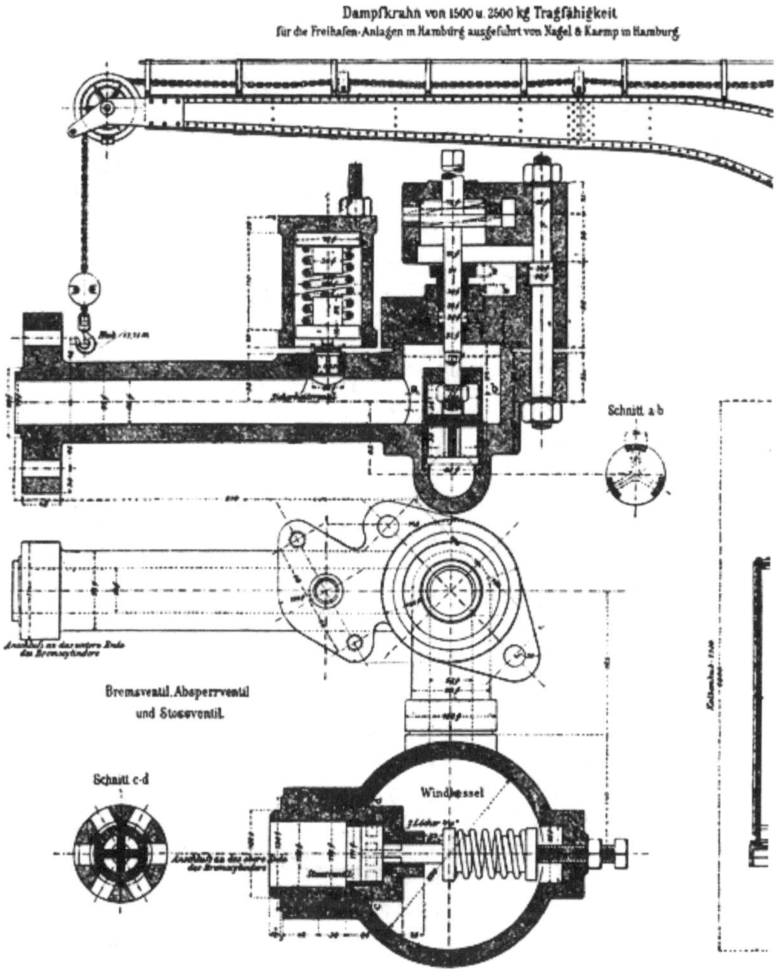

Fig. 95a (linker Teil).

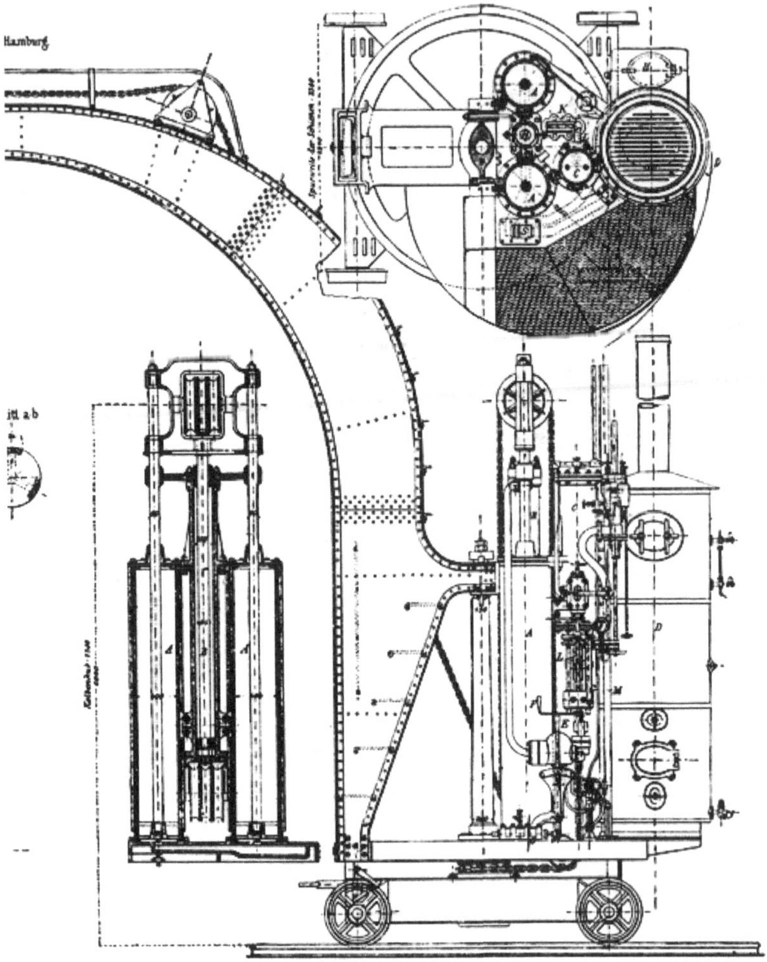

Fig. 95a (rechter Teil).

Fig. 95b.

Ende der Achtziger Jahre wurden in Hamburg und in Altona Kaistrecken angelegt, die mit Brownschen Dampfkranen mit zentraler Dampfversorgung ausgerüstet waren.

Von einer Kesselanlage aus führten Dampfleitungen den hochgespannten Dampf am Kai entlang; diese Leitungen waren mit Anschlußstutzen in 10 m Entfernung versehen. Von letzteren führten Gelenkrohre zu den fahrbaren Winkelportalkranen.

Diese Anlagen haben sich bei starkem Betrieb als wirtschaftlich erwiesen, waren aber — wie zu erwarten — bei schwachem Betrieb unwirtschaftlich.

Während diese Anlagen in Betrieb gesetzt wurden, entstanden die ersten elektrisch betriebenen Straßenbahnen in Deutschland. Sie legten den Gedanken nahe, die Mängel des Druckwasser- und des Dampfbetriebes dadurch zu umgehen, daß man Kaikrane mit elektrischem Antrieb ausführte.

3. Von 1890 an: Elektrischer Antrieb.

Wenn man sich überlegt, daß ein weitverzweigtes Rohrleitungsnetz mit seinen zahlreichen Dichtungen, Absperrvorrichtungen und Gelenkrohren eine fortgesetzte Instandhaltung verlangt, die in den engen Tunnels nur mühsam ausführbar ist, und wenn man sich demgegenüber die Unverwüstlichkeit eines in die Erde gelegten guten Bleikabels und die Einfachheit einer Kontaktleitung vor Augen hält, so erscheint die elektrische Kraftverteilung von vornherein als weit überlegen gegenüber allen Verteilsystemen mit Rohrleitungen.

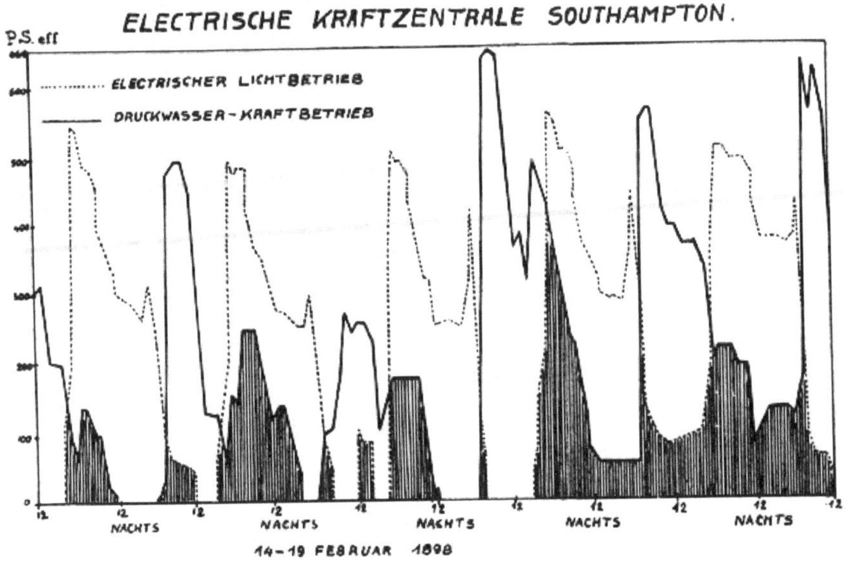

Fig. 96a.

Als weiterer Vorzug erscheint die vielseitige Verwendbarkeit des elektrischen Stromes. Druckwasser ist vorzüglich geeignet für hin- und hergehende Bewegungen, z. B. für kurzhubige Aufzüge, dagegen sehr wenig geeignet für rotierende Maschinen und gänzlich unbrauchbar für Beleuchtung. Der elektrische Strom ist für alle drei Verwendungsgebiete gleich gut geeignet.

Zu beachten ist hierbei der Umstand, daß Strom für Kraftversorgung vorzugsweise tagsüber, Strom für Beleuchtung vorzugsweise abends gebraucht wird. Die Dampfmaschinen der Zentrale lassen sich daher gut ausnutzen, wenn sie der Kraft- und Lichtversorgung zugleich dienen, wie dies bei elektrischem Kranbetrieb der Fall ist. Wird dagegen die Kraftversorgung durch Druckwasser bewirkt, so ist eine besondere Zentrale für Beleuchtung erforderlich, es müssen dann sowohl die Dampfmaschinen der Preßpumpen, wie diejenigen der Dynamomaschinen für den Höchstwert des Verbrauches bemessen sein, werden daher größer, teurer und weniger gut ausgenutzt. Betrieb und Verwaltung werden zudem weniger einfach, Kohlenverbrauch und Unterhaltung werden kostspieliger. Daß die Höchstwerte des Verbrauches von Kraft und Licht tatsächlich auf verschiedene Tageszeiten fallen, ist aus dem Schaubild Fig. 96a und b (mitgeteilt in: Engineering 1899, S. 160) ersichtlich. Das Schaubild von Southampton zeigt im Februar den Höchstbedarf an Kraft zwischen 7 Uhr morgens und 2 Uhr mittags, den Höchstbedarf an Licht zwischen 3 Uhr nachmittags und 10 Uhr nachts. In Kopenhagen fällt der höchste Kraftbedarf im Dezember in die Zeit zwischen 9 Uhr morgens und 5 Uhr nachmittags, der höchste Lichtbedarf in die Zeit zwischen 5 Uhr nachmittags und 7 Uhr abends.

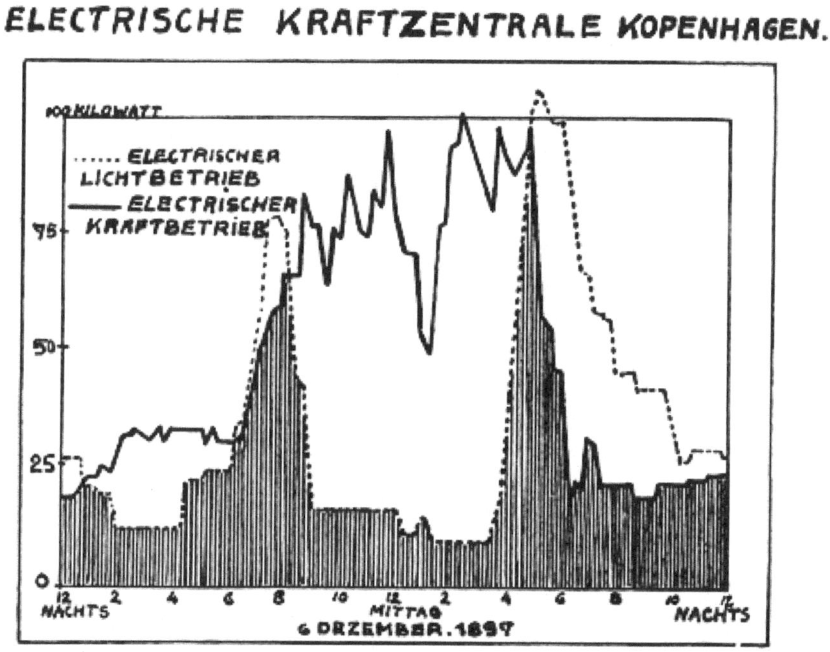

Fig. 96b.

Als weitere grundsätzliche Vorzüge der elektrischen Kraftverteilung gegenüber der hydraulischen erscheinen die Unempfindlichkeit der ersteren gegen Frost und die Reinlichkeit des elektrischen Betriebes, die gleichbedeutend mit geringen Ausgaben für Anstrich ist.

So aussichtsreich von diesen allgemeinen Gesichtspunkten aus betrachtet der elektrische Betrieb von vornherein war, so waren doch im einzelnen bedeutende Schwierigkeiten zu überwinden, bis die Anpassung an die Eigenart des Kaibetriebes überwunden war.

Als Kranmotoren wurden bei den ersten Ausführungen dieselben Elektromotoren verwendet, die für den Antrieb von Werkstätten ausgebildet worden waren.

Diese Motoren waren empfindlich gegenüber Witterungseinflüssen, waren nicht ausreichend regelungsfähig, nahmen viel Raum ein und waren nicht derb genug gebaut, um den unvermeidlichen stoßweisen Beanspruchungen des Kranbetriebes auf die Dauer Trotz zu bieten. Diese Schwierigkeiten wurden gegen die Mitte der Neunziger Jahre dadurch überwunden, daß man den inzwischen erprobten Straßenbahnmotor als Kranmotor ausbildete. Der vollständig eingekapselte Bahnmotor war widerstandsfähig gegen feuchte Witterung, konnte vorübergehend auftretende hohe Stromstärken und mechanische Stöße gut ertragen, erlaubte eine weitgehende Geschwindigkeitsregelung und war auf engem Raum unterzubringen, erfüllte also alle Anforderungen des Kranbetriebes.

Besonders große Schwierigkeiten bot die Anpassung der Schaltapparate. Anfänglich wurden dieselben Anlasser verwendet, die für Werkstättenmotoren üblich waren; diese Anlasser erlaubten wohl, einen Motor langsam in Gang zu setzen, waren aber gänzlich ungeeignet für die stoßweise und rasch wiederholte Einschaltung der Kranmotoren; eine Betriebszeit von wenigen Wochen genügte, um diese Apparate unbrauchbar zu machen, die viel zu sehr Erzeugnisse der Feinmechanik als derbe Maschinenteile waren. Erst als die Kontakte genügend groß bemessen und leicht auswechselbar eingerichtet wurden, als für Vorkehrungen zum selbsttätigen Ausblasen der unvermeidlichen Funken gesorgt war und als das Ganze so derb durchgebildet war, daß es Witterungseinflüssen und roher Behandlung Widerstand leisten konnte, war eine Konstruktion geschaffen, die dem Kaibetrieb angepaßt war.

Schließlich war noch ein Hindernis zu überwinden: die Übersetzung vom rasch laufenden Elektromotor auf die langsam gehende Seiltrommel. Anfangs standen nur sehr schnell laufende Elektromotoren zur Verfügung, wodurch die Aufgabe von vornherein erschwert war. Die hierzu notwendige sehr große Übersetzung suchte man durch Schneckentriebe zu bewältigen, fand aber bald, daß diese Elemente nicht die erwünschte Einfachheit und Bedürfnislosigkeit in der Wartung besaßen. Dann ging man zu mehrfacher Stirnradübertragung über und lernte allmählich durch genaue Bearbeitung der Zähne, durch Wahl geeigneten Materials und durch starre Lagerung den Gang der Räder hinreichend ruhig zu gestalten. Der Bau von langsam laufenden Motoren erleichterte die Aufgabe. Schließlich kam man durch Fortschritte im Bau gedrängter Motoren dazu, daß zur Übersetzung von Motor auf die Seiltrommel nur noch ein einziges Stirnradpaar erforderlich war.

Nachdem diese Entwickelung der Einzelheiten vollzogen war, hatte der elektrisch betriebene Kaikran eine so weitgehende Einfachheit, Widerstandsfähigkeit und Sicherheit gewonnen, daß er in diesem Punkte alle früheren Systeme nicht nur erreichte, sondern sogar übertraf.

Fig. 97.

Die ersten Versuche mit elektrischem Kaibetrieb wurden in Hamburg gemacht. Dort wurden im Jahre 1890 zwei Versuchskrane aufgestellt, die zwar in den Einzelheiten — Motoren, Anlassern und Übersetzungsteilen — noch die Erscheinung von Erstlingsausführungen boten, die aber immerhin den sicheren Nachweis erbrachten, daß der elektrische Kran imstande war, bei einiger Durchbildung dem Kaibetrieb durchaus zu entsprechen.

Fig. 97 stellt den vom Eisenwerk (vorm. Nagel und Kaemp) A.-G. in Hamburg erbauten Versuchskran dar, der als Winkelportalkran gebaut war und über eine Tragkraft von 2,5 t bei 10 m Ausladung und 1 sekm Hubgeschwindigkeit verfügte.

Die erste vollständige Kaianlage mit elektrischem Betrieb wurde in Rotterdam geschaffen. Die dortige Hafenverwaltung unter Leitung der Herren de Jongh und van Ysselsteyn ließ auf dem Wilhelminakai 7 elektrisch betriebene Kaikrane von 2 t Tragkraft, 13 m Ausladung und 1,2 sekm Hubgeschwindigkeit durch das Eisenwerk (vorm. Nagel und Kaemp) A.-G. aufstellen, nachdem sie durch die Hamburger Versuchsanlage die Überzeugung gewonnen hatte, daß die ersten Schwierigkeiten bereits überwunden waren. Bei der Inbetriebsetzung der Anlage im Jahre 1894 zeigte sich tatsächlich, daß alle Einzelheiten den Beanspruchungen des Kaibetriebes gewachsen waren. In dem ersten Betriebsjahr wurden nur die Anlasser gegen eine inzwischen entstandene vollkommenere Konstruktion ausgetauscht, alle anderen Einzelheiten blieben bis heute unverändert.

Fig. 98.

Der Aufbau der Rotterdamer Krane Fig. 98 entspricht bereits vollständig der heute üblichen Ausführung: das Gerüst ist nahezu ausschließlich aus Walzeisen genietet, unter Einfügung von Stahlgußstücken für die Lagerungsteile. Gußeisen wurde nur für solche Teile verwendet, die von den Hauptkräften nicht durchlaufen werden.

Im Laufe der inzwischen verflossenen Jahre sind weitere 20 Krane von 2 t Tragkraft und 12 Krane von 3 t Tragkraft aufgestellt worden. Obwohl diese Ausführungen aus späterer Zeit und zum Teil von anderen Werken stammen, so ist doch der ursprüngliche Typ in allen Einzelheiten beibehalten worden, wohl der beste Beweis dafür, daß die Konstruktion von Anfang an das Rechte getroffen hat.

Fig. 99.

Unmittelbar nach der Inbetriebsetzung der Rotterdamer Anlage wurden elektrisch betriebene Kaikrane an zahlreichen Stellen aufgestellt: in Mannheim, Kopenhagen, Düsseldorf, Dresden (erste Anlage mit Drehstrom), Bingen, Ludwigshafen, Genua, Emden.

Die größten Kaianlagen mit elektrischem Betrieb sind in Hamburg entstanden. Im Jahre 1900 bereits wurden 58 Krane am O'Swald und Amerikakai aufgestellt. Diese Krane werden von einem Kraftwerk versorgt, das 1000 KW Gleichstrom von 550 V liefern kann. Die umfangreichste Anlage aber entstand im Jahre 1904 im Kaiser Wilhelm-Hafen. Dort wurden, wie Fig. 99 zeigt, 135 Krane aufgestellt, die von einem besonderen Kraftwerk gespeist werden, das 1500 KW Gleichstrom von 440 V liefert. Diese Krane verfügen über eine Tragkraft von 3 t bei einer Ausladung von 11 m und bei einer Hubgeschwindigkeit von 0,7 sekm für Vollast und von 1,0 sekm für 1,25 t Last. Sie sind zum größeren Teil von der Benrather Maschinenfabrik, zum kleineren Teil vom Eisenwerk (vorm. Nagel & Kaemp) A.-G. ausgeführt worden.

Nach der Inbetriebsetzung der Rotterdamer Anlage wurde nur noch eine einzige Anlage mit Druckwasserbetrieb in Auftrag gegeben und im Jahre 1898 in Köln in Betrieb gesetzt. Dort lagen die Verhältnisse insofern eigenartig, als die Energie aus einem bereits vorhandenen großen städtischen Werk bezogen werden sollte, das einphasigen Wechselstrom lieferte; für einphasigen Wechselstrom gab es indessen Elektromotoren, die unter Belastung anliefen, damals noch nicht, wohl aber stetig laufende Motoren. Es wäre daher notwendig gewesen, Umformer aufzustellen, welche den einphasigen Wechselstrom in Gleichstrom verwandeln. Die städtische Behörde war damals der Meinung, es sei wirtschaftlicher, eine durch stetig laufende Elektromotoren angetriebene Pumpenanlage aufzustellen, welche hydraulische Krane betrieb. Neuerdings — 1905 — sind in Köln Kaikrane mit Einphasenmotoren aufgestellt worden, die sich durchaus bewährt haben.

Die Entwickelung vom Tretradkran zu Heidelberg aus dem Anfang des 19. Jahrhunderts bis zum elektrisch betriebenen Kaikran von 1900 läßt sich in ihren wirtschaftlichen Folgen durch einen Vergleich der Leistungen am besten überschauen.

Tretrad-Kaikran
aus dem Jahre 1768

Elektrisch
betriebener Kaikran
aus dem Jahre 1900

Tragkraft

2 t

3 t

Hubgeschwindigkeit

0,03 sekm
für 0,5 t Last

1,0 sekm
für 1 t Last

Leistung am Haken gemessen

0,2 PS

13 PS

Stündliche Lieferung

5 t

30 t

Ausladung vom Drehpunkt

8 m

12 m

Nutzbare Ausladung

4 m

10 m

Anlagekosten

5000 M.

17000 M.

Bedienungsmannschaft

3 Mann am
Tretrad

1 Steuermann

Gesamtbetriebskosten für
1 t gehobene Last

0,30 M.

0,005 M.

Gesamtbetriebskosten für
Arbeitsfeld

Kreis 8 m
Durchm.

Rechteck 24 m breit,
beliebig lang.

Dieser Vergleich zeigt, daß die Betriebskosten auf den 60. Teil des ursprünglichen Wertes heruntergegangen sind. Es liegt nun die Frage nahe, ob eine weitere Verminderung möglich ist und in welcher Richtung eine Verbesserung eintreten kann, die zu diesem Ziele führt.

Die Leistungsfähigkeit könnte gesteigert werden: durch Vergrößerung der Tragkraft, durch Steigerung der Geschwindigkeit und durch Abkürzung der Zeit, die zum Anhängen und Abhängen der Last notwendig ist.

Die Vergrößerung der Last würde das Anhängen um so viel schwieriger und zeitraubender gestalten, daß die Stundenleistung eher vermindert als gesteigert würde. Die Vergrößerung der Hub- und Schwenkgeschwindigkeit würde die Stundenleistung nur wenig steigern, weil die Hub- und Schwenkzeit zu kurz ist im Verhältnis zu der Dauer der Pause, in welcher die Lasten an- und abgehängt werden. Ein ganzes Kranspiel umfaßt für mittlere Verhältnisse folgende Zeiten:

Heben der Last aus dem Schiff 15 m hoch

mit

1

sekm

erfordert

20

Sek.

Schwenken der Last nach dem Land um 180°

„

2

„

„

25

„

Senken der Last 5 m tief

„

1

„

„

8

„

Heben des Hakens 5 m hoch

„

1,5

„

„

6

„

Schwenken des Hakens nach dem Schiff um 180°

„

2

„

„

25

"

Senken des Hakens in das Schiff 15 m tief

"

1,5

"

"

12

"

96

Sek.

Die lotrechten Bewegungen können zum Teil während des Schwenkens ausgeführt werden, so daß für das ganze Kranspiel nicht 96, sondern nur rund 80 Sekunden erforderlich sind.

Anhängen der Last im Schiff und Abhängen an Land erfordert rund 40 Sekunden. Es läßt sich daher eine weitere Steigerung der Leistungsfähigkeit nur insoweit erwarten, als etwa die Pause etwas abgekürzt werden kann.

Das An- und Abhängen der Last erfordert je nach Art der Last vier bis acht geübte Hilfsarbeiter, ist also sehr kostspielig im Vergleich zu den eigentlichen Kranbetriebskosten. Bei Lasten, die aus gleichmäßigen kleinen Stücken bestehen — Kohle, Erz, Sand u. dgl. — hat man es bereits dahin gebracht, die Hilfsmannschaft durch technische Mittel zu ersetzen.

Zunächst führte man Fördergefäße ein, die an einem Bügel drehbar so aufgehängt sind, daß der Schwerpunkt des gefüllten Kübels über dem Drehpunkt des Kübels liegt und daß der Schwerpunkt des leeren Kübels unter den Drehpunkt fällt.

Fig. 100.

Fig. 100 zeigt einen solchen Kübel. In der aufrechten Stellung ist der Kübel durch eine Sperrklinke gegen den Bügel festgestellt. Soll entleert werden, so löst ein Arbeiter mit einer Stange die Klinke aus, so daß der gefüllte Kübel umkippt, nach Entleerung von selbst in die ursprüngliche Lage zurückkehrt und sich selbsttätig wieder festklinkt.

Bei dieser Einrichtung ist aber immer noch ein Hilfsarbeiter zum Ausheben der Sperrklinke notwendig. Man löste daher später die Sperrklinke dadurch aus, daß der Kranführer den Kübel so dicht bis unter den Auslegerkopf zog, daß die Sperrklinke gegen einen Anschlag traf und dadurch selbsttätig ausgelöst wurde. Diese Anordnung hat aber den Nachteil, daß die Kohle aus großer Höhe herunterstürzt, wodurch sie stark zerkleinert und entwertet wird. Außerdem ist eine starke Staubentwickelung unvermeidlich.

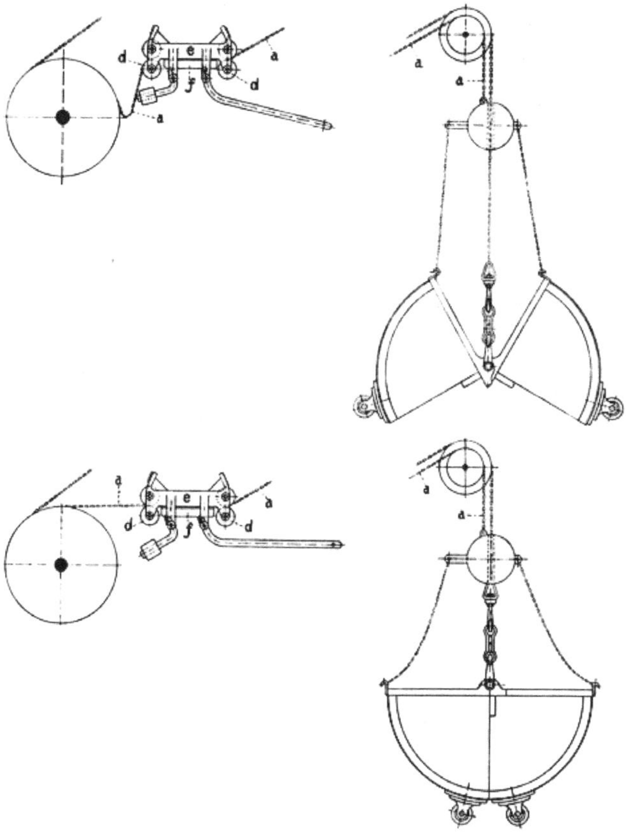

Fig. 101.

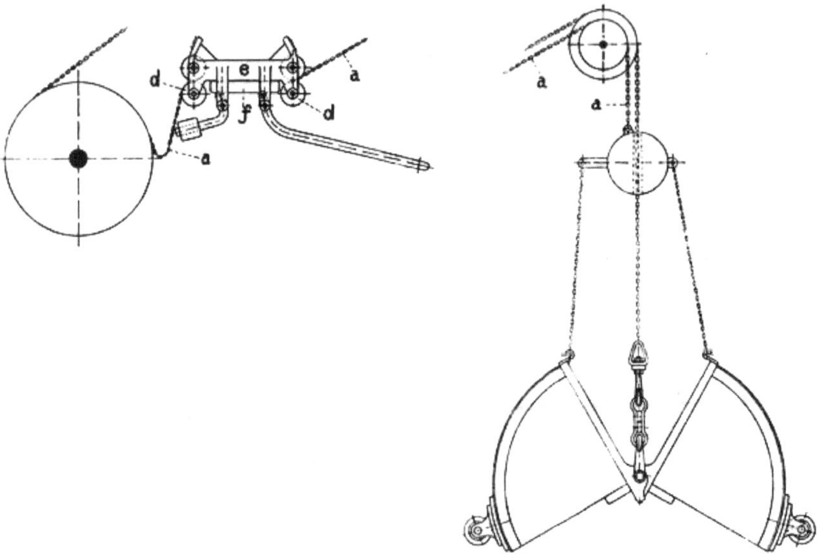

Fig. 101 (oberer Teil).

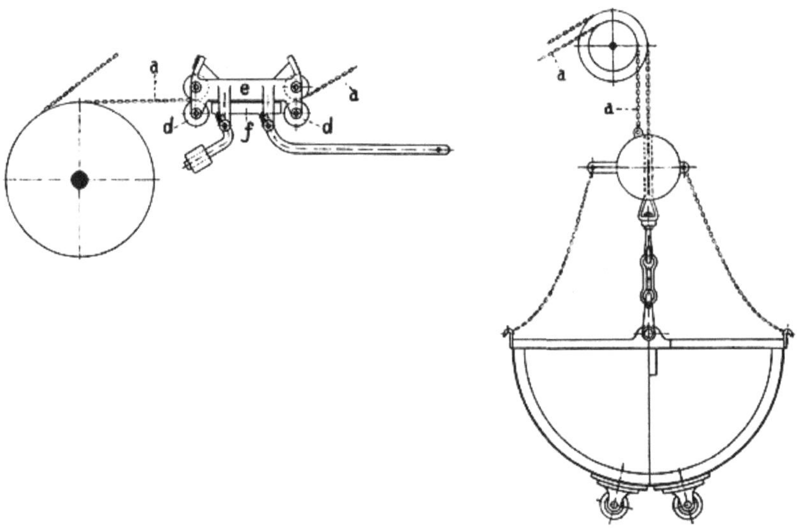

Fig. 101 (unterer Teil).

Ein anderes Hilfsmittel zur selbsttätigen Herbeiführung der Entleerung wurde dadurch geschaffen, daß man einen Anschlag an der Sperrklinke anbrachte, der letztere auslöste, sobald der Kübel auf dem Boden aufstieß. Dieses Mittel ist aber nur dort anwendbar, wo auf Halden geschüttet wird.

Allgemein anwendbar ist eine Entleerungsvorrichtung, die so gestaltet ist, daß sie vom Kranführer selbst und zwar in beliebiger Höhe ausgelöst werden kann.

Fig. 101 stellt ein Fördergefäß dar, das für diesen Zweck gebaut ist. Es besteht aus zwei Teilen, die durch ein Gelenk miteinander verbunden und so gestaltet sind, daß das Gefäß von selbst geschlossen bleibt, wenn es am Gelenk aufgehangen wird. Die Hauptkette greift an diesem Gelenk an. Eine zweite Kette — die Entleerungskette — gabelt sich in zwei Stränge, die an den oberen Rändern des Gefäßes anfassen. So lange die Entleerungskette schlaff ist, bleibt das Gefäß geschlossen; wird sie dagegen festgehalten, während die Hauptkette nachgelassen wird, so öffnet sich das Gefäß.

Es ist daher nun weiter nichts erforderlich als eine Vorkehrung am Führerstand, um die Entleerungskette festhalten zu können.

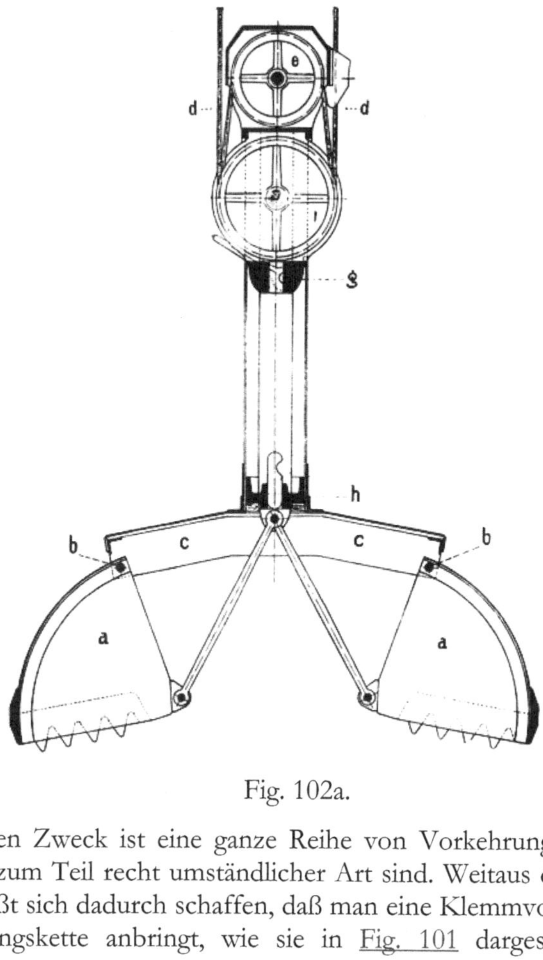

Fig. 102a.

Für diesen Zweck ist eine ganze Reihe von Vorkehrungen ersonnen worden, die zum Teil recht umständlicher Art sind. Weitaus die einfachste Auslösung läßt sich dadurch schaffen, daß man eine Klemmvorrichtung für die Entleerungskette anbringt, wie sie in Fig. 101 dargestellt ist. Die

Entleerungskette *a* ist an der gleichen Kettentrommel befestigt wie die Hauptkette und ist ebenso lang wie diese, wickelt sich also gleichmäßig mit der Hauptkette auf und ab, wobei der Kübel stets geschlossen bleibt. Die Entleerungskette läuft zwischen zwei Paar Leitrollen *dd*; zwischen diesen Rollenpaaren sind Klemmbacken *ef* angeordnet, von denen der obere e feststeht, während der untere *f* gelenkig aufgehangen ist und durch sein Eigengewicht in geöffneter Lage gehalten wird, so daß die Entleerungskette frei zwischen den Klemmbacken hindurchgleiten kann. Soll entleert werden, so wird durch einen Fußtritt der untere Klemmbacken nach oben bewegt und die Entleerungskette eingeklemmt. Nun wird die Kettentrommel in der Senkrichtung bewegt; die Hauptkette geht infolgedessen nach abwärts, während die Entleerungskette festgehalten wird: der Kübel muß sich daher öffnen.

Die selbsttätige Entleerung spart einen Teil der Hilfsmannschaft und kürzt die Pause ab; das Einschaufeln des Fördergefäßes beansprucht aber nach wie vor eine beträchtliche Zahl von Hilfsarbeitern. Es lag daher nahe, auf dem eingeschlagenen Weg noch weiter zu gehen und das Gefäß so zu gestalten, daß nicht nur die Entleerung, sondern auch die Füllung selbsttätig erfolgen kann. Die Verwirklichung dieses Gedankens führte zur Konstruktion der sog. S e l b s t g r e i f e r .

Die in der Einzelgestaltung sehr verschiedenen Ausführungen beruhen alle auf einem Grundsatz, der an Fig. 102a, b und c an dem sehr einfachen Greifer von Hone deutlich erkennbar ist.

Die Gestalt des Greifers ist derjenigen des vorher dargestellten Entleerungsgefäßes ähnlich: auch hier sind zwei schaufelartige Teile *aa* mittels Gelenkbolzen *bb* an einem Rahmen *c* aufgehängt und so geformt, daß der Greifer im geschlossenen Zustand eine Mulde vom Halbkreisquerschnitt bildet. Die Unterkanten der Schaufeln sind mit Schneiden oder Zähnen aus gehärtetem Stahl ausgerüstet.

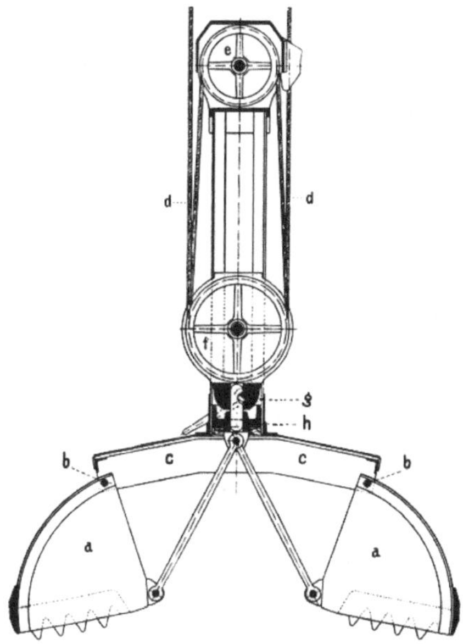

Fig. 102b.

Die Aufhängung des Greifers ist dagegen eine ganz andere als die des Entleerungsgefäßes. Während bei letzterem das Hauptseil an dem Rahmen des Gefäßes angreift, zieht hier das Seil unmittelbar an den Schaufeln, ist also bestrebt, deren Schluß herbeizuführen. Bei Greifern für sehr feinkörniges Gut, wie Getreide, erzeugt bereits der einfache Seilzug eine hinreichend große Schließkraft. Bei grobstückigem Gut, wie Kohle, dagegen muß durch eine Übersetzung dafür gesorgt werden, daß die Schließkraft größer als der Seilzug wird, da nur das Überwiegen des Greifergewichtes über den Seilzug das Eingraben des Greifers herbeiführen kann.

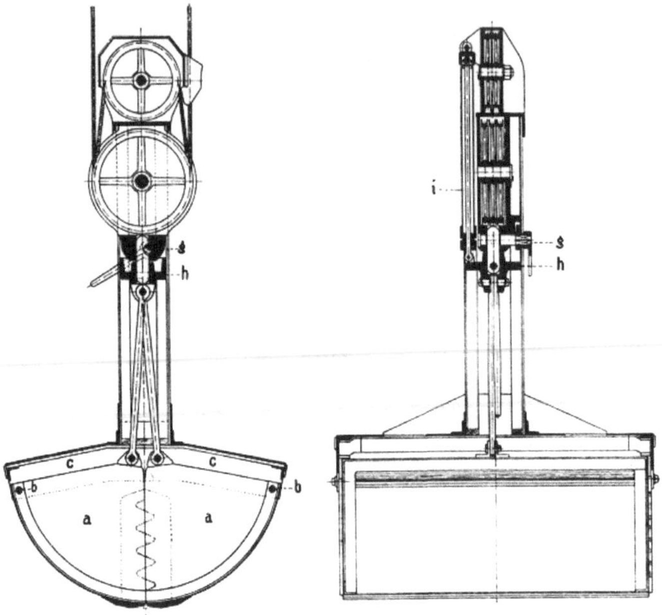

Fig. 102c.

Diese Übersetzung wird bei den verschiedenen Ausführungen von Greifern durch verschiedenartige Mittel erreicht: durch Zahnräder, durch Übersetzungstrommeln, am häufigsten durch Rollenzüge. Auch der Honegreifer verwendet letzteres Mittel. Die von dem Kran herabreichende Seilschlinge *dd* umschlingt mit sechs Strängen zwei Rollenköpfe, von denen der obere *e* im Greiferrahmen *c* starr gelagert ist, während der untere *f* in einer senkrechten Führung des Rahmens verschiebbar ist.

Fig. 102a zeigt den Greifer in geöffnetem Zustand. Der untere Rollenkopf befindet sich in seiner höchsten Stellung, die Schaufeln hängen lose herab. Sobald sich der Greifer auf das Fördergut aufsetzt, werden die Seile schlaff, der untere Rollenkopf sinkt durch sein Eigengewicht in seine tiefste Stellung herab und klinkt sich mit der Sperrklinke *g* selbsttätig in einen Kreuzkopf *h* ein, der durch Zugstangen mit den Schaufeln verbunden ist. Fig. 102b Sobald die Seilschlinge vom Kran eingeholt wird, bewegt sich der untere Rollenkopf mit dem eingeklinkten Kreuzkopf nach oben, die Schaufeln werden infolgedessen mit einer Kraft, gleich dem Dreifachen der in den beiden Seilzügen zusammen wirksamen Hubkraft, geschlossen. Damit bei dieser Bewegung nicht der ganze Greifer nach aufwärts steigt, muß sein Eigengewicht größer als die Hubkraft sein. Haben die Schaufeln sich geschlossen, ist also der Greifer gefüllt, so steigt der ganze Greifer geschlossen in die Höhe (Fig. 102c). In der höchsten Stellung wird durch einen Anschlag am Kran die Sperrklinke ausgelöst und dadurch die

Verbindung zwischen dem unteren Rollenkopf und dem Kreuzkopf aufgehoben. Die Schaufeln würden mit einem Ruck sich öffnen, wenn nicht eine Ölbremse *i* vorhanden wäre, welche das Öffnen der Schaufeln verzögert, so daß der Inhalt des Greifers allmählich herausfließt. Sobald die Entleerung vollzogen ist, kann der Greifer ohne weiteres herabgelassen werden und seine Arbeit von neuem beginnen.

Die Selbstgreifer haben gegenwärtig eine außerordentlich weite Verbreitung gefunden und zwar hauptsächlich zur Verladung von kleinstückigen Kohlen und Erzen. Für grobe Stückkohle und grobstückige Erze sind sie zurzeit noch nicht verwendbar. Auch füllen sie sich ohne Nachhilfe von Hand nur dann vollständig, wenn sie in eine Mulde greifen können, so daß die Kohle dem Greifer gewissermaßen zufließt. Dagegen geht ihre Leistung sehr herab, wenn diese Bedingungen nicht erfüllt sind, wenn also etwa Kohle aus dem engen Raum eines Eisenbahnwagens oder aus flachen Kanalschiffen herausgegriffen werden soll.

Weitere Unvollkommenheiten liegen darin, daß der Greifer mit einer gewissen Wucht auf die Kohle herabfallen muß, um sich energisch eingraben zu können, und daß meist etwas Nachhilfe von Hand notwendig ist, um den Greifer an die rechte Stelle zu bringen. Ersteres führt häufig zu Verletzungen der Schiffsböden, letzteres ist nicht nur mit Kosten, sondern auch mit einiger Gefahr verbunden.

Fig. 103.

Diese Nachteile rühren im Grunde genommen alle davon her, daß der Greifer an Ketten hängt und infolgedessen vom Kranführer nur unvollkommen beherrscht werden kann. Sie werden sofort behoben, wenn man den Greifer nicht an Ketten aufhängt, sondern durch ein starres Glied — einen gelenkigen Stiel — mit dem Kran verbindet. In Deutschland sind derartige Stielgreifer noch nicht in Anwendung gekommen. In Amerika sind sie aber sehr verbreitet.

Fig. 103 zeigt einen Stielgreifer von kleinen Abmessungen nach einer Ausführung der Temperly Transporter Co. in London. Der Stiel dient hier nicht zur unmittelbaren Aufhängung, sondern lediglich zur sicheren Führung des Greifers; der Schluß des Greifers wird durch einen Dampfzylinder, unabhängig von dem Hubseil, herbeigeführt. Die erreichte Stundenleistung beträgt 60 t.

Eine amerikanische Ausführung in weit größeren Abmessungen zeigen Fig. 104a und b (entnommen aus »Engineering News« 1905 S. 125). Hier sitzt der Greifer an einem senkrechten Stiel, der durch einen Balancier und durch einen Lenker eine Parallelführung erhält, so daß eine senkrechte Bewegung erzielt wird. Der Greifer wird durch einen besonderen Elektromotor, der in den Stiel eingebaut ist, geschlossen und faßt 10 t. Derartig große Abmessungen sind naturgemäß nur dort verwendbar, wo besonders gebaute Schiffe zur Verfügung stehen. Der Stiel kann um seine senkrechte Achse gedreht werden, und der Greifer kann quer zum Stiel verschoben werden, so daß er eine Kreisfläche bestreichen kann. Die mit dieser gewaltigen Maschine erreichte Stundenleistung beträgt 400 t.

Wie aus den beiden Beispielen ersichtlich ist, gewährt der Stielgreifer, abgesehen von seiner viel genaueren Führung und Steuerung, den weiteren Vorteil, daß die Schlußkraft nicht durch das Hubseil zugeleitet zu werden braucht, daß sie vielmehr in sehr einfacher Weise durch einen besonderen Motor erzeugt werden kann, der in unmittelbarer Nähe des Greifers an dem Stiel selbst montiert wird.

Die in Fig. 104a dargestellte Anordnung des Stielgreifers hat dem Seilgreifer gegenüber noch den wirtschaftlichen Vorzug, daß das Greifereigengewicht durch ein am Balancier angebrachtes Gegengewicht ausgeglichen werden kann, so daß nur die reine Nutzlast gehoben zu werden braucht, während beim Seilgreifer eine doppelt so große Last bewegt werden muß. Da während des Schließens kein nach aufwärts wirkender Seilzug vorhanden ist, so genügt ein geringer Gewichtsüberschuß zur Herbeiführung eines sicheren Eingrabens.

Fig. 104a.

Für Stückgüter aller Art — Säcke, Ballen, Kisten — ist es bisher bei dem alten Verfahren des Anhängens von Hand mittels Schlingketten geblieben. Nachdem aber in den Hüttenwerken — wie es bereits dort dargestellt wurde — mit Erfolg Krane in Betrieb gesetzt worden sind, welche Blöcke, Barren, Träger und Schienen selbsttätig mit Zangen fassen, so ist Aussicht vorhanden, daß sich auch für den allgemeinen Kaibetrieb geeignete Greifzangen konstruieren lassen werden. Die besondere Schwierigkeit liegt hier darin, daß diese Greifzangen so gestaltet sein müssen, daß sie sich den sehr veränderlichen Abmessungen und Formen der Stückgüter anpassen, und daß sie vom Führerstand aus genau beherrscht werden müssen. Voraussichtlich wird nur der Stielgreifer diese Aufgabe lösen können, nachdem man auch in den Hüttenwerken es vorteilhaft gefunden hat, Blockzangen an starren Stielen statt an Seilen aufzuhängen.

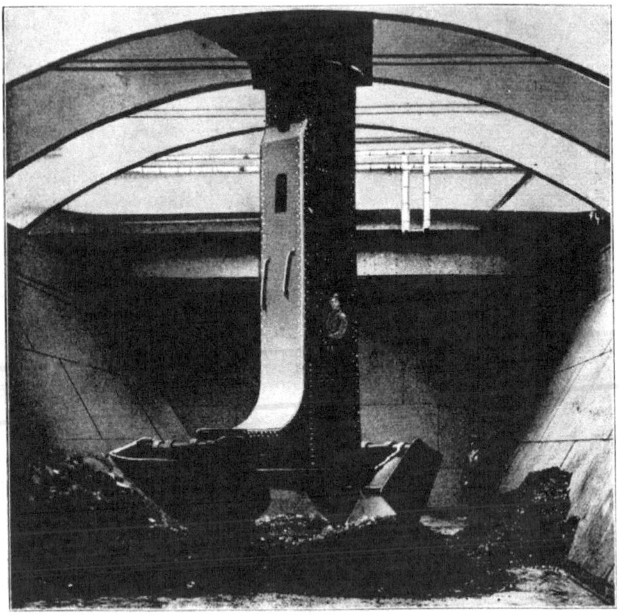

Fig. 104b.

Die Einführung einer brauchbaren Stielzange in den Kaibetrieb würde den größten Teil der Hilfsarbeiter sparen und dadurch die Umladekosten um einen guten Teil verringern. Die Verminderung dieser Kosten würde einer Verbilligung und Vermehrung des Verkehrs zugute kommen und diese würde Gelegenheit geben, die Kaiarbeiter einer weniger anstrengenden und lohnenderen Beschäftigung zuzuführen.

Fig. 105.

Der übliche Kaiquerschnitt (Fig. 105, entnommen aus Ragoczy »Binnenschiffahrt und Seeschiffahrt« S. 45) zeigt zunächst der Kaimauer ein Ladegeleise, dahinter ein Rangiergeleise, hinter diesem eine Straße für Landfuhrwerk, dann den Ladeperron des Schuppens oder Speichers. Diese Anordnung erlaubt beliebigen Umschlag zwischen Schiff, Eisenbahn, Landfuhrwerk und Speicher. Der Kaikran muß so große Ausladung haben, daß er wasserseitig bis über Schiffsmitte, landseitig bis auf den Ladeperron reichen kann; eine Ausladung von 13–15 m genügt diesen Ansprüchen auch bei sehr breiten Schiffen.

Breite Lagerplätze für Kohle und andere Wassergüter führen zu wesentlich anderen Ansprüchen an die Hebemaschinen. Lagerplätze bis zu 100 m Breite und einigen hundert Metern Länge sind für den modernen Verkehr nichts Ungewöhnliches. Es ist ohne weiteres klar, daß der Drehkran diesem Bedürfnis nicht mehr entsprechen kann; bei einer Ausladung von mehr als 15 m wird der Drehkran so schwerfällig, daß er besser durch einen Brückenkran ersetzt wird, der ähnlich wie der für Hüttenwerkslagerplätze dargestellte (Fig. 71) gestaltet ist, mit dem einzigen Unterschied, daß die Brücke wasserseitig über den einen Fuß so weit vorkragt, daß die Laufkatze bis über Schiffsmitte fahren kann.

Fig. 106 stellt eine Ausführung dieser Art von Pohlig in Köln für Fr. Krupp A.-G. in Rheinhausen dar.

Fig. 106.

Es liegt die Frage nahe, ob etwa der aus alter Zeit stammende Typ des Drehkrans später auch vom normalen Ladekai verschwinden und dem Brückenkran Platz machen wird, der einen durchaus modernen Typ aus dem letzten Jahrzehnt darstellt. So lange man auf den Dampfbetrieb angewiesen war, mußte das gesamte Triebwerk um die Dampfmaschine herum gelagert werden: dieser Notwendigkeit entsprach der Drehkran durchaus, da bei ihm das gesamte Triebwerk sich leicht an einem Punkt vereinigen läßt. Der Brückenkran ist sehr viel weniger für diese Vereinigung des Triebwerks geeignet. Der elektrische Betrieb gestattet dagegen, die einzelnen Triebwerke beliebig zu verteilen, er verleiht dem Brückenkran daher eine besondere Einfachheit. Von diesem allgemeinen Gesichtspunkt aus hätte der letztere demnach große Aussicht auf weitere Verbreitung.

Im besonderen hat der Drehkran zwei Vorteile vor dem Brückenkran voraus: er gewährt ein sehr freies Profil, gestattet also die Verladung von sperrigen Lasten wie Baumstämmen und Maschinenteilen; außerdem ragt er nicht über die Kaimauer hinaus, sobald der Ausleger landeinwärts geschwenkt ist, gewährt also der Takelage der Schiffe freien Raum. Bei dem Brückenkran läßt sich ein großer freier Durchgang nur durch besondere Gestaltung des Gerüstes erzielen; die Freigabe des Raumes über dem Wasser ist nur dadurch zu erlangen, daß der Schnabel des Krans zum Aufklappen eingerichtet ist. Inwieweit es gelingt, diese beiden Nachteile durch geschickte Einzelkonstruktion auszugleichen, müssen die nächsten Jahre lehren.

Die wirtschaftliche Bedeutung der Hebemaschinen im modernen Kaibetrieb wird sofort erkennbar, wenn man den Umfang dieses Betriebes untersucht.

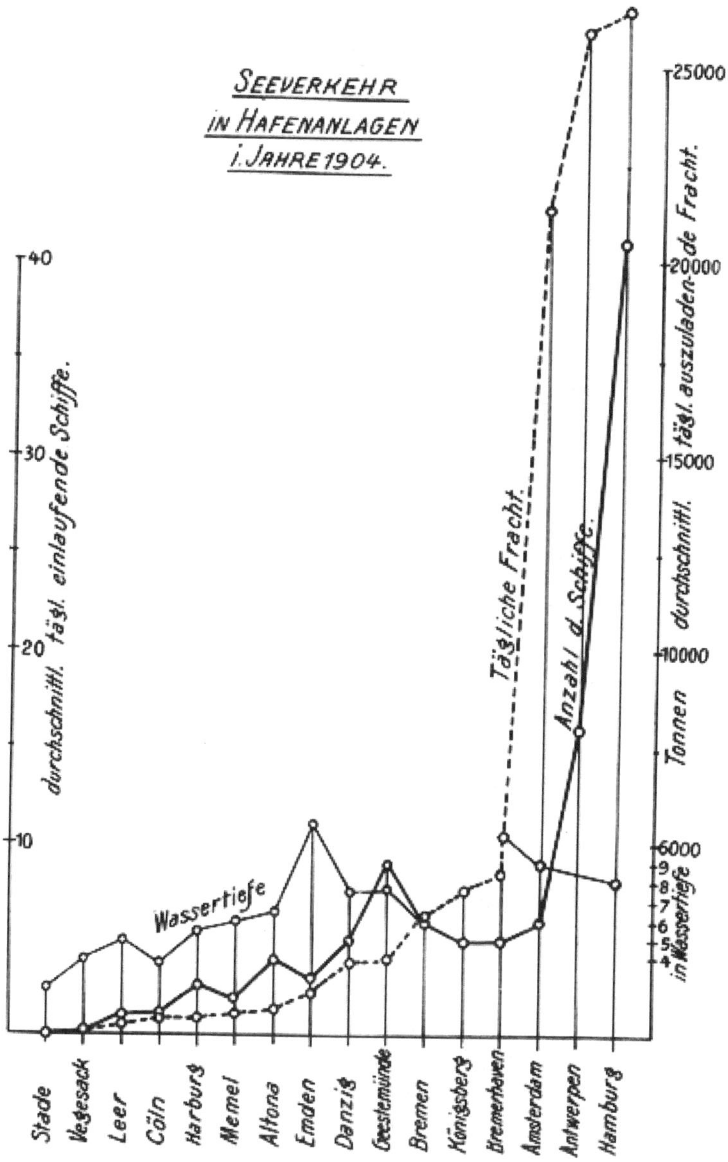
SEEVERKEHR
IN HAFENANLAGEN
I. JAHRE 1904.
durchschnittl. tägl. einlaufende Schiffe.
tägl. auszuladen-de Fracht.
Tonnen durchschnittl.
Tägliche Fracht.
Anzahl d. Schiffe.
Wassertiefe
in Wassertiefe
40
30
20
10
25000
20000
15000
10000
6000
9
8
7
6
5
4
Stade
Vegesack
Leer
Cöln
Harburg
Memel
Altona
Emden
Danzig
Geestemünde
Bremen
Königsberg
Bremerhaven
Amsterdam
Antwerpen
Hamburg

Fig. 107a.

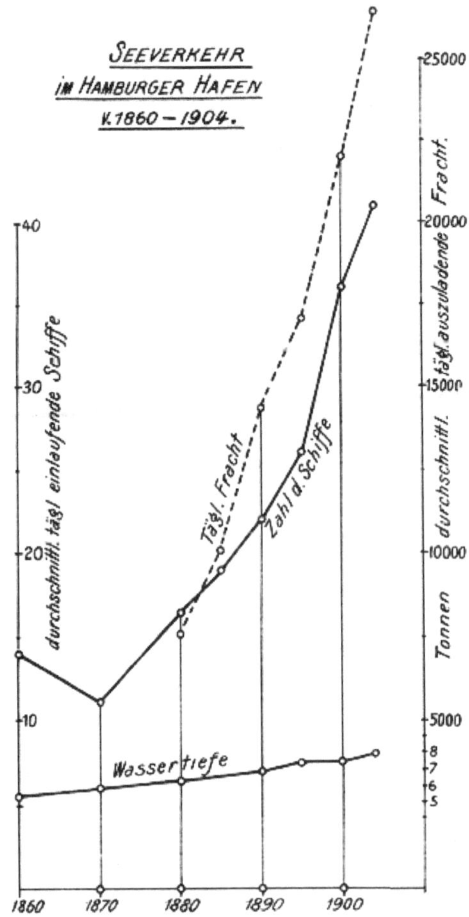

Fig. 107b.

In Fig. 107a ist der Seeverkehr von verschiedenen Hafenanlagen im Jahre 1904 dargestellt. Um ein anschaulicheres Bild zu geben, ist nicht die Zahl der im ganzen Jahr eingelaufenen Seeschiffe und deren im Jahr eingekommener Rauminhalt aufgetragen, sondern es ist die Anzahl der durchschnittlich in einem Tag einlaufenden Seeschiffe und deren Gesamtrauminhalt — also die täglich auszuladende Fracht — dargestellt. Tatsächlich schwankt natürlich die Zahl der täglich einlaufenden Schiffe je nach Jahreszeit und Umsatz. Aus dem Schaubild ist ersichtlich, daß Hamburg, Antwerpen und Amsterdam die übrigen im Schaubild eingetragenen Hafenanlagen hinsichtlich der Größe ihres Seeverkehrs weit überragen. Aus dieser graphischen Darstellung ist auch erkennbar, daß in diesen Häfen Schiffe mit weit größerem Raumgehalt einlaufen, entsprechend der größeren Wassertiefe dieser Anlagen.

Fig. 107b gibt eine Vorstellung von der Entwickelung des Seeverkehrs im Hamburger Hafen. Auch aus diesem Schaubild ist ersichtlich, daß der Raumgehalt der Schiffe stetig zugenommen hat und zwar in gleichem Verhältnis mit der gesteigerten Vertiefung des Fahrwassers. In den letzten zwanzig Jahren hat sich die Anzahl der durchschnittlich täglich einlaufenden Schiffe verdoppelt — von 20 auf 40 —, die täglich auszuladende Fracht ist in dem gleichen Zeitraum nahezu auf das Dreifache gestiegen.

Die Hamburger Hafenanlagen setzen sich aus 13 Einzelhäfen mit insgesamt 19 km Kaistrecken, 12 km Schuppen und 177 km Geleise zusammen. Im ganzen sind 750 Kaikrane mit zusammen 1900 t Tragkraft in Betrieb.

Im Besitz der Hamburger Reedereien sind 611 Seedampfer, darunter 199 mit mehr als 2000 t Raumgehalt, und 553 Segelschiffe, unter denen 36 mehr als 2000 t tragen.

D.
Lastenbewegung in Werften.

Solange Holz das Baumaterial für Schiffe war, genügten die allereinfachsten technischen Hilfsmittel zum Transport, denn weitaus die meisten Einzelteile waren klein und von geringem Gewicht. Die Bauzeiten waren reichlich bemessen, die Geschwindigkeit der Lastenbewegung konnte daher sehr gering sein. Es genügten hölzerne Masten mit Rollenzügen für die Hellinge. Nur für das Einsetzen der Masten, Kessel und Maschinenteile war ein einfacher Mastenkran mit Handwinde erforderlich.

Die Anfänge des Eisenschiffbaues reichen bis in das Jahr 1830 zurück. Die Einführung ging aber sehr langsam vor sich; in Deutschland fand der Übergang vom Holzschiffbau zum Eisenschiffbau erst Ende der Sechziger Jahre statt. Von 1870 bis 1880 war die Entwicklung immer noch eine langsame; von 1880 an erfolgte ein erster Aufschwung, von 1896 an ein rasches Aufsteigen. Die Entwicklung seit 1872 ist dargestellt in einem von dem Ingenieur Stelter entworfenen Diagramm. Fig. 108 (entnommen aus der Z. d. V. d. I., 26. August 1905). Aus ihm ist ersichtlich, daß der Verlauf des Handelsschiffbaues ein sehr sprunghafter war, während der Kriegsschiffbau sich stetiger entwickelte. Das Schaubild zeigt auch, daß bis zum Jahre 1900 der deutsche Schiffbau nur die Hälfte des Bedarfes der deutschen Reederei gedeckt hat; erst von da an wird der größte Teil der Schiffe in Deutschland gebaut.

Im Jahre 1904 wurden erbaut: auf Hamburger Werften 85 Schiffe mit zusammen 91300 t, auf Kieler Werften 57 Schiffe mit zusammen 78900 t, auf Stettiner Werften 27 Schiffe mit zusammen 67700 t.

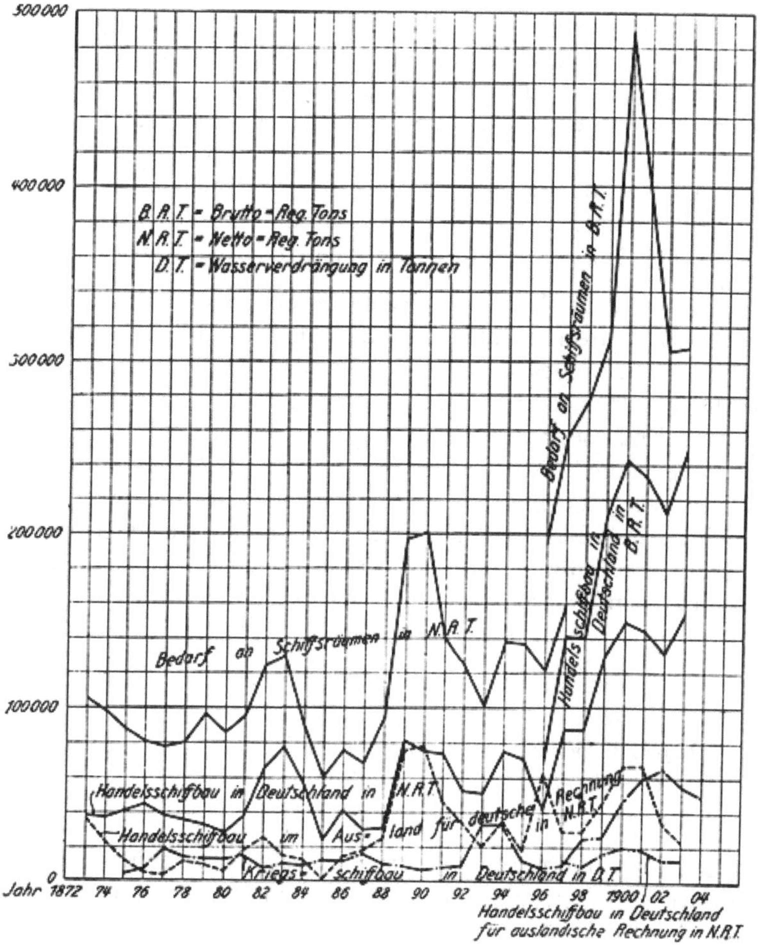

Fig. 108.

Aus diesem Überblick geht hervor, daß ein Bedarf nach leistungsfähigen Hebemaschinen erst in den Siebziger Jahren begann, daß also die Entwicklung dieser Maschinen nahezu ausschließlich den letzten Jahrzehnten angehört.

Die Gestaltung dieser Hebemaschinen ist eine sehr verschiedene, je nachdem sie zum Bau des Schiffes auf der Helling, zum Einheben schwerer Lasten in das am Werftkai liegende Schiff oder endlich zum Transport von Lasten auf das im freien Wasser vertaute Schiff dienen.

a) Helling-Krane.

Solange das Schiff auf der Helling steht, darf es nur möglichst wenig belastet werden, damit der Stapellauf nicht zu sehr erschwert wird. Schwere Maschinenteile, Kessel, Geschütztürme und sonstige Schwerlasten werden erst nach dem Stapellauf eingesetzt. Die Hellingkrane haben daher nur die Aufgabe, die zum Aufbau des Schiffsrumpfes erforderlichen Bleche und Träger zu heben und brauchen infolgedessen nicht mehr als 3 t Tragkraft zu besitzen. Dagegen ist große Geschwindigkeit erwünscht, um die kurzen Bauzeiten einhalten zu können, die dem modernen Schiffbau gestellt werden.

Fig. 109 stellt ein Bild einer Helling der Schiffswerft von Schichau vor 15 Jahren dar: Lotrechte Holzmasten, die mittels Drahtseilen verankert sind, tragen nahe ihrem oberen Ende schrägstehende Holzspieren, die ebenfalls durch Drahtseile in ihrer Lage gehalten werden. Die Lasten werden durch einen vom Ende der Spiere herabhängenden Rollenzug hochgezogen und durch Wippen und Schwenken der Spieren seitwärts bewegt. Zum Einholen der Seile werden zumeist einfache Dampfwinden benutzt, wie sie an Bord der Schiffe gebräuchlich sind. Die ganze Anordnung erinnert an die Takelage der Schiffe. Sie ermöglicht das Hochziehen und Seitwärtsbewegen der Lasten. Für den Transport von den Werkstätten nach den Kranen sind Schmalspurgleise erforderlich, die an den Hellingen entlang geführt sind.

Da die Holzmasten feststehen, so ist die Seitwärtsbewegung natürlich eine sehr begrenzte, und es ist eine große Anzahl solcher Masten erforderlich. Eine weit größere Bewegungsfreiheit konnte dadurch gewonnen werden, daß man den feststehenden Holzmast durch einen auf Breitspur fahrbaren eisernen Turm ersetzte.

Fig. 110 (entnommen aus dem Jahrbuch der Schiffbautechnischen Gesellschaft 1901). Die hölzernen Spieren sind bei dieser amerikanischen Ausführung durch eiserne Streben ersetzt, die Dampfwinde ist auf dem Kranwagen montiert und so eingerichtet, daß sie gleichzeitig das Wippen der Strebe und das Fahren des Krans besorgen kann. Durch diese Anordnung wird das Arbeitsfeld des Krans bedeutend vergrößert, die Leistungsfähigkeit gleichzeitig erhöht.

Die Querbewegung der Last kann bei diesem Turmkran ebenso wie bei den hölzernen Spierenkranen nur durch Wippen der Strebe, also in einem Kreisbogen bewirkt werden. Für die Montage ist indessen eine geradlinige Seitwärtsbewegung immer bequemer, die weitere Entwicklung mußte daher zu Kranen mit Laufkatzen führen.

Fig. 109.

Fig. 110.

In Fig. 111, einer modernen deutschen Ausführung aus dem Jahre 1905 von Stuckenholz, ist dieser Gedanke in der Weise verwirklicht, daß der fahrbare Turm nicht zwei Spieren, sondern einen drehbaren Ausleger trägt, der mit einer Laufbahn für eine Laufkatze ausgerüstet ist. Der Turm läuft auf einem Geleise von 6 m Spurweite und vermag Lasten von 3 t an 16 m Ausladung mit 0,5 sekm Geschwindigkeit und Lasten von 6 t an 0,3 m Ausladung mit 0,25 sekm bis auf eine Höhe von 30 m zu heben.

Der elektrische Betrieb führte auch hier dazu, die Drehbewegung schließlich ganz zu beseitigen und nur geradlinige Bewegungen auszuführen, die einerseits für genaues Montieren zweifellos die bequemsten sind, und die anderseits die Herstellung der Krane insofern verbilligen, als sie die Ausgestaltung von Einheitstypen erleichtern.

Fig. 111.

Fig. 112 (entnommen aus dem Jahrbuch der Schiffbautechnischen Gesellschaft 1901) zeigt eine amerikanische Ausführung, bei der außer der Hubbewegung nur eine geradlinige Querbewegung und eine geradlinige Längsbewegung vorhanden ist. Das sehr breite Geleise ist auf eine Hochbahn gelegt, wodurch die Höhe des Krans verringert, dieser also leichter und entsprechend beweglicher wird, wogegen die Anlagekosten erhöht werden. Der Oberteil des Kranwagens bildet einen starren quergestellten Ausleger, der auf einer Innenlaufbahn die Laufkatze mit dem angehängten Führerstand trägt. Der Ausleger erstreckt sich über die ganze Breite von zwei Hellingen. Unter der Hochbahn liegt das Zufuhrgleise für das Baumaterial. Die Laufkatze bewegt sich mit einer Geschwindigkeit von 1 sekm, der Kran fährt mit 2 sekm, die Last von 15 t wird mit 1,5 sekm gehoben. Eine ähnliche Ausführung in Deutschland stellt Fig. 113 dar (Böttcher »Krane«). Dieser Hellingkran ist von der Duisburger Maschinenbau Akt.-Ges. für den Bremer Vulkan in Vegesack erbaut worden; er hebt Lasten bis zu 6 Tonnen mit 0,25 sekm Geschwindigkeit.

Fig. 112.

Fig. 113.

Bis vor wenigen Jahren wurden die Arbeiten auf den Hellingen ohne jeden Schutz gegen Witterungseinflüsse ausgeführt; die strengen Winter in Amerika dagegen gaben dort Veranlassung die Hellinge zu überdachen. Von den deutschen Werften ist die Kruppsche Germania-Werft in Kiel diesem Beispiel gefolgt und hat ein Glasdach über ihre Hellinge gespannt. Für die Stützung des Daches ist ein kräftiges Eisengerüst erforderlich, um der Schneelast und dem Winddruck Widerstand zu bieten. Eine geringe Verstärkung des Gerüstes reicht aus, um dieses gleichzeitig als Laufbahn für Krane benutzen zu können.

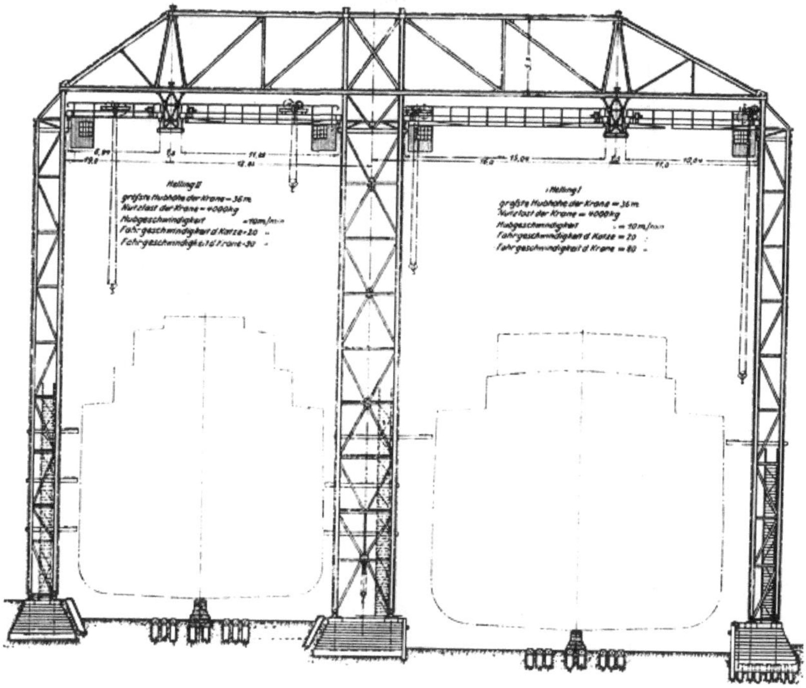

Fig. 114a.

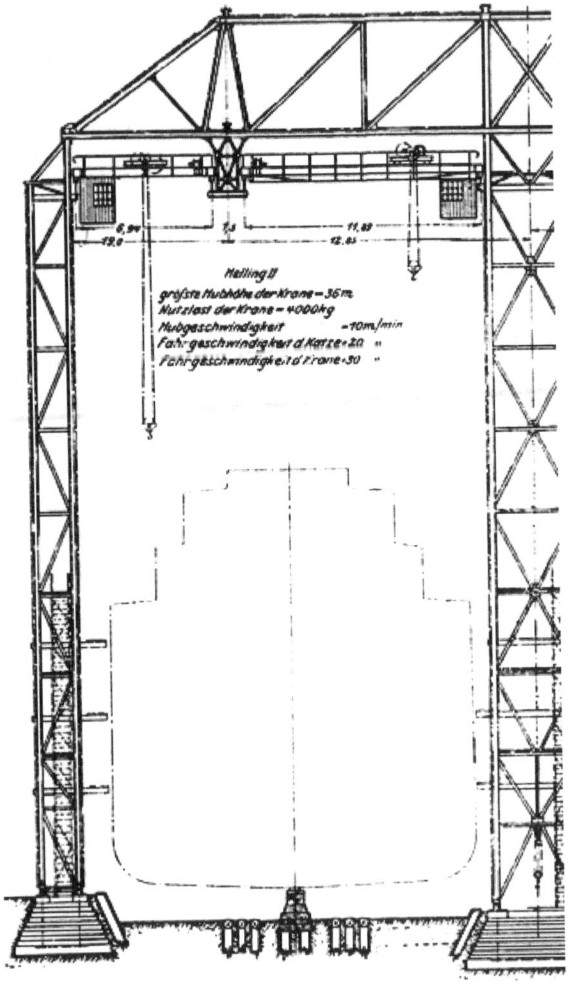

Fig. 114a (linker Teil).

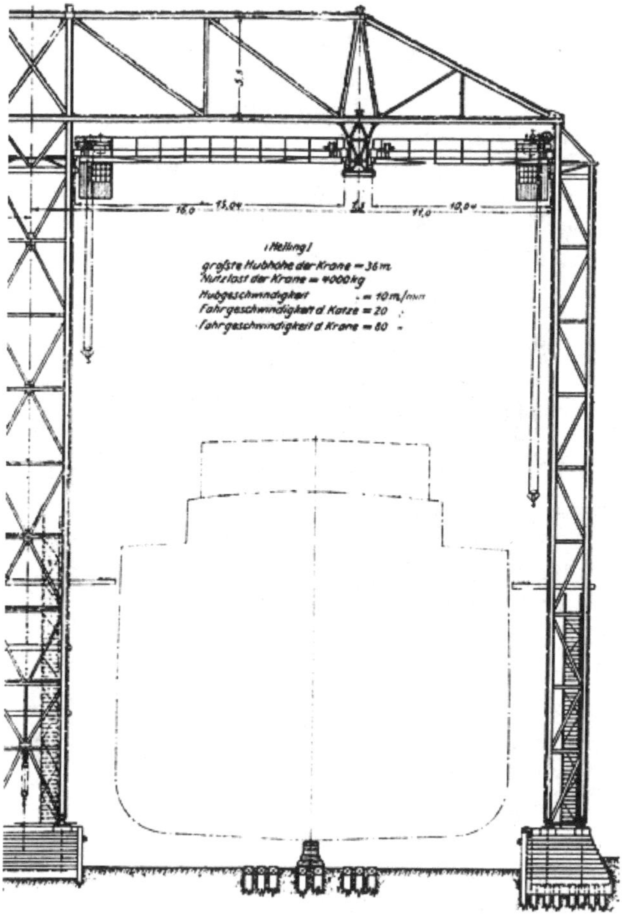

Fig. 114a (rechter Teil).

Die Krane selbst erhalten dann die Gestalt von Deckenlaufkranen, wie sie Fig. 114a (entnommen aus der Z. d. V. d. I. 1904) zeigt, die eine Darstellung der Hellingkrane des Vulkan in Stettin, gibt, die 1904 in Betrieb gesetzt wurden. Dort ist ebenfalls ein Eisengerüst errichtet worden, welches alle Hellinge überspannt. Eine Dachhaut ist vorerst nicht angebracht, kann aber später montiert werden, wenn dies wünschenswert erscheint. Zunächst dient das Gerüst lediglich als Laufbahn für die Krane. Für 4 Hellinge sind 8 Laufkrane von je 4 t Tragkraft ausgeführt, die mit einer Geschwindigkeit von 0,17 sekm heben und von 1,3 sekm fahren können. Die beiden Laufkrane jeder Helling sind mit ungleichen Spannweiten ausgeführt, damit der Lasthaken die über dem Kiel liegenden Stellen bestreichen kann. Neben dem Kiel bleibt allerdings ein unbestrichener Streifen. Fig. 114b zeigt die Stirnansicht der Helling.

Fig. 114b.

Eine vollkommenere Lösung ist in Fig. 115a dargestellt, die einen Querschnitt durch die Hellinge der Germania-Werft zeigt. Hier sind von L. Stuckenholz 8 Laufkrane von je 6 t Tragkraft eingebaut, die außer der Quer- und Längsbewegung noch eine Schwenkbewegung ausführen können, so daß jeder Punkt der Grundfläche bestrichen wird (Fig. 115a). Die Hubgeschwindigkeit beträgt 0,2 sekm, die Fahrgeschwindigkeit 1,25 sekm bei voller Belastung und 1,5 sekm bei Leerfahrt.

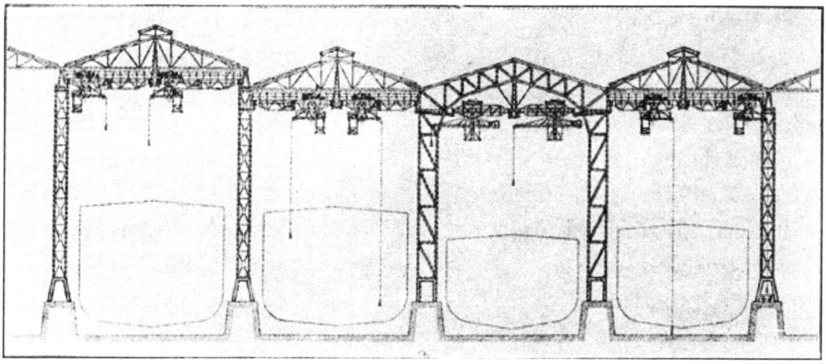

Fig. 115a.

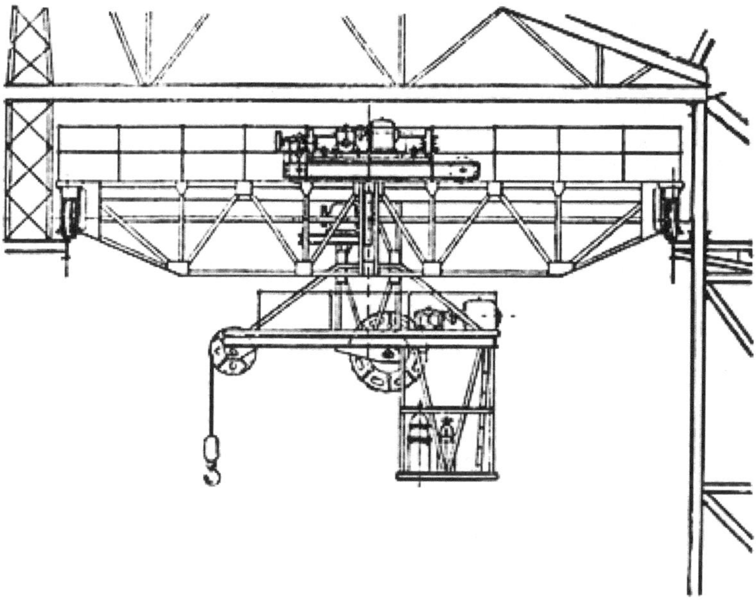

Fig. 115b.

Die Turmkrane mit ihrem an einer Stelle vereinigten Triebwerk gehören größtenteils noch der Zeit des Dampfbetriebes an. Die Auslegerkrane sind teils noch mit Dampfbetrieb, zum Teil bereits mit elektrischem Betrieb ausgeführt worden. Die Deckenlaufkrane der modernen Hellinggerüste sind ihrer Natur nach nur für elektrischen Betrieb geeignet, da ihnen die Energie nur durch Kontaktleitung zugeführt werden kann.

Die Deckenlaufkrane werden allgemeine Verbreitung natürlich nur dann finden, wenn sich die Überdachung der Hellinge als wirtschaftlich lohnend erweist, da das Gerüst hohe Anlagekosten erfordert. Ob dies tatsächlich der Fall ist, darüber sind die Ansichten der Schiffbauer noch geteilt.

b) Schwerlast-Werftkrane.

Sobald das Schiff vom Stapel gelaufen ist, werden die schweren Teile — Kessel, Maschinen, Geschütze — eingesetzt. Hierzu ist ein Kran erforderlich, der auf der Kaimauer steht und die Last von einem Zufuhrgleise bis über Mitte Schiff heben kann. Das einfachste Mittel ist ein aus zwei Holzmasten gebildetes Zweibein, welches sich auf die Kaimauer stützt und durch Seile in geneigter Lage so gehalten wird, daß es eine Wippbewegung aus einer nahezu lotrechten Stellung in eine stark geneigte ausführen kann. Die Last beschreibt bei dieser Wippbewegung eine Linie, die quer zur Kaimauer liegt. Derartige Vorrichtungen sind uralt und schon von Vitruv beschrieben. Fig. 6 ist eine Zeichnung, die nach der Schilderung von Vitruv entworfen ist. Die Hebung der Last wurde durch Rollenzüge und Handwinden bewirkt.

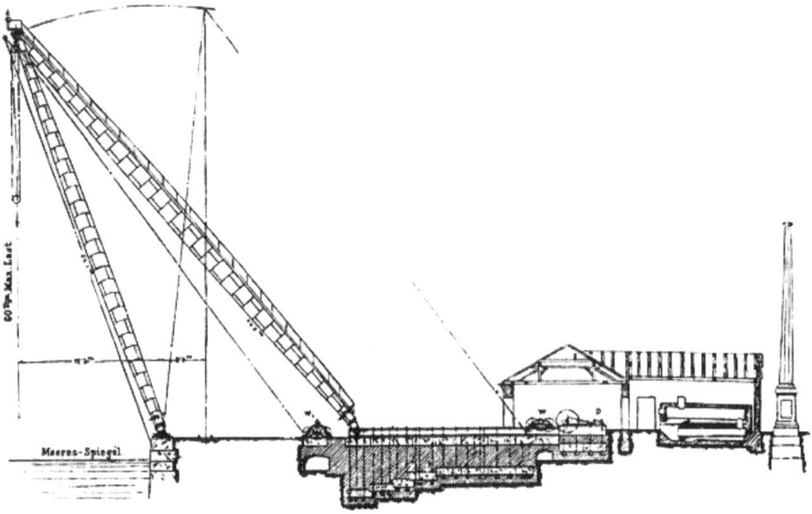

Fig. 116.

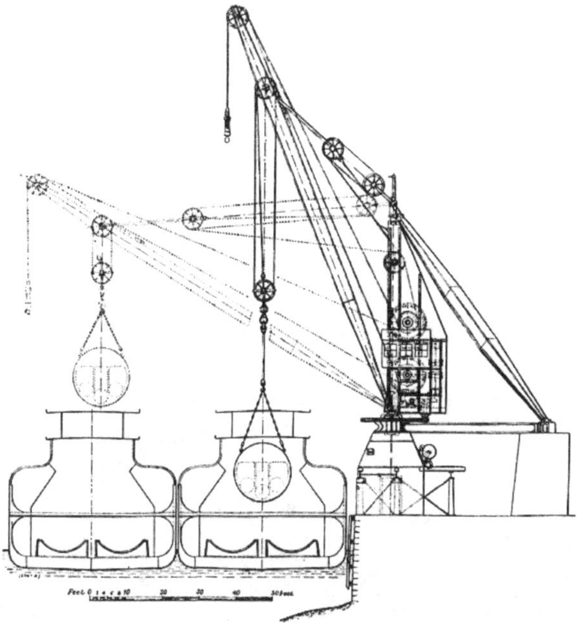

Fig. 117.

Um die Mitte des neunzehnten Jahrhunderts wurde dieser Wippkran in seinen Einzelausführungen soweit verbessert, daß er schwere Lasten bewältigen konnte. Fig. 116 (entnommen aus Riedler: »Skizzen zu den Vorlesungen über Lasthebemaschinen«) stellt einen in den Siebziger Jahren in Pola aufgestellten Wippkran dar. Die beiden Holzmasten sind durch genietete Rohre ersetzt, die Haltetaue durch eine Strebe, die ebenfalls als genietetes Rohr ausgebildet ist. Der untere Endpunkt dieser Strebe ist auf einer wagrechten Gleitbahn geführt und wird durch eine Schraubenspindel verschoben. Diese wagrechte Verschiebung des unteren Endpunktes ruft eine entsprechende Änderung der Neigung hervor. Eine Dampfmaschine dreht die Schraubenspindel und treibt eine Kettentrommel an, deren Kette mittels eingeschalteten Rollenzuges die Last hebt. Die Tragkraft beträgt 60 t, die Kranhöhe 30 m, die Querbewegung 16 m.

Fig. 118.

Da der Kran selbst nur eine Querbewegung besitzt, so muß die zum Montieren notwendige Längsbewegung durch Verholen des Schiffes herbeigeführt werden. Dieses Verholen war leicht möglich bei den kleinen Schiffen früherer Zeit, würde für die großen Schiffe neuerer Zeit aber sehr lästig und zeitraubend sein. Die weiteren Bestrebungen führten daher zu einer Krankonstruktion, die zwei Querbewegungen zuließ.

Fig. 119.

Fig. 117 und 118 (entnommen aus Engineering 1901) geben das Bild eines englischen Werftkrans aus dem Jahre 1901. Hier ist nur eine einzige bewegliche Strebe vorhanden, die mit ihrem unteren Ende sich auf die Kaimauer stützt und deren oberes Ende durch einen Rollenzug gehalten ist, der an einem feststehenden Bock verankert ist. Wird die Strebe geschwenkt, so beschreibt die Last eine Kreislinie, wird die Neigung der Strebe verändert, so bewegt sich die Last in radialer Richtung. Der Kran bestreicht daher die Hälfte einer Ringfläche. Sämtliche Streben sind als genietete Kastenträger ausgebildet. Drei getrennte Dampfmaschinen bewirken das Heben, Schwenken und Wippen der Last, eine vierte betätigt das Hilfshubwerk. Die Tragkraft ist hier bereits auf 120 t gesteigert.

Eine moderne Ausführung der gleichen Anordnung zeigt Fig. 119. Dieser Werftkran wurde im Jahre 1898 auf der Werft von Blohm und Voß in Hamburg von der Duisburger Maschinenbau-A.-G. erbaut. Der feststehende Bock ist aus Kastenträgern zusammengesetzt. Der um eine lotrechte Achse drehbare Ausleger ist aus Gitterträgern hergestellt und trägt einen Schnabel, der um eine wagrechte Achse gewippt werden kann. Da hier die Wippachse bedeutend höher liegt als bei der vorhergehenden Ausführung, so können hochbordige Schiffe näher an den Kran herankommen, mit anderen Worten, die nutzbare Ausladung ist hier größer.

Gehalten wird der Schnabel hier nicht durch einen Rollenzug, sondern durch zwei Schraubenspindeln. Durch diese Anordnung wird der ganze Kran wesentlich betriebssicherer als der vorher beschriebene. Eine Dampfmaschine betreibt das Hub- und Wippwerk, eine zweite das Schwenkwerk. Die Tragkraft erreicht hier bereits den Wert von 150 t; das Arbeitsfeld des Krans bildet eine halbe Ringfläche von 32 m äußerem Halbmesser.

Diese Krane haben für die Montage noch die eine Unbequemlichkeit, daß zwar die durch Schwenken des Auslegers hervorgerufene peripherische Seitwärtsbewegung eine reine Horizontalbewegung ist, nicht aber die durch Wippen des Auslegers bewirkte Radialbewegung. Bei letzterer findet vielmehr gleichzeitig ein Heben oder Senken der Last statt, das durch entsprechende Ingangsetzung des Hubwerks beseitigt werden muß. Auch erfordert infolge dieses Umstandes die Radialbewegung einen sehr starken Motor.

Dieser Nachteil wird vermieden bei einer neuen Konstruktion, die zum erstenmal in Bremerhaven im Jahre 1899 von der Benrather Maschinenfabrik ausgeführt wurde: Fig. 120. Der feststehende Bock hat hier die Gestalt eines vierkantigen eisernen Turmes. Der drehbare Ausleger hat die Gestalt eines T, dessen lotrechter Teil zentrisch im Turm gelagert ist und dessen wagrechter Teil einerseits die Last, anderseits ein Gegengewicht trägt, das die Last zur Hälfte ausgleicht. Die Radialbewegung der Last wird hier dadurch erzielt, daß die Last an einer Laufkatze aufgehangen ist, die auf dem wagrechten Teil des Auslegers fährt. Beide Seitwärtsbewegungen, die peripherische wie die radiale, sind hier reine Horizontalbewegungen, wodurch die Montage von Schiffsmaschinen sehr erleichtert wird. Der Turm muß so hoch geführt sein, daß der Ausleger über die Takelage des Schiffes hinweg schwenken kann; diese Notwendigkeit hat zu sehr großen Höhen dieser Krane geführt. Das Arbeitsfeld ist eine volle Ringfläche, wird also bei gleicher Ausladung doppelt so groß als bei dem vorhergehenden Typ. Der Kran in Bremerhaven ist für eine Probelast von 200 t, eine Höchstausladung von 22 m und eine lichte Höhe von 30 m über Kaimauer gebaut.

Fig. 120.

Nach diesem Vorbild sind in den letzten Jahren mehrere Werftkrane entstanden, die nur in der Einzelkonstruktion des Gerüstes und des Triebwerks Verschiedenheiten aufweisen. Die bedeutendste Ausführung dieser Art dürfte der auf der Kruppschen Germania-Werft in Kiel im Jahre 1902 von der Duisburger Maschinenbau-A.-G. erbaute Kran sein: Fig. 121. Die Probelast beträgt 200 t, die größte Ausladung 35 m, die lichte Höhe über Kaimauer 30 m. Er unterscheidet sich in seiner äußeren Gestaltung von dem Bremerhavener Kran durch die Anordnung des Turms, der hier nicht vierkantig, sondern dreikantig ausgebildet ist, und zwar so, daß die Zufuhrgleise zwischen den Füßen des Turms hindurchgeführt werden konnten, wodurch eine vorzügliche Raumausnutzung erreicht wurde. Die weiteren wesentlichen Verschiedenheiten in der Auslegerlagerung sowie im Hubwerk und Drehwerk sind zwar für den Fachmann von besonderem Interesse, liegen aber außerhalb des Rahmens dieser Darstellung. Das Arbeitsfeld des Krans ist eine Ringfläche von 35 m Außenhalbmesser und 5 m Innenhalbmesser.

Fig. 121.

Fig. 121a.

Eine deutsche Ausführung für England zeigt Fig. 121a (entnommen aus »Schiffbau«, VII. Jahrgang). Sie ist dadurch bemerkenswert, daß der kurze Auslegerarm mit einer Laufwinde von 150 t Tragkraft ausgerüstet ist, während der lange Arm einer Laufwinde für 50 t Last trägt; die unbelastete Laufwinde dient jedesmal als Gegengewicht für die belastete Winde. Fig. 121b gibt einen Blick von dem Ausleger auf den Turm. Dieser Kran ist ausgeführt von der Benrather Maschinenfabrik A.-G. für William Beardmore & Co. Ltd. in Glasgow.

Diese gewaltigen Werftkrane, die Lasten gleich dem Gewicht von drei Lokomotiven anscheinend ohne Anstrengung in jede beliebige Lage mit äußerster Genauigkeit bringen, haben einen Wandel in die Herstellung der Schiffsmaschinen gebracht. Als derartige Hebemaschinen noch nicht zur Verfügung standen, konnten die Schiffsmaschinen in den Werkstätten nur provisorisch montiert werden; sie mußten für den Transport wieder zerlegt und im Schiff von neuem zusammengestellt werden. Da nun der elastische Schiffsboden sich anders verhält als der feste Werkstattboden, so konnte die endgültige Bearbeitung der Paßflächen erst im Schiff vorgenommen werden, eine Arbeit, die in diesen engen Räumen sehr schwierig und zeitraubend war. Jetzt wird die ganze Schiffsmaschine in der Werkstatt vollständig zusammengebaut und endgültig verschraubt, so daß sie ein starres Ganzes bildet. Die ganze Maschine wird nun vom Kran gefaßt, ins Schiff gehoben und einfach dort angeschraubt, so daß der Vorgang, der früher mehrere Wochen erforderte, jetzt in ebensoviel Stunden beendet ist.

Fig. 121b.

Der Aufbau der Schwerlast-Krane hat in den letzten beiden Jahrzehnten einen vielgestaltigen Wandel durchgemacht; es liegt daher die Frage nahe, wie lange sich der gegenwärtig beliebte Turm-Typ halten wird. Wenn dessen Arbeitsfeld auch eine sehr große Kreisfläche ist, so beherrscht es doch immer nur einen sehr kleinen Teil des Schiffes. Eine weit größere Freiheit würde gewonnen werden, wenn ein rechteckiges Arbeitsfeld, wie es die Brückenkrane besitzen, an Stelle des kreisförmigen treten könnte. Dieser Forderung würde ohne weiteres entsprochen durch ein fahrbares Eisengerüst, das auf einem sehr breiten Längsgeleise fahrbar ist, und das eine Laufbahn trägt, die quer zum Kai liegt. Die Schwenkbewegung könnte dann ganz fortfallen, wodurch der Aufbau wesentlich vereinfacht würde. Für die Montage aber sind zwei rechtwinklig sich schneidende Horizontalbewegungen wesentlich vorteilhafter als kreisförmige Bewegungen. Es ist daher wohl möglich, daß die immer höher gesteigerten Ansprüche des Schiffbaues zu einer derartigen Lösung führen werden.

Die von Mitte bis Ende des neunzehnten Jahrhunderts vollzogene Entwicklung hinsichtlich Vergrößerung der Tragkraft und des Arbeitsfeldes ergibt ein Vergleich dieser Größen zwischen dem Werftkran zu Pola und dem zu Kiel

Dreibein-Werftkran
zu Pola
ca. 1860

Turm-Werftkran
zu Kiel
ca. 1900

Tragkraft

60 t

200 t

Nutzbare Ausladung der Höchstlast

12 m

22,75 m

Nutzbare Ausladung von ¼ Last

12 m

35,25 m

Arbeitsfeld

{

Linie 16 m
lang

Kreisfläche
70 m Durchm.

c) Schwimmkrane.

Zur Übernahme von Schwerlasten auf Schiffe, die im freien Wasser an Dukdalben vertaut sind, hat man schon frühzeitig Krane benutzt, die auf Schwimmkasten aufgestellt waren. Diese Anordnung erlaubte es, die Lasten vom Kai auf den Schwimmkasten überzuladen, dann diesen bis zu dem Schiff zu schleppen und nun die Last auf das Schiff überzuheben.

Der Aufbau der ersten Schwimmkrane glich durchaus dem der ersten Schwerlastkrane: ein Zweibein stützte sich mit den unteren Enden auf den Bord des Schwimmkastens, der Kopf des Zweibeins wurde durch Taue gehalten, die an dem rückwärtigen Ende des Schwimmkastens befestigt waren.

Fig. 122 (entnommen aus Uhland »Hebeapparate«) stellt einen derartigen Schwimmkran von 50 t Tragkraft dar, der für die Messageries Maritimes in Marseille Anfang der siebziger Jahre erbaut wurde. Der Schwimmkasten besteht aus zwei durch ein Trägerpaar verbundenen Blechkasten; das Zweibein ist aus Kastenträgern hergestellt, die Haltetaue sind Drahtseile. Die nutzbare Ausladung beträgt 6 m. Eine Dampfwinde kann die Last nur lotrecht bewegen und zwar mit einer Geschwindigkeit von 0,01 sekm; Seitwärtsbewegungen der Last werden durch Verholen des Schwimmkastens nach seitwärts, vorwärts oder rückwärts ausgeführt. Zu diesem Zweck dienen zwei Handwinden, die auf dem Deck des Schwimmkastens aufgestellt sind und die Verholtaue einholen bzw. nachlassen. Die unveränderliche Schwimmlage bei jeder Last wird durch ein fahrbares Gegengewicht im Schwimmkasten erzielt.

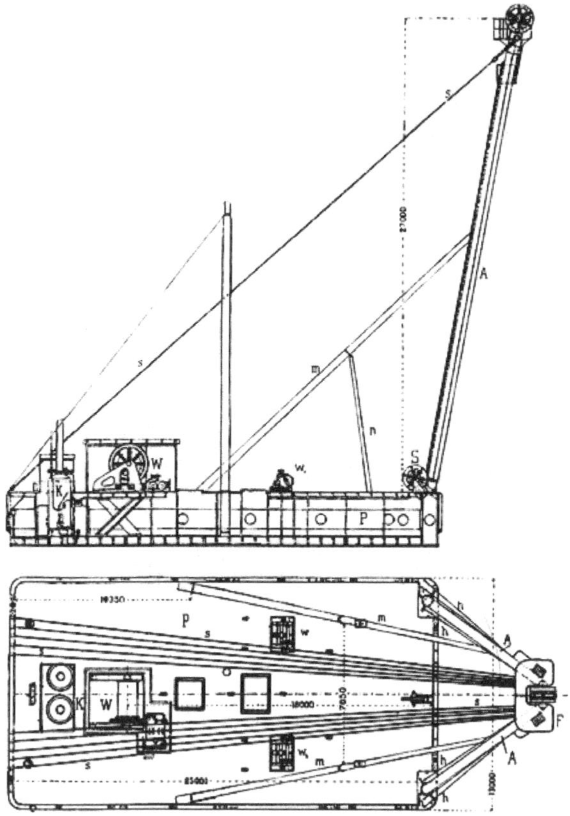

Fig. 122.

Da das Verholen ein etwas zeitraubender Vorgang ist und in engem Fahrwasser sich schwierig gestaltet, so gab man später dem Kran eine eigene Horizontalbewegung, indem man das Zweibein nicht durch Haltetaue sondern durch eine bewegliche Strebe nach hinten abstützte.

Bei den feststehenden Kranen hatte man den Fuß der beweglichen Strebe auf einer wagerechten Gleitbahn geführt und durch eine wagerechte Schraubenspindel auf dieser Führung verschoben (Fig. 116). Diese Anordnung war aber für Schwimmkrane unmöglich, weil der erforderliche langgestreckte Raum für die Gleitbahn auf dem Schwimmkasten nicht verfügbar war. Man ordnete daher die Gleitbahn und die Schraubenspindel in schiefer Richtung auf einem starren Bock so an, daß sie ungefähr mit der mittleren Neigung der beweglichen Strebe zusammenfielen. Diese Anordnung gewährte gleichzeitig den Vorteil, daß der Querdruck auf die Gleitbahn kleiner wurde, und daß der Reibungswiderstand sich entsprechend verminderte.

Fig. 122a.

Da auch bei dieser Ausführung sich noch Querdrücke auf die Gleitbahn — wenn auch in geringem Maß — ergeben, so ersetzte man später die Gleitbahn durch eine Kurvenbahn, die so gekrümmt ist, daß die Achse der gelenkig gelagerten Schraubenspindel stets mit der Achse der beweglichen Strebe zusammenfällt. Fig. 122a zeigt eine Ausführung dieser Art.

Fig. 123 (entnommen aus dem Jahrbuch der Schiffbautechnischen Gesellschaft 1901) zeigt einen von der Gutehoffnungshütte in Sterkrade für die Kaiserliche Werft in Kiel gelieferten Schwimmkran, der über eine Tragkraft von 100 t verfügt. Das Zweibein kann hier soweit nach rückwärts bewegt werden, daß es Lasten aufnehmen kann, die auf dem Schwimmkasten selbst liegen. Diese Anordnung ist besonders vorteilhaft dort, wo größere Strecken auf dem Wasser zurückzulegen sind, weil auf dem Schwimmkasten ruhende Lasten naturgemäß sicherer transportiert werden können als solche, die frei am Haken hängen. Bei dieser Ausführung braucht auch der Kran nicht von einem Schleppdampfer geschleppt zu werden, da er mit eigenen Schiffsschrauben ausgerüstet ist.

Die Querbewegung der Last führt ein verschieden tiefes Eintauchen und infolgedessen eine wechselnde Neigung des ganzen Krans herbei. Zum Ausgleich dieses Wechsels ist entweder ein verschiebbares Gegengewicht eingebaut, oder es wird die Standfestigkeit durch entsprechendes Voll- oder Leerpumpen von eingebauten Tanks hergestellt.

Fig. 123.

Fig. 124.

Eine weitere Vervollkommnung wurde dadurch herbeigeführt, daß man die Strebe mit dem Zweibein zu einem starren Gitterträger verband, der an der Vorderkante des Schwimmkastens um wagerechte Bolzen drehbar war und durch zwei kurze Schraubenspindeln nach rückwärts gestützt wurde, wie aus Fig. 124 ersichtlich ist. Diese Anordnung gewährt den Vorteil, daß eine gebogene Gestaltung des Auslegers ermöglicht wird, wodurch ein größerer freierer Querschnitt gewonnen wird. Aus dem Bild ist deutlich die geknickte Gestalt des Auslegers erkennbar, die es gestattet, den Schwimmkran bis dicht an ein hochbordiges Schiff heranzuführen, ohne daß der Ausleger mit dem Schiffsbord zusammenstößt. Gleichzeitig wird durch die Vereinigung der Streben zu einem einzigen Gitterträger der Ausleger wesentlich leichter. Schließlich wird noch der Vorteil gewonnen, daß der Schwimmkasten kürzer ausgeführt werden kann, also besser für enges Fahrwasser geeignet ist. Der Kran wurde im Jahre 1904 von der Duisburger M. A.-G. vorm. Bechem & Keetmann für die Kaiserliche Werft in Danzig ausgeführt. Die Tragkraft beträgt 100 t, die größte nutzbare Ausladung 12 m.

Fig. 125.

Da die Querbewegung der Last durch Wippen des Zweibeins herbeigeführt wird, so ist sie keine reine Horizontalbewegung, muß also durch entsprechendes Ingangsetzen des Hubwerks berichtigt werden. In neuester Zeit ist man daher zu einer Anordnung übergegangen, die eine genaue wagrechte Bewegung gibt.

Fig. 125 (entnommen aus der Z. d. V. d. I. 1904) stellt die erste Anordnung dieser Art dar, die von der Brown Hoisting Machinery Co. in Cleveland für die Staatswerft von Neuyork im Jahre 1903 ausgeführt wurde. Auf den Schwimmkasten ist hier ein starres Gerüst aufgebaut, welches eine Laufbahn für eine Laufkatze trägt, an der die Last aufgehangen ist. Die wechselnde Neigung wird durch Aufpumpen von Tanks berichtigt. Die Tragkraft beträgt 100 t, die größte nutzbare Ausladung 14 m.

Fig. 126 zeigt die erste deutsche Ausführung dieses Typs. Dieser Schwimmkran von 60 t Tragkraft und 10 m größter nutzbarer Ausladung wurde von der Duisburger Maschinenbau-A.-G. vorm. Bechem & Keetmann im Jahre 1905 für die Werft von J. W. Klawitter in Danzig gebaut. Zum Verholen dienen vier Spille, die von der Krandampfmaschine aus angetrieben werden; das Ein- und Auspumpen des Wasserballastes besorgt eine Dampfstrahlpumpe.

Fig. 126.

Es haben also die Schwimmkrane und die Schwerlastkrane insofern eine gleichartige Entwicklung durchgemacht, als man bei beiden die Wippbewegung durch eine Laufkatzenbewegung ersetzt hat.

Vergleicht man die trotz der gewaltigen Tragfähigkeit leichten und zierlichen Eisengerüste der modernen Turmkrane zu Bremerhaven (Fig. 120) und zu Kiel (Fig. 121) mit den massigen schweren Gestellen ihrer Vorläufer, der Fairbearnkrane aus der Mitte des neunzehnten Jahrhunderts (Fig. 85), so wird sofort der starke Unterschied im Eisenverbrauch und in der Schönheit der Formgebung in die Augen springen. Die gleiche Erscheinung geht aus dem Vergleich der modernen Schwimmkrane zu Kiel (Fig. 123) und zu Danzig (Fig. 124) mit den derben Gerüsten der alten Mastenkrane hervor.

Dieser Fortschritt von einer schwerfälligen und kostspieligen zu einer zierlichen und billigen Gestaltung ist dem Zusammenwirken von zwei Grundlagen zu verdanken: der wissenschaftlichen Erkenntnis und einem ausgebildeten Formensinn. Ohne die Erkenntnis der Kräftewirkungen und der Festigkeitsgesetze ist die Beurteilung der Zweckmäßigkeit einer Krangestalt nicht möglich. Anderseits genügt diese Erkenntnis allein nicht zum Finden neuer und fruchtbarer Gestaltungen. Nur ein angeborenes und durch die Erziehung ausgebildetes räumliches Vorstellungsvermögen besitzt die Kraft zu erfinderischer Tätigkeit. Die Tätigkeit des Konstrukteurs ist demnach im Grunde genommen derjenigen des Künstlers näher verwandt als der des Gelehrten. Es wird daher auch nur ein solches Volk auf konstruktivem Gebiet Hervorragendes leisten, das eine gewisse Kultur auf künstlerischem Gebiet errungen hat.

E.
Hebemaschinen an Bord.

Die ältesten Urkunden über die Gestaltung von Schiffen dürften die von dem Ägyptologen Dümichen im Jahre 1868 aufgefundenen Skulpturen sein. Sie reichen zurück bis zum Jahr 2500 v. Chr. Die auf diesen dargestellten Flußfahrzeuge sind mit Mast und Segel ausgerüstet. Zum Aufziehen des letzteren diente ein Rollenzug, dessen Rollenblöcke aus Holz mit umgelegtem Tauring dieselbe Gestalt wie auf unseren älteren Segelschiffen zeigen.

Die im Jahre 1834 aufgefundenen »Attischen Seeurkunden«, die von Böck und Graser entziffert wurden, geben genauen Aufschluß über die Gestaltung der Atheniensischen Kriegsschiffe aus der Zeit von 340 bis 330 v. Chr. Das nach diesen Urkunden entworfene Modell einer Pentere mit einer Wasserverdrängung von rund 500 t zeigt eine Takelung, die derjenigen der heutigen Küstenfahrzeuge des Mittelländischen Meeres sehr ähnlich ist. Auch hier finden sich zur Bedienung der Segel Rollenzüge mit hölzernen Kloben.

Eine den Penteren sehr gleichartige Gestalt zeigen die venetianischen Galeeren aus dem sechzehnten Jahrhundert. Auch die Takelung hat sich wenig verändert. Außer den erwähnten Rollenzügen finden sich noch keine Hebezeuge an Bord.

Solange es nur Segelschiffe gab, lag weder ein Bedürfnis nach Hebemaschinen vor, noch gab es eine Naturkraft zu ihrem Betrieb. Da Segelschiffe ohnehin einer reichlichen Mannschaft zur Bedienung der Segel bedürfen, so standen Menschenkräfte zum Heben der Anker, Boote und Waren jederzeit zur Verfügung. Es genügten hierzu Kurbelwinden mit Stirnradübersetzung und Gangspille, alles größtenteils aus Holz, wie es heute noch auf Flußfahrzeugen zu finden ist.

Im Jahre 1807 baute Fulton den ersten Flußdampfer »Clermont«, im Jahre 1819 fuhr der erste Ozeandampfer »Savannah« von Amerika nach England, im Jahre 1828 wurde von Ressel der erste Schraubendampfer ausgeführt. Eine allgemeinere Verbreitung gewannen die Dampfschiffe aber erst um die Mitte des neunzehnten Jahrhunderts. Im Jahre 1870 bestand nur der zehnte Teil des Tonnengehaltes der deutschen Handelsflotte aus Dampfern.

Auf den Handelsdampfern waren in erster Linie Maschinen zum raschen Laden und Löschen der Waren notwendig, denn Menschenkraft stand auf den Dampfern nicht mehr so reichlich wie auf den Segelschiffen zur Verfügung, und das große in einem Dampfschiff angelegte Kapital verlangte rasche Ausnutzung des Schiffes und dementsprechend möglichste Abkürzung der Liegezeit im Hafen.

Die Hebemaschinen an Bord von Kriegsschiffen müssen ganz anders geartete Bedürfnisse befriedigen, haben daher auch eine ganz andere Entwicklung durchgemacht. Es erscheint daher eine getrennte Darstellung der Entwicklung auf Handelsdampfern und auf Kriegsschiffen gerechtfertigt.

a) Die Hebemaschinen auf Handelsschiffen.

Trotzdem der erste Seedampfer bereits im Jahre 1819 den Ozean kreuzte und obwohl vom Jahr 1838 an eine regelmäßige Dampferverbindung zwischen England und Amerika bestand, dauerte es noch geraume Zeit, bis der Dampf auch zum Betrieb von Hilfsmaschinen an Bord Verwendung fand. Zum Einholen der Anker wurden immer noch Handwinden benutzt, die durch doppelarmige Druckhebel betätigt wurden, wie sie heute noch bei Handfeuerspritzen allgemein gebräuchlich sind. Die Warenballen wurden unter Zuhilfenahme von Rollenzügen noch lange Zeit von Hand gelöscht und geladen, wobei eine zahlreiche Mannschaft vereinigt wurde, um die Zeit für das Löschen und Laden des Schiffes möglichst abzukürzen.

Die ersten Anwendungen der Maschinenkraft zum Löschen und Laden gingen darauf aus, fahrbare Winden auf der Kaimauer aufzustellen, deren Hubseile über Seilrollen zu den Spieren des Schiffes geleitet wurden. In Amerika benutzte man fahrbare Dampfwinden mit eigenem Kessel, während man in England fahrbare Winden mit Druckwasserbetrieb versuchte.

Dampfwinden, die an Bord aufgestellt wurden, wurden erst Ende der Sechziger Jahre eingeführt. Die ersten Dampfwinden zeigten einen ähnlichen Aufbau wie die ersten Schiffsmaschinen. Die Zylinder waren oszillierend und stehend oder schräg gelagert. Die Umsteuerung erfolgte anfangs durch Wechselschieber; Abmessungen und Zugkraft waren gering, die Dampfspannung sehr niedrig.

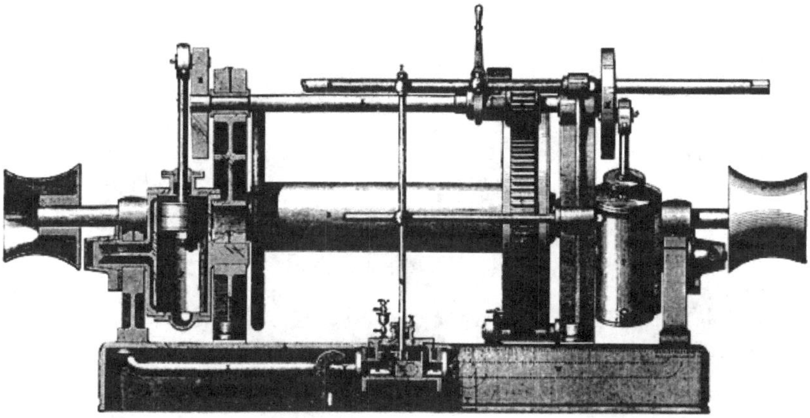

Fig. 127a.

Fig. 127a (entnommen aus »The Practical Mechanics Journal« 1868) zeigt eine Schiffsdampfwinde, die nach dem Patent des Ingenieurs Corradi von Marseille von der Firma Oswald & Co. in Sunderland im Jahre 1868 ausgeführt wurde.

Fig. 127b stellt eine moderne Ausführung der Norddeutschen Maschinen- und Armaturenfabrik in Bremen dar.

Der Unterschied ist augenscheinlich nur ein geringer. Bei beiden Maschinen bildet ein gußeiserner Rahmen mit aufgeschraubten gußeisernen Schilden das Gerippe der Maschine. Die beiden Dampfzylinder sind gut zugänglich außen angeschraubt und arbeiten auf Kurbelscheiben. Stirnräder besorgen die Kraftübertragung auf die Trommelwelle, die gleichzeitig mit Spillköpfen ausgerüstet ist.

Grundlegend für die Gestaltung dieser Dampfwinden ist das Bestreben, sie möglichst vielseitig verwenden zu können: zum Laden von Waren, zum Verholen des Schiffes, zum Aussetzen von Booten. Nur die schweren Ankerwinden sind als besondere Maschinen ausgebildet.

Zum Löschen und Laden des Schiffes arbeiten in der Regel an jeder Luke zwei Dampfwinden zusammen.

Fig. 127b.

Fig. 128 zeigt, daß zwei am Mast aufgehangene Spieren so vertaut werden, daß die eine über Bord ragt, während die andere gerade über der Luke steht. Von jeder Dampfwinde führt ein Drahtseil über die Seilrolle an der zugehörigen Spiere zu dem gemeinsamen Lasthaken. Die am Kai liegende Last wird an diesen Haken angeschlagen; die Dampfwinde der Außenspiere holt ihr Seil an, die Last steigt gerade in die Höhe. Nun holt die Dampfwinde der Innenspiere ihr Seil ein, während gleichzeitig die andere Winde ihr Seil nachläßt; die Last bewegt sich daher seitwärts und gelangt über die Luke.

Nun lassen beide Winden ihre Seile nach, die Last sinkt daher in den Schiffsraum. Zu dieser Arbeit gehören natürlich zwei Steuerleute an den Dampfwinden, die auf dieses Zusammenarbeiten eingeübt sind. Bei guter Übung ist trotz der umständlichen Bewegung eine beträchtliche Leistung erzielbar.

Als die Schiffe allmählich immer breiter wurden, — bis zu 22 m —, mußten die Spieren entsprechend verlängert werden. Dadurch wurde die geschilderte Arbeitsweise allmählich immer unzweckmäßiger. Man entschloß sich schließlich zur Aufstellung besonderer Schiffsdeckkrane, die zwischen Luke und Bord aufgestellt wurden, so daß sie mit geringer Ausladung von etwa 5 m sowohl über Bord wie in die Luke reichen konnten.

Fig. 129 zeigt einen Schiffsdeckkran mit Dampfbetrieb, in der Werkstätte montiert. In eine kreisrunde gußeiserne Grundplatte ist eine Stahlsäule eingelassen, über die der drehbare Teil gestülpt ist. Letzterer besteht aus einer Grundplatte und zwei Schilden, sowie einem Querstück, alles aus Gußeisen. An den Schilden ist der aus Walzeisen hergestellte

Ausleger mit Gelenkbolzen befestigt. Zwei außen an die Schilde angeschraubte Dampfzylinder arbeiten auf die Kurbelscheiben der obersten Welle. Ein ausrückbares Stirnradpaar besorgt die Kraftübertragung auf die Trommelwelle, ein Kegelräder-Wendegetriebe mit Reibkupplungen treibt das Schwenkwerk an. Der Steuerstand befindet sich auf dem drehbaren Kranteil; der Dampf wird von unten her in die hohle Säule eingeführt und durch eine Drehstopfbüchse am oberen Ende der Säule zu dem drehbaren Teil geleitet.

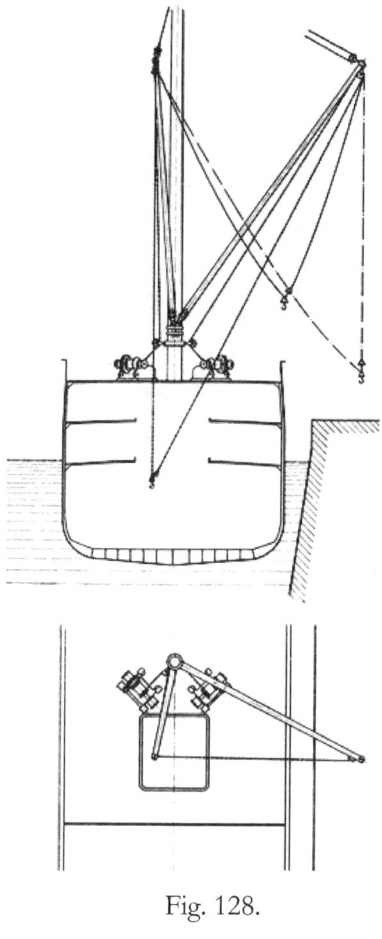

Fig. 128.

Fig. 129.

Die Dampfwinden und Dampfkrane werden über Deck verteilt so aufgestellt, daß an jeder Luke zwei Winden oder zwei Krane zu stehen kommen. Von der Kesselanlage, die stets in Mitte Schiff liegt, sind Dampfleitungen nach oben zu führen und über das ganze Deck entlang zu jeder Winde zu leiten. Dieses weit verzweigte Rohrnetz bildet ein sehr lästiges Glied des Dampfbetriebes. Die Leitungen müssen in engen Gängen untergebracht werden, sind daher schlecht zugänglich und schwierig in Stand zu halten. Wenn die Leitung angestellt wird, dehnt sie sich aus, wenn sie abgestellt wird, zieht sie sich wieder zusammen. Die Folgen der schlechten Instandhaltung und des Temperaturwechsels sind stets zahlreiche Undichtigkeiten, aus denen Dampf und Leckwasser ausströmen und die Umgebung verunreinigen. In kaltem Klima frieren die Rohrleitungen zuweilen ein. Besonders lästig sind die Dampfleitungen in den Tropen, weil sie dort eine unerwünschte Heizanlage bilden, denn trotz Isolierung geben die Rohre viel Wärme ab.

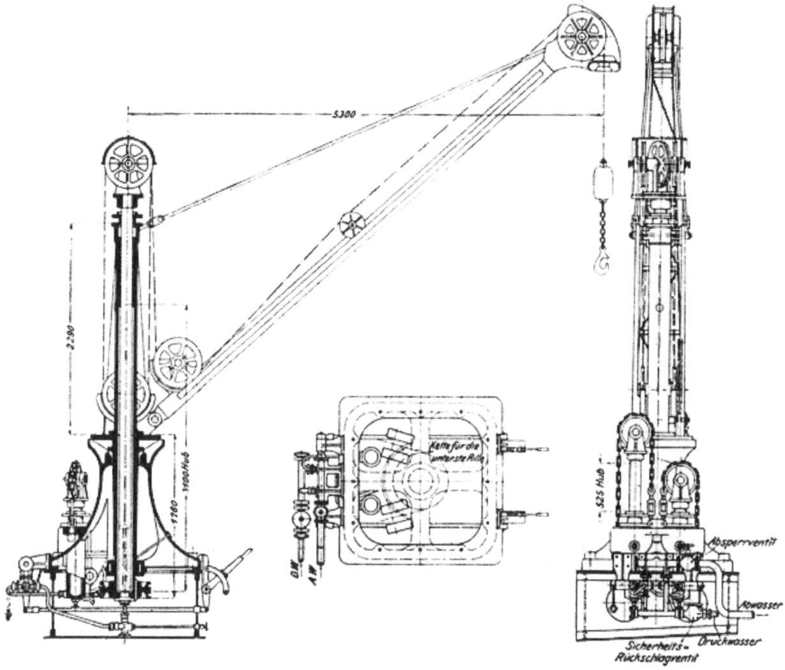

Fig. 130.

Auch die Dampfwinden selbst haben grundsätzliche Mängel: ihre Dampfmaschinen haben stets stoßenden Gang, weil sie ohne Schwungrad und mit nassem Dampf arbeiten müssen, da in den Rohrleitungen viel Dampf kondensiert. Wegen der Unvollkommenheit dieser kleinen Maschinen und wegen des Kondensationsverlustes ist zudem der Dampfverbrauch ein ganz unverhältnismäßig hoher.

Man hat daher schon seit langem versucht, an Stelle der Dampfverteilung eine andere Kraftverteilung zu setzen. Die an Land so erfolgreichen Druckwasser-Anlagen legten den Gedanken nahe, auch an Bord eine Preßpumpe mit Akkumulator aufzustellen, an Stelle der Dampfleitungen Druckwasserleitungen zu legen und die Winden bzw. Krane mit Druckwasser zu betreiben. Dieser Gedanke ist in England schon sehr frühzeitig verwirklicht worden. Auch in Deutschland wurden einige Schiffe mit hydraulischen Kranen ausgerüstet.

Fig. 131.

Fig. 130 (entnommen aus der Z. d. V. d. I. 1904) zeigt einen von Hoppe in Berlin ausgeführten hydraulischen Schiffsdeckkran im Schnitt und Fig. 131 in seiner äußeren Erscheinung. Die Tragkraft beträgt 1,5 t, der Hub 18 m, die Ausladung 5 m. Das Druckwasser wird mit sehr hoher Pressung — von 60 bis 100 Atmosphären regelbar — zugeführt, um mit kleinen Abmessungen der Rohre und Treibzylinder auszukommen. Ein gußeiserner Bock bildet den feststehenden Teil des Krans; in diesem Bock ist mittels Spurlager und Halslager der drehbare Teil gelagert, der aus zwei Stahlgußschilden mit angehängtem Walzeisenausleger besteht. Der Treibzylinder für das Hubwerk ist zentrisch zwischen den Schilden untergebracht, die beiden Treibzylinder für das Schwenkwerk sind an den feststehenden Bock geschraubt.

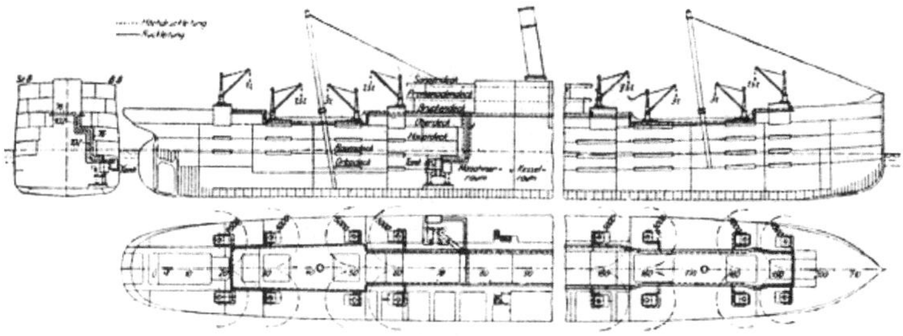

Fig. 132.

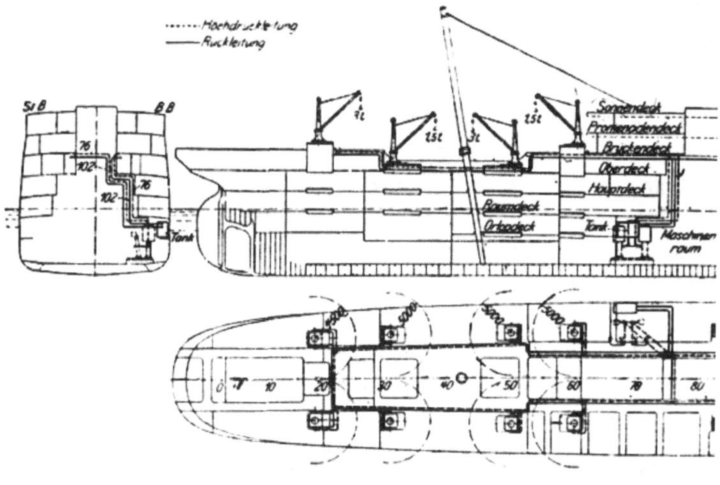

Fig. 132 (linker Teil).

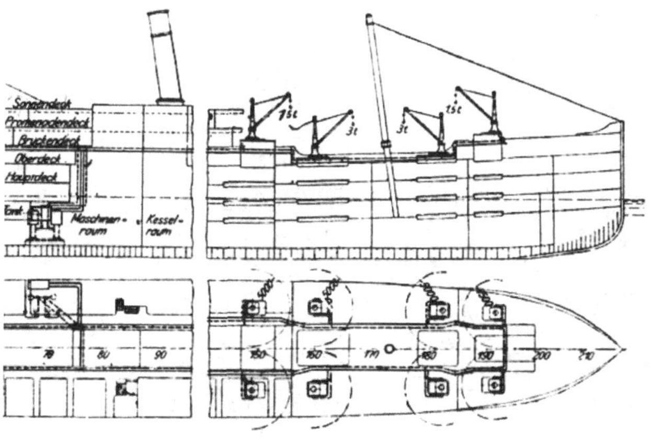

Fig. 132 (rechter Teil).

Fig. 132 (entnommen aus der Z. d. V. d. I. 1904) zeigt die Verteilung der Krane über das Deck des Dampfers »Barbarossa« des Norddeutschen Lloyd und das Rohrnetz. Die Dampfpumpe mit Akkumulator wird in Nähe des Hauptmaschinenraumes aufgestellt; der Akkumulator wird nicht wie sonst mit einem Gewicht, sondern durch einen unter Dampfdruck stehenden Kolben belastet, um ein geringstes Eigengewicht der Anlage zu erzielen.

Die Druckwasserkrane haben den Dampfkranen gegenüber zwei Vorzüge: sie arbeiten vollkommen geräuschlos und mit etwas geringerem Dampfverbrauch. Das hydraulische Rohrnetz ist nicht so sehr dem Temperaturwechsel unterworfen, ist daher leichter dicht zu halten; auch heizt es nicht die Umgebung, friert allerdings im kalten Klima leichter ein. Die Pumpenanlage erhöht das Gewicht beträchtlich, ist daher eine unangenehme Zugabe. Eine weitere Verbreitung haben die Druckwasserkrane auf Schiffen nicht gefunden, es ist vielmehr bei wenigen Ausführungen geblieben.

Als zu Beginn der Neunziger Jahre die elektrisch betriebenen Kaikrane eingeführt wurden, lag es nahe, auch an Bord elektrisch betriebene Winden und Krane aufzustellen und diese von der vergrößerten Beleuchtungszentrale aus zu betreiben, die ohnehin in jedes moderne Schiff eingebaut wird. Die ersten Versuche dieser Art zeigten, daß nur ganz besonders widerstandsfähige Elektromotoren und Anlasser dem zerstörenden Einfluß des Seewassers auf die Dauer Trotz bieten können. Immerhin gelang es, durch wasserdichte Einkapselung dieser Teile, dieser Schwierigkeit Herr zu werden. Zuerst gelang es, brauchbare elektrisch betriebene Winden herzustellen.

Fig. 133.

Fig. 133 stellt zwei Winden mit Stirnradübertragung dar, die an Bord des Reichspost-Dampfers »Prinz Heinrich« des Norddeutschen Lloyd im Jahre 1896 von der Union-Elektrizitäts-Gesellschaft aufgestellt wurden. Die Zugkraft beträgt 3 t, die Hubgeschwindigkeit 0,5 sekm Im ganzen sind 6 Winden an Bord.

Auch die Konstruktion von elektrisch betriebenen Schiffsdeckkranen wurde mit Erfolg versucht.

Fig. 134 zeigt einen derartigen Kran, ausgeführt von der Union-Elektrizitäts-Gesellschaft. In eine feststehende gußeiserne Grundplatte ist eine Stahlsäule eingelassen, über welche der drehbare Teil gestülpt ist, der sich aus einer kreisförmigen Plattform aus Gußeisen und zwei Blechschilden zusammensetzt. Der Ausleger besteht aus einem Stahlrohr, welches durch zwei Drahtseile gehalten und während der Fahrt abgenommen und an Deck verstaut wird. Auf der Plattform sind zwei Elektromotoren montiert, von denen der eine mittels Schneckenübertragung die Seiltrommel, der andere ebenfalls mit Schnecke das Schwenkwerk antreibt. An Bord des Reichspost-Dampfers »Bremen« des Norddeutschen Lloyd sind zwölf derartige Krane von 1,5 t Tragkraft und 0,55 sekm Hubgeschwindigkeit und vier Krane von 3 t Tragkraft und 0,35 sekm im Jahre 1898 aufgestellt worden.

Fig. 134.

Die ersten elektrisch betriebenen Schiffsdeckkrane waren insofern unzweckmäßig gebaut, als sie ein viel zu großes Eigengewicht besaßen und infolge der eingängigen Schnecke des Hubwerks einen unnötig großen Stromverbrauch aufwiesen. Die Folge davon war, daß sie eine sehr starke Zentrale erforderten. Das große Gewicht der Krane selbst und der Zentrale war für den Schiffbau so unzweckmäßig, daß weitere Schiffe mit elektrisch betriebenen Kranen bisher nicht mehr ausgeführt worden sind, trotzdem die elektrischen Leitungen infolge ihrer leichten Verlegung, geringen Raumbedarfs, geringer Wartungsbedürftigkeit, Reinlichkeit und Unempfindlichkeit weit angenehmer als alle Rohrleitungen und namentlich als Dampfleitungen sind.

Die Mängel der ersten Anlage würden sich indessen leicht vermeiden lassen. Zunächst könnte man die Krane bei geschickter Einzelkonstruktion um mindestens ein Drittel des Gewichtes leichter herstellen und ihren Stromverbrauch ebenfalls um mindestens ein Drittel vermindern, so daß die Zentrale ohnehin bedeutend kleiner sein könnte. Ferner wird man in Zukunft die Dynamomaschinen der Zentrale nicht durch Kolbendampfmaschinen sondern durch die bedeutend leichteren Dampfturbinen antreiben. Das Gewicht der Zentrale wird infolgedessen aus zwei Gründen geringer. All das zusammengenommen ergibt eine so starke Verminderung des Gesamtgewichtes, daß gegenüber den Dampfkranen kein wesentlicher Gewichtszuwachs mehr herauskommt.

Die wirtschaftlichen Verhältnisse lassen sich am besten durch einen Vergleich zwischen einer Dampfwindenanlage und einem elektrisch betriebenen Schiffsdeckkran beleuchten, wobei indessen aber noch die unvorteilhafte alte Konstruktion des letzteren zugrunde gelegt werden soll.

	Betrieb durch zwei Dampfwinden und zwei Spieren.	Betrieb durch einen elektrisch betriebenen Schiffsdeckkran.
Tragkraft	1,5 t	1,5 t
Nutzbare Ausladung	10 – 8 = 2 m	5,5 – 3 = 2,5 m
Hubgeschwindigkeit für 1 t Last	0,6 sekm	0,6 sekm
Stundenlieferung	25 t	25 t
Bedienungsmannschaft	2 Mann	1 Mann
Eigengewicht	7000 kg	7125 kg

	mit Anteil an Rohrleitung	mit Anteil an Kabel und an Turbodynamo
Anlagekosten	6500 M.	8375 M.
Kohlenkosten für 1 t gehobene Last	0,05 „	0,01 „
Kohlenkosten für 1600 Betriebsstunden im Jahr	1920 „	400 „
Zinsen und Tilgung im Jahr	975 „	1260 „
Gesamtbetriebskosten im Jahr	2895 „	1660 „
Gesamtbetriebskosten für 8 Luken auf 1 Schiff	23160 „	13280 „
Gewinn zugunsten des elektr. Betriebes für das ganze Schiff im Jahr	23160 − 13280 = rund 10000 M.	

Der elektrische Betrieb hat sonach, auch vom wirtschaftlichen Standpunkt aus betrachtet, Anwartschaft auf die Zukunft, vorausgesetzt, daß die Krane in der Einzelkonstruktion zweckmäßiger durchgebildet werden, als dies bisher geschehen ist.

b) Die Hebemaschinen auf Kriegsschiffen.

Auf Kriegsschiffen trat das Bedürfnis nach Hebemaschinen sehr viel später auf als auf Handelsschiffen, weil auf ersteren Mannschaften ohnehin stets zur Verfügung standen. Solange die Kriegsschiffe aus Holz gebaut wurden — und das geschah auch nach Einführung des Dampfbetriebes noch — waren die Abmessungen der Schiffe selbst, ihrer Boote, Anker und Geschütze so klein, daß die Anker und Boote durch Gangspille (Fig. 135, entnommen aus dem »Atlas des Seewesens« von Werner), die Geschütze durch Rollenzüge bewegt werden konnten. Man machte zwar sehr bald den Versuch, einzelne Kriegsschiffe aus Eisen zu bauen, machte aber sehr schlechte Erfahrungen damit, da ungepanzerte eiserne Schiffe durch Geschosse sehr schwere Verletzungen erlitten, die sich nicht wie bei den Holzschiffen leicht flicken ließen.

Fig. 135.

Eine neue Zeit begann im Kriegsschiffbau erst mit der Einführung des Panzers. Im Jahre 1858 wurde das erste Panzerschiff, die »Gloire« erbaut. Von nun an wuchsen die Abmessungen der Schiffe, der Geschütze, der Anker und Boote bald so sehr, daß an eine Bewegung dieser Lasten auch durch eine große Zahl von Menschenkräften nicht mehr zu denken war. Während im Jahre 1870 das stärkste Panzerschiff der deutschen Flotte, der »König Wilhelm« eine Wasserverdrängung von rund 6000 t besaß, sind moderne Linienschiffe bei einer Wasserverdrängung von 16000 t angelangt; auf Stapel werden bereits Linienschiffe von 18000 t gelegt.

Zuerst begann man, die Gangspille durch Dampfankerspille zu ersetzen, dann trat die Notwendigkeit auf, Maschinen zum Drehen der Geschütztürme und zum Aufziehen der Munition aus den Munitionsräumen in die Geschütztürme einzubauen. Diese Maschinen sind so sehr Sondermaschinen, daß sie kaum mehr in das Gebiet der allgemeinen Hebemaschinen fallen.

Dagegen stellt der Betrieb an Bord zwei Aufgaben, die auch vom allgemeinen Gesichtspunkt aus ein besonderes Interesse bieten: die Konstruktion von Bootskranen und von Kohlenwinden. Diese beiden

Aufgaben sind grundverschiedener Natur; die erste befaßt sich mit Schwerlasten, die zweite mit sehr geringen Lasten, die möglichst schnell bewegt werden sollen.

1. Bootskrane.

Die Besonderheit dieser Maschinen besteht darin, daß die vollständig ausgerüstete und bemannte Dampfbarkasse mit solcher Geschwindigkeit gehoben werden muß, daß die nachfolgende Welle den Boden der Barkasse nicht mehr trifft. Die hierzu erforderliche Geschwindigkeit beträgt erfahrungsgemäß 0,2 sekm. Das Gewicht einer modernen Barkasse ist bereits bis auf 16 t gesteigert worden. Es ist daher beim Heben der Barkasse eine Leistung von 16000 · 0,275 = rund 50 PS zu leisten.

Ursprünglich half man sich in der Weise, daß man an den Raaen oder an besonderen Spieren Rollenzüge aufhing und die Taue derselben durch Dampfwinden einholte. Dieses Verfahren läßt aber nur eine unvollkommene Seitwärtsbewegung der Barkasse zu. Neuerdings ist man daher allgemein dazu übergegangen, besondere Krane für diesen Zweck aufzustellen.

Fig. 136 stellt einen Bootskran mit Dampfbetrieb der deutschen Linienschiffe aus den Neunziger Jahren dar. Der Kran selbst besteht aus einem gebogenen Blechträger, dessen lotrechter Teil in einem Halslager und einem Kugelspurlager an dem Deckaufbau gelagert ist. Die Dampfmaschine für das Schwenkwerk ist unmittelbar neben dem Kran gelagert, die Dampfwinde des Hubwerks ist etwas abseits davon aufgestellt, die beiden Drahtseile werden von zwei getrennten Seiltrommeln gleichzeitig aufgewunden.

Fig. 137 (entnommen aus Roedder: »Die elektrischen Einrichtungen moderner Schiffe«) zeigt einen Bootskran mit elektrischem Betrieb, wie sie auf den amerikanischen Linienschiffen »Kearsarge« und »Kentucky« im Jahre 1899 eingebaut wurden. Die Anordnung des Kranes selbst ist die gleiche wie vorher. Dagegen ist hier sowohl das Hubwerk wie das Schwenkwerk auf einer Plattform aufgestellt, die sich mit dem Kran dreht. Beide Triebwerke werden durch einen Elektromotor angetrieben, der abwechselnd auf das Hubwerk und auf das Schwenkwerk geschaltet werden kann. Diese Einrichtung genügt vollständig, da das Schwenken doch erst dann geschehen kann, wenn die Barkasse vollständig bis an Bord gehoben ist.

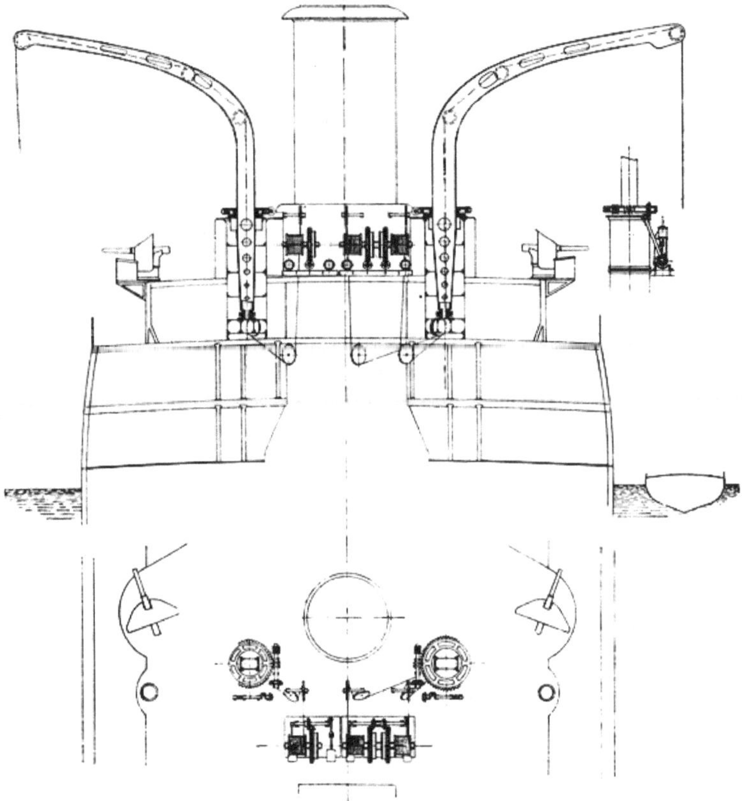

Fig. 136.

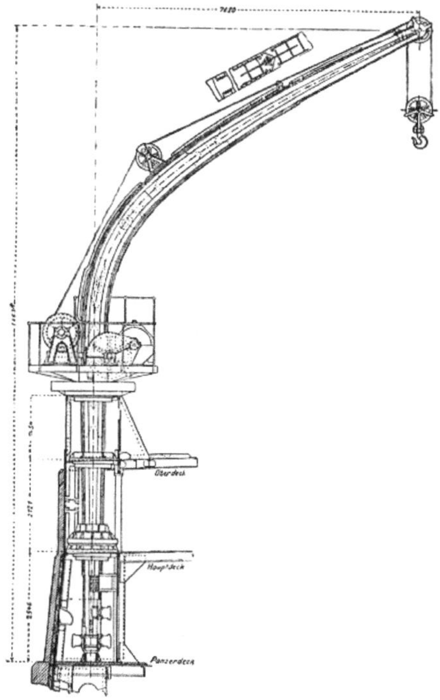

Fig. 137.

Die Hauptschwierigkeit bei der Konstruktion dieser Bootskrane liegt darin, daß ein möglichst geringes Eigengewicht und eine möglichst gedrängte Aufstellung bei gleichzeitig großer Leistung verlangt wird. Der elektrische Betrieb kann diese Anforderungen zweifellos eher erfüllen als der Dampfbetrieb; die dargestellte Ausführung kann als befriedigende Lösung indessen nicht betrachtet werden; bei geschickter Einzelkonstruktion läßt sich ein weit gedrängterer und einfacherer Aufbau erzielen.

2. Kohlenwinden.

Aus strategischen Gründen muß die zum Kohlen-Einnehmen erforderliche Zeit auf das äußerste abgekürzt werden. In erster Linie steht daher die Forderung, mit möglichst großer Geschwindigkeit zu arbeiten. Die Hauptschwierigkeit besteht dabei darin, daß die Arbeit auf einem sehr beengten Raum vorgenommen werden muß; es werden also diejenigen Maschinen sich am geeignetsten erweisen, die am wenigsten Raum in Anspruch nehmen. Eine selbstverständliche Forderung ist die nach geringstem Eigengewicht der erforderlichen Maschinen. Die Ersparnis von Menschenkräften ist erwünscht, aber von geringerer Bedeutung. Die

Ersparnis von Kohlen erscheint als nebensächlich im Vergleich zu den anderen Forderungen.

Ursprünglich arbeitete man ausschließlich mit Handbetrieb. Das zu kohlende Schiff wurde in freiem Wasser vertaut, so daß sich die Kohlenprähme rings herum an das Schiff legen konnten, um an möglichst vielen Stellen gleichzeitig zu arbeiten. An geeigneten Stellen der Takelage wurden Seilrollen so aufgehangen, daß das herabhängende Seil einerseits schief in den Prahm, anderseits schief in die Kohlenluke reichen konnte. Die Kohlen wurden in den Prähmen in Körbe von etwa 75 kg Inhalt geschaufelt, der Korb an den Haken gehangen und das Seil von Hand hochgezogen, der Korb über der Luke umgekippt und leer wieder in den Prahm hinuntergelassen, um mit einem gefüllten vertauscht zu werden. Das Lästigste bei diesem Verfahren liegt darin, daß die Mannschaft, die am Seil zieht, der anderen im Wege steht und daß dadurch die Zahl der gleichzeitig arbeitenden Züge sehr beschränkt ist. Dieser Umstand und die mäßige Geschwindigkeit, die höchstens 1 sekm erreicht, lassen nur eine geringe Leistungsfähigkeit zu.

Später ging man dazu über, die Seile durch die Spillköpfe der Dampfwinden einzuholen, die für verschiedene Zwecke ohnehin vorhanden sind. Der Spillkopf erlaubt ein rasches Arbeiten, weil das Stillhalten der Last einfach durch geringes Lockern des abgehenden Seils, das Senken durch vollständiges Nachlassen des Seils erzielt wird, während der Spillkopf sich stetig weiter dreht. Es entsteht daher kein Zeitverlust durch Umsteuern der Dampfmaschine. Zur entsprechenden Handhabung des vom Spillkopf ablaufenden Seils muß bei dem Spillkopf ein Mann für diesen Zweck ganz zur Verfügung stehen. Die Hubgeschwindigkeit ist auf 1 sekm beschränkt, wenn man nicht einen umgekehrten Rollenzug einschalten will, der die Geschwindigkeit auf das Doppelte erhöht, aber die Seilführung umständlicher gestaltet. Da die Dampfwinden nur in beschränkter Zahl aufgestellt werden können, so ist auch hier die Zahl der gleichzeitig arbeitenden Spillköpfe an eine enge Grenze gebunden, und infolgedessen die Leistungsfähigkeit nicht über ein gewisses Maß steigerbar.

Fig. 138.

Eine Hebemaschine, die besonders zum Kohlen von Kriegsschiffen konstruiert wurde, ist der sog. »Temperley-Transporter«: Fig. 138. Er bezweckt nicht nur die Hebung sondern auch eine Seitwärtsbewegung der Last. Ein I-Träger wird mittels Drahtseilen in solcher Schräglage in der Takelage aufgehangen, daß sein unteres Ende über dem Kohlenprahm, sein oberes über der Kohlenluke des Kriegsschiffes liegt. An dem Unterflansch dieses Trägers ist eine Laufkatze aufgehangen; das Lastseil führt über eine Seilrolle an der Laufkatze, von hier an der Laufbahn entlang bis zum höchsten Punkt und über eine zweite Seilrolle an dieser Stelle zur Dampfwinde. Der Vorgang beim Heben spielt sich nun folgendermaßen ab: Die Laufkatze steht an tiefster Stelle ihrer Laufbahn, der Haken ist in den Prahm hinabgelassen. Sobald die Dampfwinde anzieht, steigt die Last in die Höhe und zwar soweit bis sie an der Laufkatze anstößt. Der Lasthaken klinkt sich nun selbsttätig an der Laufkatze fest, die Laufkatze läuft dem Zuge des Seils folgend an der Laufbahn entlang bis zum höchsten Punkt und klinkt sich dort mit einem selbsttätigen Riegel an der Bahn fest. Läßt nun die Dampfwinde das Seil nach, so senkt sich der Lasthaken lotrecht nach abwärts in die Kohlenluke, während die Laufkatze am höchsten Punkt der Bahn stehen bleibt. Nachdem die Last abgehangen ist, zieht die Dampfwinde wieder an, der leere Haken steigt lotrecht in die Höhe und klinkt sich schließlich an der Laufkatze fest. Läßt nun die Dampfwinde das Seil wieder nach, so löst sich selbsttätig die Verrieglung der Laufkatze, letztere rollt an der Laufbahn abwärts bis zum tiefsten Punkt, der leere Haken wird frei und senkt sich in den Prahm, worauf das Spiel von neuem beginnt.

Der Erfolg dieser Maschine liegt weniger darin, daß die Last außer der lotrechten Bewegung auch eine Seitwärtsbewegung vollzieht — denn die seitliche Entfernung des Prahms von der Luke beträgt in der Regel nur wenige Meter — als vielmehr darin, daß für den Betrieb dieser Laufbahnen besondere Dampfwinden gebaut wurden, die sehr rasch, sicher und ruhig arbeiten.

Fig. 139.

Wie Fig. 139 zeigt, ist bei dieser Dampfwinde die Seiltrommel unmittelbar auf die Kurbelwelle gesetzt, so daß alle Stirnräder fortfallen. Die Tourenzahl der Dampfmaschine ist infolgedessen geringer als bei den üblichen Schiffswinden, und die Dampfmaschine arbeitet daher sehr ruhig. Mit dieser Winde lassen sich Hubgeschwindigkeiten von 2 bis 3 sekm erzielen.

Zur Erzielung einer großen Leistung ist es notwendig, an möglichst vielen Stellen gleichzeitig zu arbeiten, die zur Verfügung stehende Kraft also weitgehend zu verteilen. Neuere Bestrebungen laufen daher darauf hinaus, die elektrische Kraftverteilung zum Kohlen der Schiffe heranzuziehen, die wie keine andere eine weitverzweigte Verteilung der Energie gestattet. Elektrisch betriebene Winden lassen sich viel gedrängter bauen als Dampfwinden, und man ist nicht wie bei diesen der Rohrleitungen wegen gezwungen, die Winde auf das Deck zu schrauben, man kann vielmehr elektrische Winden ohne weiteres in der Takelage aufhängen. Die Winden werden mit einem gewöhnlichen Rollenzug hochgewunden; die Stromzuführung besorgt ein biegsames Kabel, der Anlasser wird an der

Reeling oder sonst an passender Stelle befestigt. Natürlich wäre es verkehrt, derartige Hängewinden als Spillkopfwinden zu bauen, weil Spillköpfe nur dann gut arbeiten, wenn der Seilführer unmittelbar daneben steht. Es liegt auch gar kein Bedürfnis vor, bei elektrischem Betrieb mit Spillkopf zu arbeiten, weil ja gerade eine rasche Umsteuerung bei keiner Maschine so leicht ausführbar ist wie beim Elektromotor.

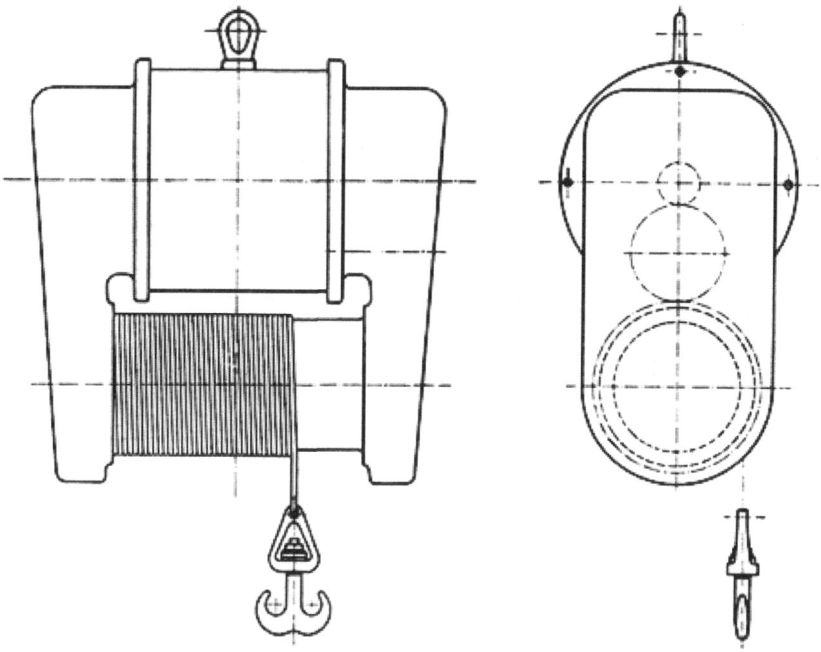

Fig. 140a.

Das Drahtseil muß vielmehr an einer Seiltrommel von etwa 300 mm Durchmesser und 200 mm Breite befestigt werden, die vom Elektromotor in beliebiger Drehrichtung angetrieben wird, so daß ein Aufbau entsteht, wie ihn Fig. 140a zeigt. Als Motor wird ein Hauptstrommotor gewählt, der die Last mit 2 sekm Geschwindigkeit hochzieht und den leeren Haken mit 3 sekm hebt und senkt.

Eine derartige gedrängt gebaute Hängewinde nimmt während des Kohlens an Deck überhaupt keinen Platz fort und kann während der Fahrt leicht verstaut werden. Die Zahl der gleichzeitig arbeitenden Winden kann gegenüber den bisherigen Dampfwinden auf das Doppelte gesteigert werden. Die Leistungsfähigkeit wächst aus zwei Gründen: wegen der erhöhten Geschwindigkeit und wegen der vermehrten Zahl von Winden. Für die Steuerung der Winde genügt ein einziger Mann am Anlasser, der gleichzeitig beim Entleeren des Korbes mithelfen kann. Fig. 140b und 140c stellen die Aufhängung derartiger Hängewinden in der Takelage dar.

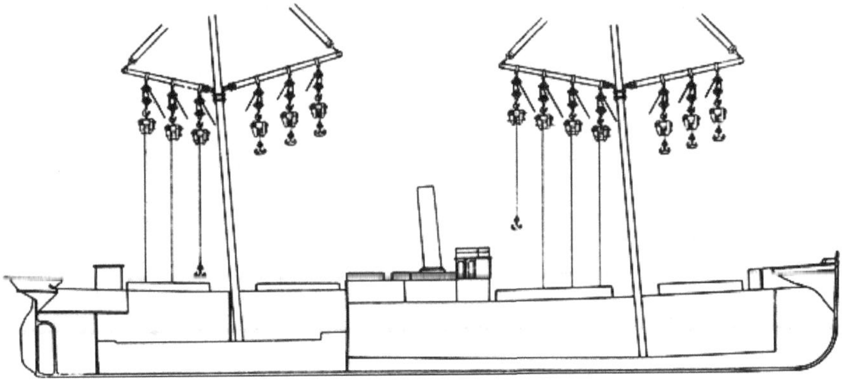

Fig. 140b.

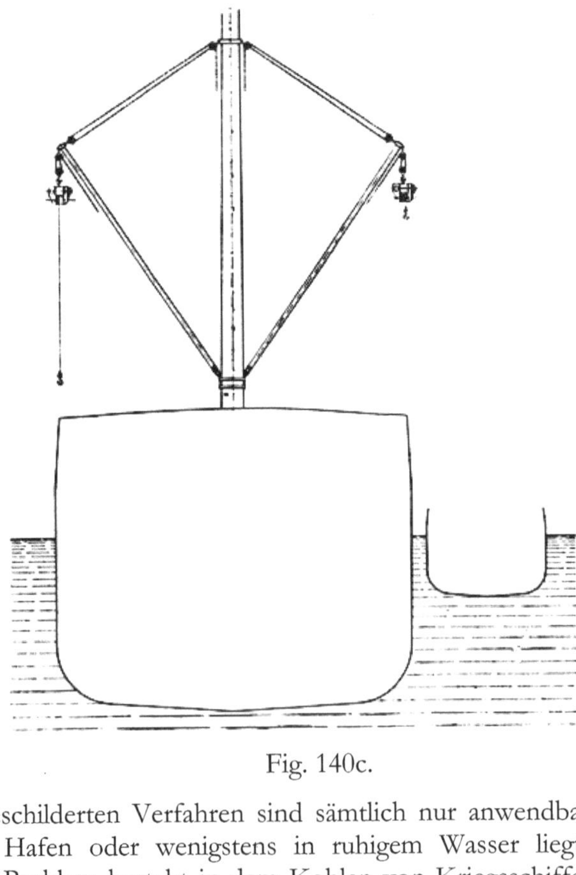

Fig. 140c.

Die geschilderten Verfahren sind sämtlich nur anwendbar, wenn das Schiff im Hafen oder wenigstens in ruhigem Wasser liegt. Ein noch ungelöstes Problem besteht in dem Kohlen von Kriegsschiffen auf hoher

See. Der Seegang schließt es dabei aus, daß der Kohlendampfer unmittelbar an das Kriegsschiff anlegen kann. Es ist vielmehr notwendig, daß das Kriegsschiff den Kohlendampfer ins Schlepptau nimmt und daß die Kohlenübernahme während des Schleppens geschieht.

Fig. 141.

Der erste Versuch dieser Art wurde 1899 von der amerikanischen Marine gemacht. Das Linienschiff »Massachusetts« schleppte nach einem Bericht der »Engineering News« 1900, S. 220, mit einer Geschwindigkeit von 5 bis 6 Seemeilen einen Kohlendampfer in einer Entfernung von 90 bis 120 m. Außer der Schlepptrosse war von dem Heck des Kriegsschiffes nach dem Vormast des Kohlendampfers noch ein zweites Drahtseil durch die Luft gespannt, welches als Laufbahn für eine Laufkatze diente, die durch ein drittes Drahtseil vermittelst einer Dampfwinde mit 5 sekm Geschwindigkeit hin und her gezogen wurde. An die Laufkatze wurden die Kohlensäcke von Hand angehangen. Es kam nun darauf an, das Tragseil trotz der Bewegungen der Schiffe möglichst gleichmäßig gespannt zu halten. Bei diesem Versuch wurde die Spannung dadurch erzeugt, daß an das Tragseil ein Lenzsack angehangen wurde, das heißt ein trichterförmiger, im Wasser mit der Öffnung nach vorn schwimmender Sack. Die durch die Fahrt hervorgerufene Strömung suchte den Lenzsack mitzunehmen und spannte dadurch das Tragseil.

Bei diesem Versuch wurden stündlich nur 20 t Kohlen übergenommen, während der Kohlendampfer 3½ t und das Linienschiff etwa 5 t Kohlen stündlich für die eigene Fahrt verbrauchten, so daß die wirkliche Nutzleistung nur 20 – 3½ – 5 = 11½ t in der Stunde betrug.

Fig. 142.

Ein ähnlicher Versuch wurde ein paar Jahre später von der englischen Marine mit einer Konstruktion der Temperley Transporter Co. ausgeführt. Das Linienschiff »Trafalgar« schleppte, wie Fig. 141 zeigt, einen Kohlendampfer in einem Abstand von 90 bis 120 m, wobei von seinem Mast nach dem des Dampfers ein Tragseil gespannt war. Die Laufkatze mit vier Kohlensäcken wurde durch ein Zugseil hin und her bewegt, dessen beide Stränge durch zwei Dampfwinden gezogen wurde; das Tragseil wurde durch eine dritte Dampfwinde gespannt gehalten. Letztere Winde sowie eine der beiden Zugseilwinden waren mit einer selbsttätigen Steuerung ausgerüstet, die für Gleichhaltung der Seilspannung sorgte. Das Zugseil griff nicht unmittelbar an der Laufkatze an, sondern bewegte dieselbe mittels eines eingeschalteten Rollenzuges in der Weise, daß die Geschwindigkeit der Laufkatze doppelt so groß war als die Seilgeschwindigkeit.

Bei den Versuchen soll die Laufkatze eine Geschwindigkeit von 15 sekm erreicht haben, so daß alle 45 Sekunden ein Hub ausgeführt wurde. Die Laufkatze trug dabei vier Kohlensäcke; die erzielte Stundenleistung soll 30 t betragen haben, wobei die Schiffe mit einer Fahrt von 10 Seemeilen liefen.

Fig. 143.

Fig. 142 zeigt die Entladestation auf dem Heck des Linienschiffes. Das Tragseil war über eine Tragrolle geführt, die in einem senkrechten Ständer geführt war. Sobald die Laufkatze eingetroffen war, wurde diese Tragrolle durch eine Winde gesenkt und das Tragseil dadurch dem Deck genähert, so daß die Säcke bequem abgenommen werden konnten.

Bei den erwähnten beiden Versuchen fuhr die Laufkatze auf dem Tragseil beladen hin und leer zurück; die mit einem Zug beförderte Last konnte nicht sehr groß sein, weil sonst ein übermäßig schweres Tragseil notwendig gewesen wäre; während des leeren Rücklaufs wurde überhaupt nichts gefördert. Trotz der großen Fahrgeschwindigkeit konnte daher die Leistung nur eine geringe sein.

Weit aussichtsreicher wird eine Anordnung sein, welche zwei Tragseile verwendet, von denen das eine zur Hinförderung der gefüllten Säcke und das andere zur Rückförderung der leeren Säcke dient. Es wird dann möglich, eine größere Zahl von leichten Säcken in gleichmäßigen Abständen an das Seil zu hängen, und außerdem wird die Zeit für den leeren Rücklauf erspart. Die Förderung wird aus einer unterbrochenen zu einer stetigen.

Fig. 144.

Ein Versuch dieser Art wurde im Jahre 1904 in der deutschen Marine ausgeführt. Der Kreuzer »Prinz Heinrich« schleppte einen Kohlendampfer, Fig. 143, wobei außer der Schlepptrosse noch zwei zu einem endlosen Seil verbundene Tragseile zwischen den beiden Schiffen gespannt waren. Dieses Tragseil wurde hier gleichzeitig als Zugseil benutzt — Fig. 144 —, so daß nur ein einziges endloses Seil erforderlich war, das durch einen Elektromotor in stetigen Umlauf gesetzt wurde. Dieses Seil wurde durch einen hydraulischen Zylinder in gleichmäßiger Spannung gehalten (Fig. 145). Die Säcke faßten 50 kg Kohlen. Infolge ungenügender Vorbereitung des Versuches wurde bei diesem Versuch nur eine Stundenleistung von 10 t erzielt, während bei entsprechender Vorbereitung und Durchbildung aller Einzelheiten eine Leistung von etwa 40 t zu erwarten gewesen wäre. Das Grundsätzliche dieser von Leue angegebenen Anordnung: die stetige Förderung an Stelle des früher versuchten Hin- und Rücklaufs muß jedenfalls als richtig bezeichnet werden.

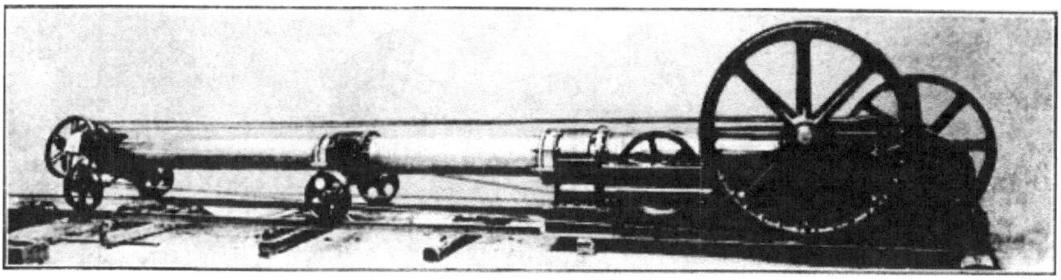

Fig. 145.

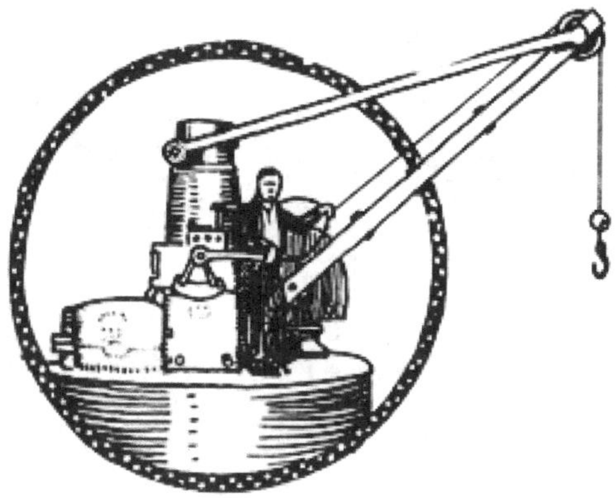

F.
Schiffs-Hebewerke.

Die Schleuse, das einfachste Mittel, um Schiffe aus einem tiefer liegenden Kanal in einen höher liegenden zu heben, ist bereits eine Erfindung des Mittelalters.

Fig. 146 (entnommen aus Beck) ist eine Skizze von Vittoria Zonca, die eine bei Padua gegen Ende des 16. Jahrhunderts erbaute Schleuse darstellt. Man sieht deutlich, daß die Schleusenkammer sowohl gegen die obere wie gegen die untere Haltung durch Tore abgesperrt werden kann, so daß das Schiff bei geöffnetem Untertor aus der unteren Haltung in die Schleuse einfahren und nach Schluß des Untertores und darauffolgende Öffnung des Obertores in die obere Haltung ausfahren kann.

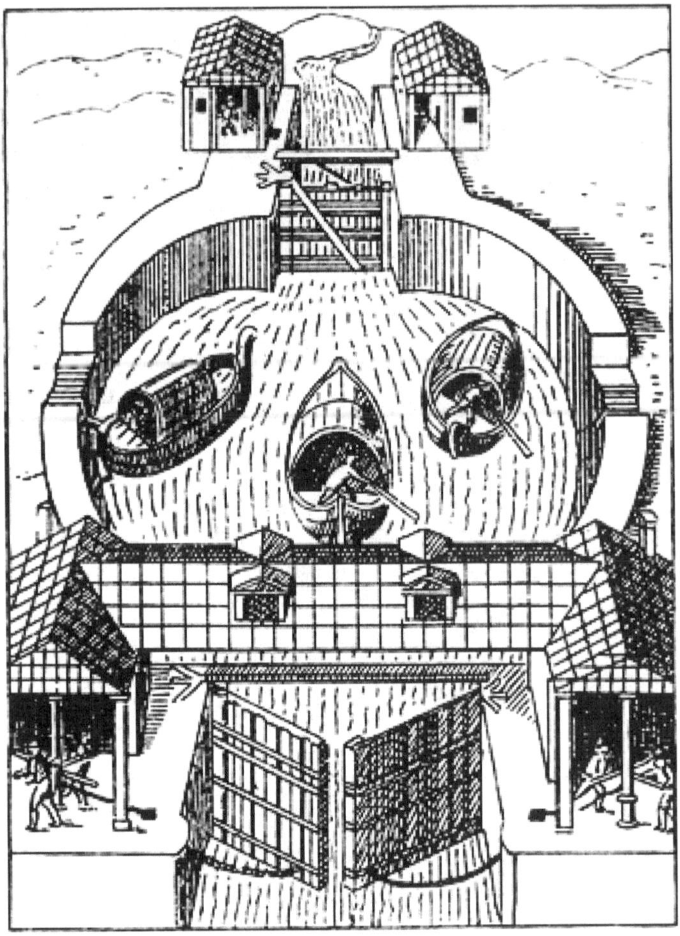

Fig. 146.

Derartige Schleusen sind mit geringen Mitteln auszuführen, solange die obere Haltung in geringer Höhe über der unteren liegt. Übersteigt der Unterschied in den Wasserspiegeln die Höhe von 5 m, so müssen die Mauern und Untertore der Schleuse so stark werden, daß die Anlagekosten unverhältnismäßig mit der Höhe des Spiegelunterschiedes zunehmen.

Fig. 147 zeigt in einem Schaubild dieses Wachstum. Der Spiegelunterschied ist als Abszisse aufgetragen, die zugehörige Ordinate gibt die Anlagekosten an und zwar für eine Schleuse, die normale Kanalschiffe von 600 t Tragkraft aufnehmen kann.

Mit zunehmender Hubhöhe macht sich auch ein anderer Nachteil der Schleuse zusehends mehr geltend: der hohe Wasserverbrauch. Die Hebung des Schiffes um h Meter entspricht einer Nutzarbeit gleich der

Wasserverdrängung des Schiffes mal der Hubhöhe. Die zum Füllen der Schleusenkammer erforderliche Wassermenge ist dagegen gleichwertig einer Arbeit gleich der lichten Grundfläche der Schleuse mal der halben Hubhöhe. In das Schaubild Fig. 147 ist sowohl die Nutzarbeit wie die Gesamtarbeit als Ordinate zu jeder Hubhöhe eingetragen; beide Arbeiten wachsen proportional mit der Hubhöhe, aber die Gesamtarbeit — d. h. der Wasserverbrauch — sehr viel schneller als die Nutzarbeit. Der Unterschied beider Arbeiten bedeutet den nutzlosen Wasserverlust.

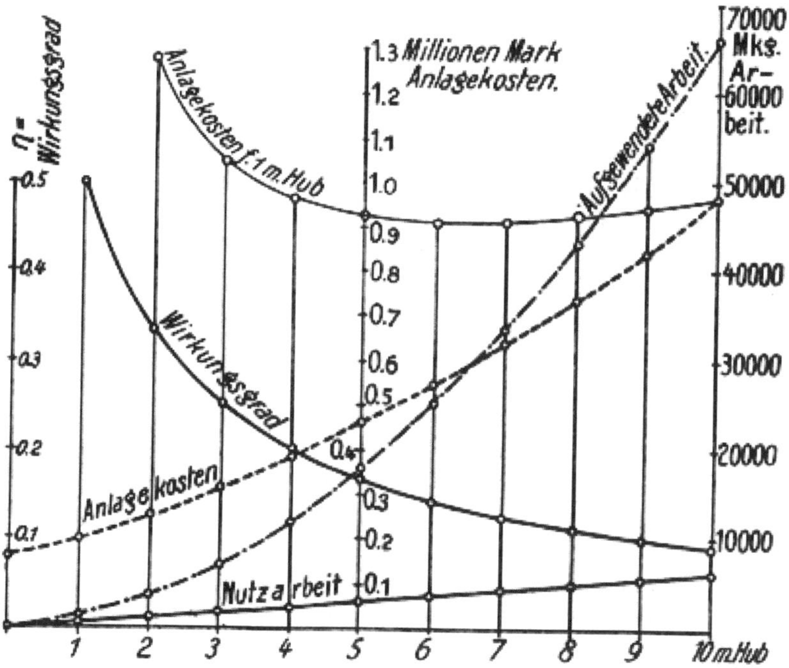

Fig. 147.

Man hat die Anlagekosten durch den Bau von Schlachtschleusen zu vermindern gesucht und war bestrebt, den Wasserverbrauch durch die Anlage von Sparschleusen zu verringern, hat aber dadurch die Nachteile der Schleuse nur mildern aber nicht beseitigen können. Schleusen mit mehr als 10 m Hub sind bisher nicht ausgeführt worden; die Sparschleuse von La Villette im St. Deniskanal in Frankreich mit 9,9 m Hub — vollendet 1891 — ist bisher nicht überholt worden. Diese Schleuse kann Schiffe von 1100 t Tragkraft aufnehmen; der Wasserverbrauch für einen Hub beträgt 3173 cbm, die Anlagekosten beliefen sich auf 1480000 M. Man hat sich vielmehr bei größeren Hubhöhen durch Anlage von Schleusentreppen, d. h. mehreren hintereinander geschalteten Schleusen zu helfen gesucht, die aber sehr kostspielige Anlagen darstellen, deren Betrieb umständlich und zeitraubend ist.

Schon frühzeitig wurden die Mängel der Schleusen für größeren Hub erkannt und man hat sich bemüht, wirtschaftlichere Hebewerke an ihre Stelle zu setzen. Die bisher ausgeführten und in Vorschlag gebrachten Hebewerke lassen sich in drei grundsätzlich verschiedene Gruppen ordnen:

1. in lotrechte Hebewerke oder Trogaufzüge,

2. in geneigte Hebewerke mit Naßförderung oder Trogbahnen,

3. in geneigte Hebewerke mit Trockenförderung oder Schiffsbahnen.

a) Trogaufzüge.

(Lotrechte Hebewerke.)

Der Trogaufzug besteht im wesentlichen aus einem wassergefüllten eisernen Trog, der an beiden Enden mit Schleusentoren ausgerüstet ist und in einer lotrechten Führung so beweglich ist, daß bei der tiefsten Stellung des Troges der Wasserspiegel der unteren Haltung in gleicher Höhe mit dem Wasserspiegel des Troges steht, und daß in seiner höchsten Stellung Spiegelgleichheit mit der oberen Haltung entsteht. Die beiden Kanalhaltungen müssen gleichfalls mit Schleusentoren versehen sein. Der Vorgang ist nun folgender: der Trog befindet sich in seiner tiefsten Stellung, alle Tore sind vorerst geschlossen. Durch eine Gummidichtung wird der Trog mit der unteren Haltung wasserdicht verbunden. Nun wird das Tor der unteren Haltung und das zugehörige Trogtor in die Höhe gezogen: das Schiff kann von der unteren Haltung in den Trog einfahren. Sobald dies geschehen ist, werden die beiden Tore geschlossen und die Gummidichtung gelöst. Der wassergefüllte Trog mit dem darin schwimmenden Schiff wird nun durch Maschinenkraft bis in die höchste Stellung gehoben. Der Trog wird jetzt durch eine Gummidichtung mit der oberen Haltung wasserdicht verbunden, das Tor der oberen Haltung und das zugehörige Trogtor werden geöffnet, das Schiff fährt aus dem Trog in die obere Haltung. Ist das Eigengewicht des Troges und das Gewicht seiner Wasserfüllung durch ein an Ketten hängendes Gegengewicht ausgeglichen, so sind beim Heben des Troges lediglich Reibungswiderstände zu überwinden, die bei zweckmäßiger Ausführung sehr klein sind und durch eine Mehrfüllung des niedergehenden Troges um 20 bis 30 cm Wasserhöhe überwunden werden. Steigt der Trog mit einem Schiff hoch, und geht er ohne Schiff herunter, so ist der beim Niedergang entstandene Wasserverbrauch nicht größer als die Wasserverdrängung des gehobenen Schiffes. Es ist also hinsichtlich des Wasserverbrauches der Trogaufzug einer Schleuse weit überlegen.

Der Vorgänger des Trogaufzuges war eine Vorrichtung, die zu Freiburg ausgeführt war und darin bestand, daß Schiffe von kleinen Abmessungen mittels Ketten aus der oberen Haltung lotrecht herausgehoben und in die untere Haltung lotrecht hinabgelassen wurden (Hagen, Handbuch der Wasserbaukunst, 4. Band, 1874).

Als Erfinder des Trogaufzuges darf Dr. James Anderson zu Edinburgh angesehen werden, der 1796 einen derartigen Aufzug für den Grand-Western-Kanal entwarf. Zur Ausführung kam dieser Entwurf mit Abänderungen erst im Jahre 1838. Eine eingehende Beschreibung dieser Ausführung mit guten Darstellungen findet sich in den Transactions of the institution of Civil Engineers aus dem Jahre 1838, 2. Band.

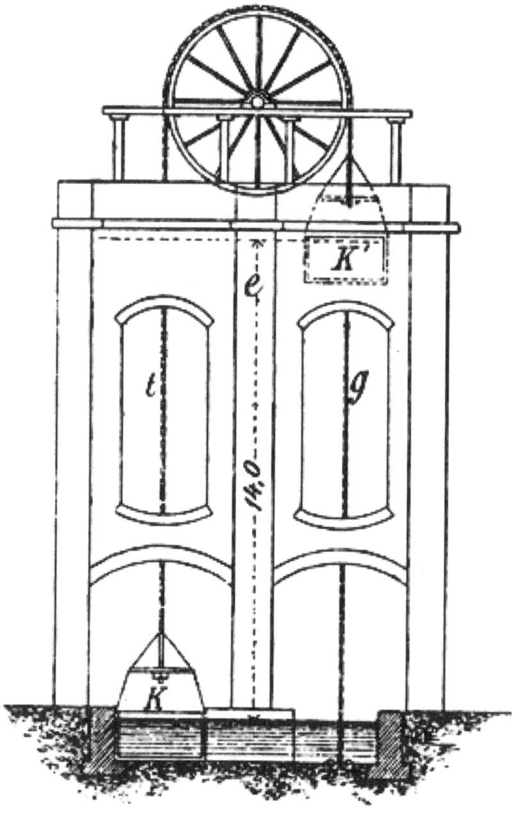

Fig. 148.

Wie Fig. 148 (entnommen aus dem Handbuch der Ingenieur-Wissenschaften 3. Band, 2. Abt., 2. Hälfte) zeigt, war bei diesem Hebewerk ein aufgehender Schiffstrog mit einem niedergehenden durch drei Gelenkketten gekuppelt, die über drei Kettenräder von 4,8 m Durchmesser liefen und auf einer durchgehenden Welle von 250 mm Durchmesser aufgekeilt waren. Die Schiffströge waren ganz aus Holz konstruiert und wurden in gemauerten Schächten lotrecht geführt. Die Abmessungen waren sehr gering:

Tragkraft der Schiffe = 8 t, — Hub des Aufzuges = 14 m.

Die vollständige Durchfahrt eines Schiffes beanspruchte 3 Minuten.

Einen großen Fortschritt gegenüber dieser ersten kleinen Anlage bildete die Ausführung des Trogaufzuges zu A n d e r t o n am Flusse Weaver in England, die im Jahre 1875 dem Verkehr übergeben wurde.

Nach dem Vorschlag von Edwin Clark wurden die beiden Schiffströge nicht an Ketten aufgehangen, sondern auf den Stempeln von zwei Druckwasser-Zylindern befestigt, die durch ein Rohr unter sich verbunden waren, so daß eine hydraulische Gewichtsausgleichung entstand. Der von Clark mit dem Studium der Einzelheiten und der Überwachung der Herstellung beauftragte Ingenieur Duer gab eine ausführliche Beschreibung in der Sitzung der Institution of Civil Engineers vom März 1876.

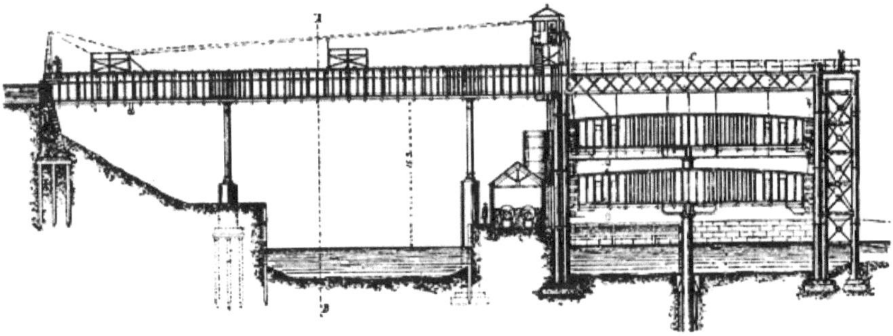

Fig. 149.

Fig. 149 (entnommen aus dem Handbuch der Ingenieur-Wissenschaften 3. Band, 2. Abt., 2. Hälfte) stellt die Gesamtanordnung dar. Die obere Haltung ist als eiserne Brücke ausgeführt und führt über einen Arm des Flusses zu der Insel, auf welcher der Trogaufzug aufgestellt ist. Die Tröge sind ganz aus Eisen konstruiert und führen sich an je vier gußeisernen Säulen. Die Druckwasserzylinder und ihre Stempel sind aus Gußeisen hergestellt; die Wandstärke der Zylinder beträgt 70 mm.

Die Abmessungen sind gegenüber der Ausführung am Grand-Western-Kanal bedeutend vergrößert, da die Tragkraft der Schiffe das Zehnfache beträgt.

Tragkraft der Schiffe

100

t

Hub des Aufzuges

15

m

Gewicht des gefüllten Troges

240

t

Durchmesser des Stempels

915

mm

Wasserpressung im Zylinder

37

Atm.

Anlagekosten der Eisenteile

596000

M.

Anlagekosten der Gründung

384000

M.

Dauer einer Durchfahrt

8

Minuten

Betriebskosten einer Durchfahrt bei vollem Betrieb, ohne Zinsen und Tilgung

0,30

M.

Der diesem Hebewerk zugrunde liegende Gedanke wurde in größerem Maßstabe bei dem Trogaufzug von Les Fontinettes an dem Kanal von Neufossé in Nordfrankreich im Jahre 1888 verwirklicht.

Wie Fig. 150 und 151 (entnommen aus Riedler, »Schiffshebewerke«) zeigen, werden die beiden eisernen Tröge hier nicht an ihren Ecken durch gußeiserne Säulen, sondern in ihrer Mitte an gemauerten Türmen geführt. Die Druckwasserzylinder sind aus aufeinandergesetzten gewalzten Ringen von 55 mm Dicke und 140 mm Höhe hergestellt, die durch eine innenliegende Kupferhaut von $2\frac{1}{2}$ mm Stärke gedichtet werden. Die Stempel sind aus Gußeisen ausgeführt. Die Anlage ist ausgeführt vom Etablissement Cail und wie die folgende beschrieben von Fréson in der Revue universelle des Mines 1886.

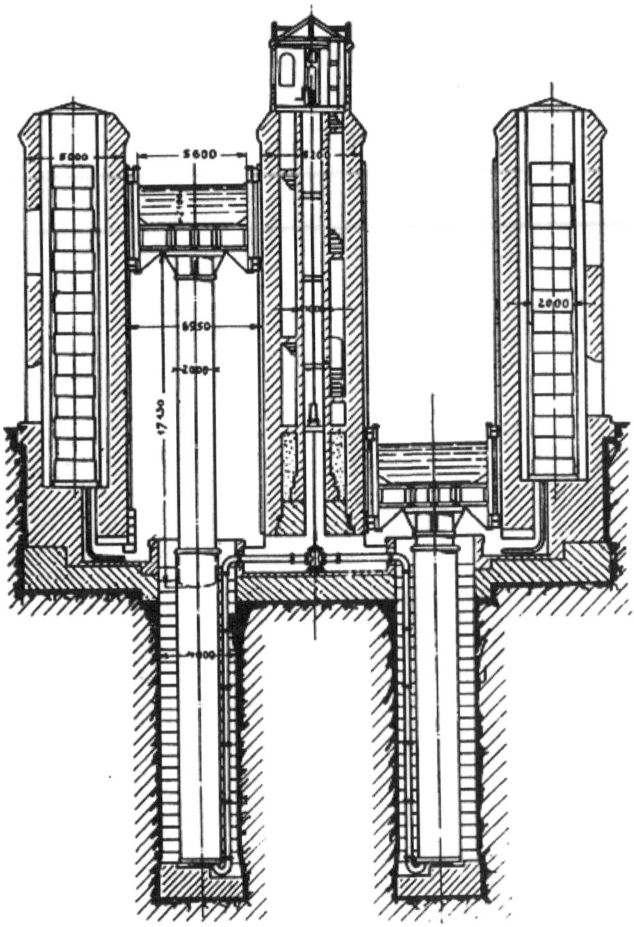

Fig. 150.

A b m e s s u n g e n d e s A u f z u g e s :

Tragkraft der Schiffe

300

t

Hub des Aufzuges

13

m

Gewicht des gefüllten Troges

800

t

Durchmesser des Stempels

2000

mm

Wasserpressung im Zylinder

25

Atm.

Anlagekosten der Eisenteile

486000

M.

Anlagekosten der Gründung

364000

M.

Dauer einer Durchfahrt

15

Minuten

In dem gleichen Jahre (1888) wurden fünf ganz ähnliche Trogaufzüge zu L a L o u v i è r e am Canal du Centre in Belgien in Betrieb gesetzt, die von der Société Cockerill ausgeführt worden waren. Bei dieser Anlage sind die eisernen Tröge an gleichfalls eisernen Türmen geführt Fig. 152a; die beiden Türme in Trogmitte nehmen die Längskräfte auf, die vier Türme an den Enden die Querkräfte. Die Druckwasserzylinder sind aus Gußeisen mit 100 mm Wandstärke hergestellt und auf ihrer ganzen Länge durch aufgeschrumpfte Stahlringe von 50 mm Dicke und 152 mm Höhe verstärkt.

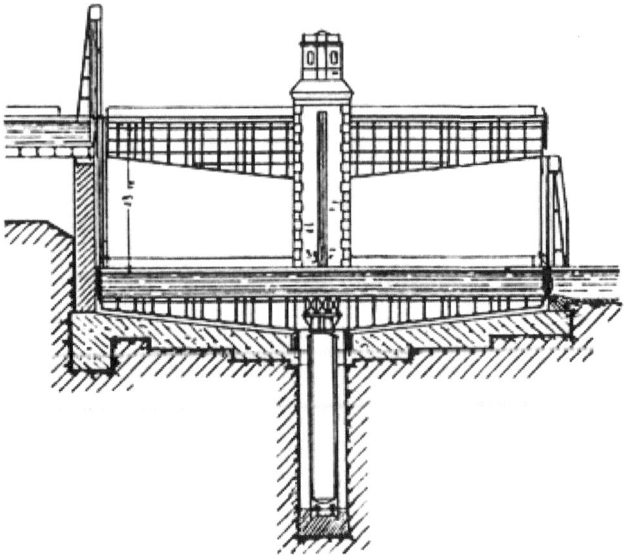

Fig. 151.

Abmessungen der Anlage:

Tragkraft der Schiffe

400

t

Hub des Aufzuges

15

m

Gewicht des gefüllten Troges

1050

t

Durchmesser des Stempels

2000

mm

Wasserpressung im Zylinder

34

Atm.

Anlagekosten der Eisenteile

696000

M.

Anlagekosten der Gründung

324000

M.

Dauer einer Durchfahrt

15

Minuten

Fig. 152b (entnommen aus Fréson: »Ascenseurs hydrauliques«) gibt einen Blick von der oberen Haltung aus. Der Trog auf der linken Seite befindet sich in tiefster Stellung, die Verbindung mit der unteren Haltung ist durch Hochziehen der Tore hergestellt, ein Schiff fährt aus dem Trog in die untere Haltung. Der Trog auf der rechten Seite hat seine höchste Stellung eingenommen, man sieht den Stempel, auf dem der Trog ruht, und die Eisenkonstruktion des Troges sowie die Führungstürme aus Gitterwerk.

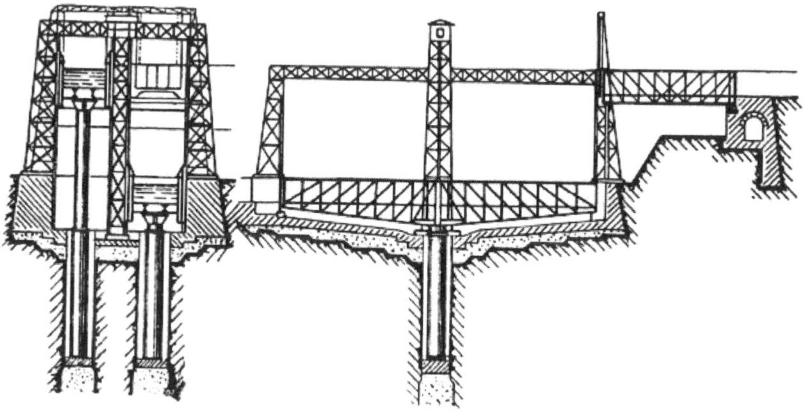

Fig. 152a.

Fig. 152b.

Aus neuester Zeit stammt das Hebewerk zu Henrichenburg am Dortmund-Ems-Kanal, das Schiffe von 600 t Tragkraft heben kann und im August 1899 dem Betrieb übergeben wurde. Im Gegensatz zu den vorhergehenden sind nicht zwei Tröge vorhanden, deren Gewichte sich durch Vermittlung von zwei Druckwasserzylindern gegenseitig ausgleichen, sondern der Trog ruht auf fünf Schwimmern, die sich in fünf wassergefüllten Schächten auf und nieder bewegen.

Fig. 153 (entnommen aus Riedler, »Schiffshebewerke«).

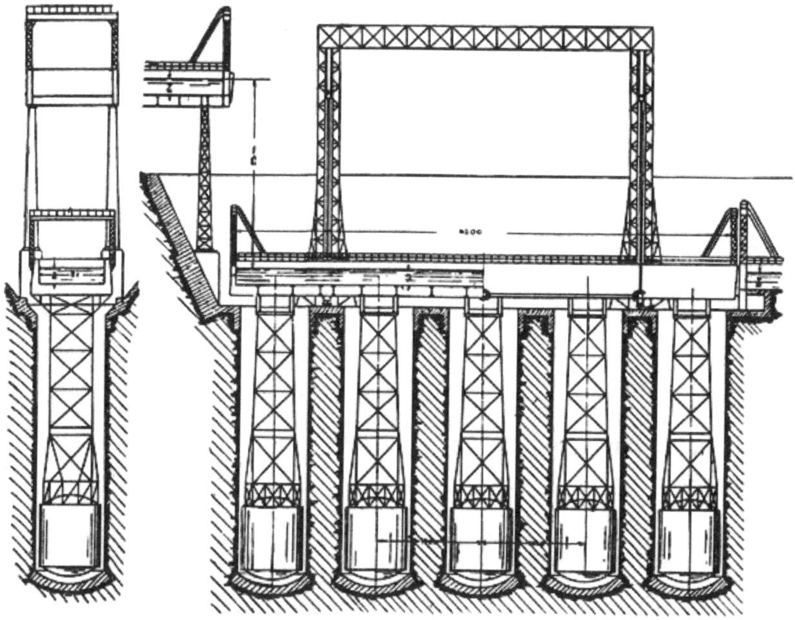

Fig. 153.

Zu dieser Anordnung war man gekommen, weil für die schweren hier zu hebenden Schiffe ein Druckwasserzylinder so gewaltige Abmessungen erfordert hätte, daß der Betrieb gefährlich und die Anlage allzu unwirtschaftlich ausgefallen wäre. Den Stempeln gegenüber boten die Schwimmer den Vorteil, daß sie mit Spielraum in ihren Schächten sich bewegen konnten, also keiner Dichtung bedurften.

Allerdings wurde nun eine Vorkehrung erforderlich, die einerseits die wagerechte Lage des Troges, der auf den darunter liegenden Schwimmern in labilem Gleichgewicht ruht, in jeder Trogstellung mit Sicherheit aufrecht erhielt und die anderseits bei einem etwaigen Auslaufen des Troges die nun frei werdende, nach oben gerichtete Auftriebskraft der Schwimmer unschädlich auffangen konnte. Diese Vorkehrung wurde nach dem Vorschlag des Ingenieurs Jebens in Gestalt von vier senkrechten Schraubenspindeln ausgeführt, die an den Ecken des Troges so gelagert und so stark sind, daß sie den nach oben gerichteten Auftrieb der Schwimmer aufnehmen können, wenn der Trog sich entleeren sollte. Diese vier Schraubenspindeln sind durch eine Wellen- und Kegelräderübertragung unter sich so verbunden, daß die am Trog befestigten Muttern der Spindeln stets gleichmäßig auf und nieder steigen, den Trog also stets in wagerechter Lage halten. Der Antrieb des Troges wird durch Wasserüberlast beim Senken und durch Wasserminderlast beim Heben bewirkt, so daß der die

Schraubenspindeln drehende Elektromotor nur einen geringen Reibungswiderstand zu überwinden hat.

Abmessungen des Trogaufzuges:

Tragkraft der Schiffe

600

t

Hub des Aufzuges

16

m

Gewicht des gefüllten Troges mit den Schwimmern

3100

t

Hubgeschwindigkeit

0,1

sekm

Lichte Abmessungen des Troges

70 m × 8,8 m × 2,5 m Wassertiefe

Abmessungen der Schwimmer

8,3 m Durchm. × 10,3 m Höhe

Abmessungen der Schraubenspindeln

280 mm Durchm. × 24,6 m Länge

Anlagekosten der Eisenteile

1750000 M.

Anlagekosten der Gründung

rund 1000000 M.

Dauer einer Durchfahrt

12 Minuten

Betriebskosten eines Einzelhubes
bei vollem Betrieb, ohne Zinsen
und Tilgung

2 M.

Fig. 154 zeigt das Hebewerk von der unteren Haltung aus gesehen. Der Trog befindet sich in tiefster Stellung, die unteren Tore sind hochgezogen, ein Schiff fährt aus dem Trog in die untere Haltung.

Die Anlage ist ausgeführt von Haniel und Lueg in Düsseldorf.

Ein Trogaufzug mit Druckwasserzylindern ist für großen Hub (20 m) in letzter Zeit (1904) bei Peterborough, Ont., ausgeführt und in Betrieb gesetzt worden. Abmessungen:

Gewicht des gefüllten Troges

3000t

Durchmesser des Stempels

2290 mm

Wasserpressung im Zylinder

44 Atm.

Abmessungen des Troges

46 m × 11,5 m × 3 m

Die Zylinder sind aus Stahlguß mit 90 mm Wandstärke, die Stempel aus Gußeisen ausgeführt.

Fig. 154.

Fig. 155 (entnommen aus der Z. d. V. d. I. 1904) zeigt den Trog auf der linken Seite in höchster, den Trog rechts in tiefster Stellung. Die Tröge sind in ihrer Mitte an gemauerten Türmen geführt.

Zu den Trogaufzügen kann auch ein eigenartiges Projekt gerechnet werden, welches nach den Patenten von Umlauf, v. Stockert und Offermann von der Maschinenbaugesellschaft Nürnberg bei dem Wettbewerb für ein Schiffshebewerk bei P r e r a u eingereicht wurde und den zweiten Preis erhielt.

Fig. 155.

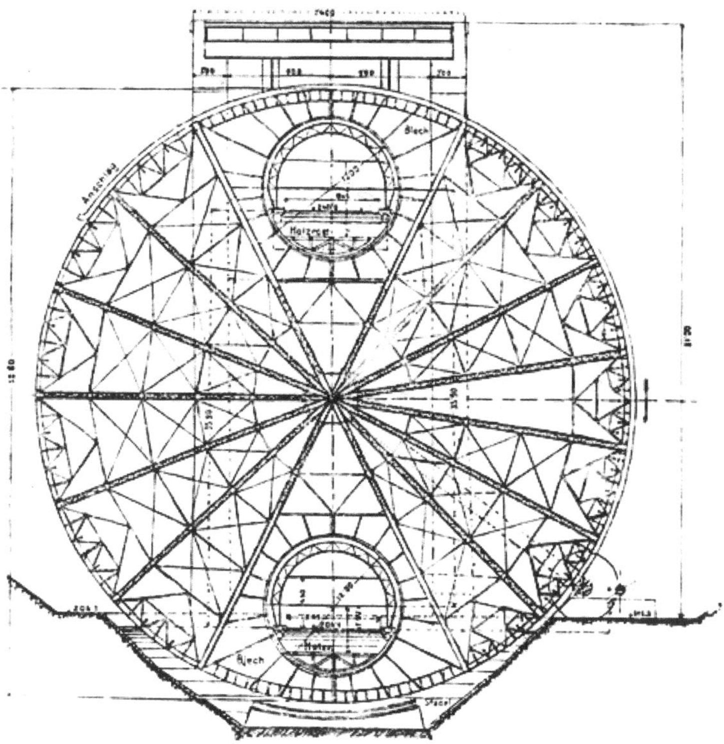

Fig. 156a.

Denkt man sich die in Fig. 148 dargestellten Kettenräder durch einen Balancier ersetzt, dessen Länge gleich dem Hub der Tröge ist, so bewegen sich die beiden Tröge nicht mehr lotrecht, sondern beschreiben zwei

Halbkreise. Stellt man sich ferner vor, daß die Balancierzapfen in ihrem Durchmesser so vergrößert werden, daß dieser Durchmesser beträchtlich größer wird als der Hub, so entsteht eine Trommel, in deren Innerem die beiden Tröge liegen. Die Drehung dieser Trommel kann am einfachsten in der Weise bewirkt werden, daß man die mit wasserdichtem Mantel hergestellte Trommel in einem Wasserbecken schwimmen läßt. Die beiden Tröge erscheinen dann nicht mehr als Kasten von rechteckigem Querschnitt, sondern als Röhren von 12 m Durchmesser, die starr in der Schwimmtrommel befestigt und durch Tore an den Stirnseiten geschlossen sind.

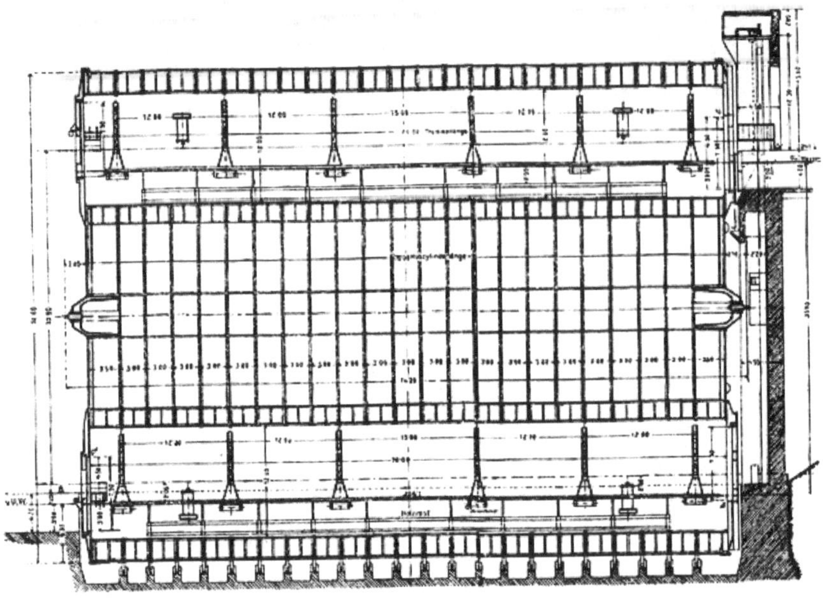

Fig. 156b.

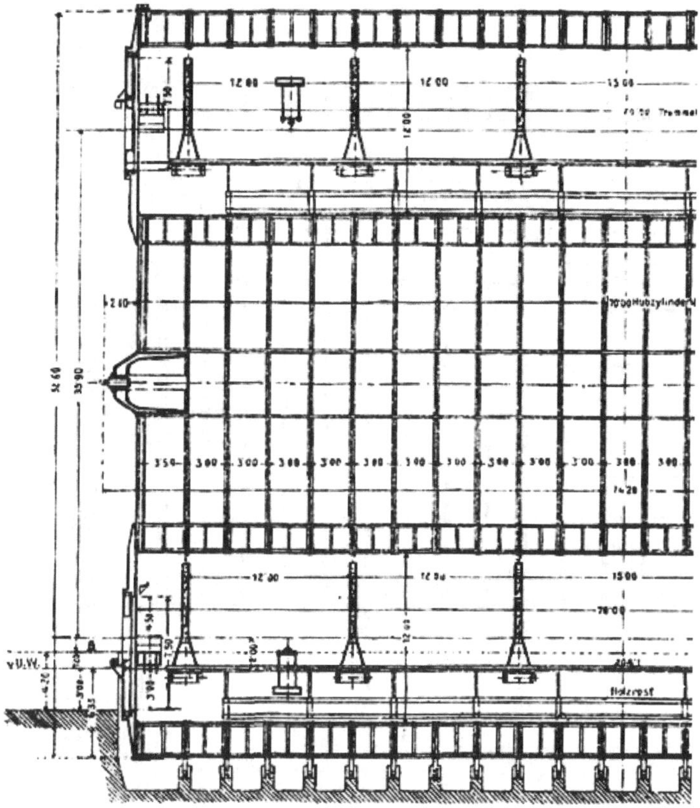

Fig. 156b (linker Teil).

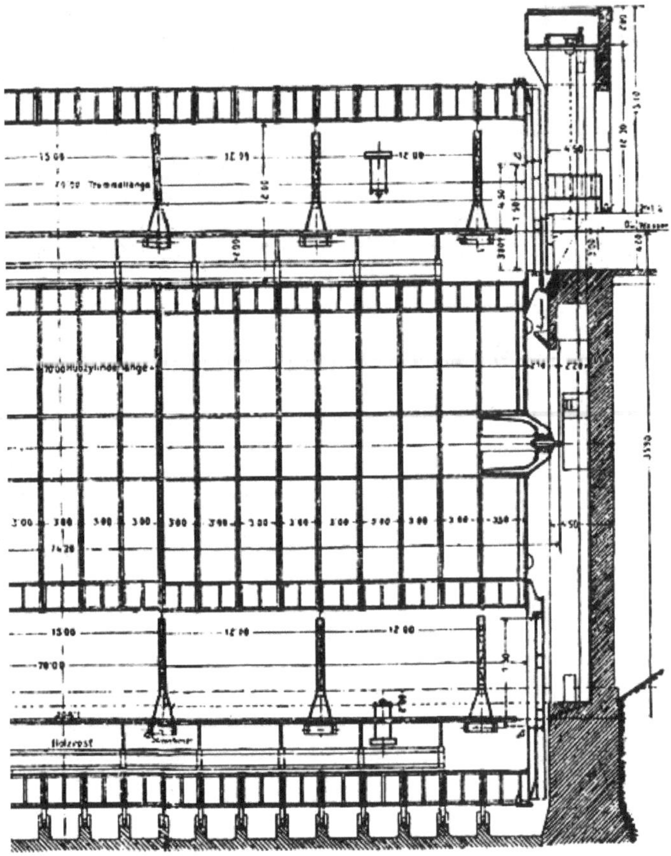

Fig. 156b (rechter Teil).

Fig. 156a und b (entnommen aus Haberkalt, »Die preisgekrönten Projekte«). Die Drehung der Schwimmtrommel wird mit sehr geringem Widerstand ausführbar sein, solange die Tröge genau gleichmäßig mit Wasser gefüllt sind. Der Antrieb ist durch zwei Zahnkränze gedacht, die auf der Schwimmtrommel befestigt und so stark bemessen sind, daß sie das bei Leerlaufen eines Troges entstehende Drehmoment aufnehmen können.

Abmessungen des Projektes:

Tragkraft der Schiffe

600 t

Hub

36 m

Abmessungen der Schwimmtrommel

{

52,6 m Durchm.
× 70 m Länge

Gewicht der gefüllten Schwimmtrommel

10550 t

Dauer einer Durchfahrt

13 Minuten

Anlagekosten der Eisenteile

3190000 M.

Anlagekosten der Gründung sowie zweier Haltungen von 700 m Gesamtlänge

2252500 M.

Anlagekosten des ganzen Hebewerks abzüglich 700 m Kanal

5102500 M.

Ein Trogaufzug bildet in der Kanalstraße einen plötzlichen Sprung. Es wird nur selten ein Gelände geben, das seiner Natur nach für diesen Sprung geeignet ist. In den meisten Fällen wird ein hoher Damm für die obere Haltung und ein tiefer Einschnitt für die untere Haltung ausgeführt werden müssen. Wenn nun auch der Eisenbetonbau hohe und sichere Aufbauten mit wesentlich geringeren Kosten herzustellen gestattet, als dies früher der Fall war, so werden doch die Fundierungskosten eines Trogaufzuges unter allen Umständen sehr hoch ausfallen.

Aus diesem Grunde war man schon seit langem bemüht, ein Hebewerksystem ausfindig zu machen, welches eine wirtschaftlichere Lösung der Aufgabe gibt.

b) Trogbahnen.

(Geneigte Hebewerke mit Naßförderung.)

Bei den Trogbahnen wird wie bei den Trogaufzügen das Schiff in einem wassergefüllten eisernen Trog befördert, der an beiden Enden mit Schleusentoren ausgerüstet ist. Nur wird hier der Trog nicht in einer senkrechten Führung bewegt, sondern mit Laufrädern ausgerüstet und auf einer geneigten Bahn gefahren. Obere und untere Haltung sind ebenfalls mit Schleusentoren verschlossen.

Wird der Trog in seiner Längsrichtung gefahren — längsgeneigte Trogbahn —, so braucht das Geleise nicht breiter zu sein als das Schiff, wird also einfach und billig; ferner läßt sich ein längs geneigtes Hebewerk leicht dem Gelände anschmiegen, erfordert daher geringe Fundierungskosten; während der Hebung wird das Schiff gleichzeitig vorwärts befördert, so daß ein Zeitgewinn entsteht; endlich wird ein Kanalstück gleich der Länge der Bahn erspart. Diesen Vorteilen steht der Nachteil gegenüber, daß bei der Längsbewegung des Troges das Wasser in unberechenbare Schwingungen geraten kann; dieser Übelstand kann nicht beseitigt, aber vermindert werden durch Wahl einer geringen Fahrgeschwindigkeit von nicht mehr als 0,5 sekm. Die Leistungsfähigkeit des Hebewerks wird hiedurch aber naturgemäß sehr verringert.

Bewegt man dagegen den Trog in seiner Querrichtung — quergeneigte Trogbahn —, dann ist ein sehr breites und kostspieliges Geleise erforderlich; die Anschmiegung an das Gelände ist nur ausnahmsweise möglich, in der Regel werden teure Gründungsarbeiten erforderlich sein; da die Bahn des quergeneigten Hebewerks quer zur Kanalstraße liegt, so wird weder an Kanallänge, noch an Zeit gespart. Es wird daher das quergeneigte Hebewerk unter allen Umständen wesentlich höhere Anlagekosten erfordern als das längsgeneigte Hebewerk. Hingegen besitzt es den Vorzug, daß Wasserschwankungen im Trog kaum zu befürchten sind; die Fahrgeschwindigkeit kann daher hier wesentlich größer gewählt werden, wohl bis zu 1 sekm.

Die erste Trogbahn wurde nach einem Entwurf von Thomson aus dem Jahre 1839 in Blackhill am M o n k l a n d k a n a l in Schottland 1849 von Leslie ausgeführt. Die Abmessungen dieser längsgeneigten Trogbahn gibt Hagen in seinem »Handbuch der Wasserbaukunst« wie folgt an:

Hub

29 m

Steigung

1 : 10

Abmessungen der Schiffe

21 m × 3,8 m

Gewicht des gefüllten Troges

80 t

Mittlere Fahrgeschwindigkeit

1 sekm

Abmessungen des Troges

21,3 m × 4,4 m × 0,61 m
Wassertiefe

Bahnlänge

280 m

Hubdauer

5 Minuten

Die beiden ganz aus Eisen hergestellten Tröge liefen mit je 20 Rädern auf Eisenbahngeleisen von 2,1 m Spur und wurden mittels Drahtseilen 50 mm Durchmesser und einer Seiltrommel von 4,8 m Durchmesser von einer Dampfmaschine gezogen.

Es wurden indessen nur die l e e r e n Schiffe mit der Trogbahn gefördert, die beladenen gingen über eine Schleusentreppe. Die Tragkraft der Schiffe ist nicht angegeben, sie kann aber den Abmessungen nach nur eine sehr geringe — 50 bis 70 t — gewesen sein. Die geringe Wassertiefe von 0,6 m läßt das Hebewerk mehr als Schiffsbahn statt als Trogbahn erscheinen. Der geringe Wasserinhalt ermöglichte die verhältnismäßig große Geschwindigkeit von 1 sekm.

Von einer späteren Ausführung einer ebenfalls längsgeneigten Trogbahn in G e o r g e t o w n am Potomacfluß aus dem Jahre 1876 gibt das Handbuch der Ingenieurwissenschaften folgende Abmessungen:

Tragkraft der Schiffe

135 t

Hub

11,6 m

Steigung

1 : 12

Abmessungen der Schiffe

274 m × 1,5 m Tiefgang

Gewicht des gefüllten Troges

390 t

Lichte Abmessungen des Troges

34,1 m × 5,1 m × 2,4 m

Der Trog lief auf drei Untergestellen mit je 12 Rädern, also insgesamt auf 36 Rädern, und wurde durch zwei Gegengewichtswagen mit halbem Hub ausgeglichen und durch eine Turbine mittels Drahtseilen bewegt.

Auch dieses Hebewerk konnte nur kleine Schiffe fördern. Später ließ man die Wasserfüllung des Troges zum größten Teil — bis auf 0,7 m — fort, so daß ein ähnlicher Betrieb wie zu Blackhill entstand (Fréson).

Eine Trogbahn mit Querbewegung ist nur ein einziges Mal zu Foxton in Leicestershire in England im Jahre 1901 ausgeführt worden, indessen nur für ganz kleine Schiffe.

Wie aus Fig. 157 (entnommen aus Engineering 1901) ersichtlich ist, läuft jeder der beiden Tröge mit 16 Laufrädern auf 8 Schienen. Die Bewegung der Tröge wird durch eine Dampfmaschine bewirkt, die mittels Schneckengetriebe eine Seiltrommel antreibt, von der jeder Trog mittels zwei Drahtseilen gezogen wird. Das Hebewerk dient zum Ersatz einer zehnstufigen Schleusentreppe.

Tragkraft der Schiffe

70 t

Hub

23 m

Steigung

1 : 4

Lichte Abmessungen des Troges

24 m × 4,5 m × 1,5 m

Dauer einer Durchfahrt

6 Minuten

Betriebskosten eines Einzelhubes
ohne Zinsen und Tilgung

0,25 M.

Fig. 157.

Im Jahre 1895 wurde von der österreichischen Regierung ein Wettbewerb zur Erlangung von Entwürfen unter einigen Werken veranstaltet. Es sollte ein Hebewerk für normale 600 t Schiffe und für 100 m Hubhöhe für den projektierten Donau-Elbe-Kanal entworfen werden. Den ersten Preis erhielt ein von fünf böhmischen Maschinenfabriken eingereichter Entwurf, der eine quergeneigte Trogbahn behandelte (Fig. 158). Die Steigung war 1 : 5 gewählt, der Trog war durch ein aus Gußwalzen bestehendes Gegengewicht ausgeglichen. Für die Stützung des Troges war ein etwas abenteuerlicher Vorschlag gemacht: der Trog sollte auf vier endlosen Walzenketten rollen, die ihrerseits auf vier Stahlgußschienen sich abwälzen sollten. Für den Antrieb war elektrische Kraftübertragung gewählt worden; auf dem Schiffswagen sollten drei Elektromotoren aufgestellt werden, die Zahnräder antrieben, welche ihrerseits in eine aus Stahlguß hergestellte Zahnstange eingreifen sollten, so daß der Betrieb dem einer Zahnradbahn ähnlich wurde.

Die Abmessungen waren wie folgt gewählt:

Tragkraft der Schiffe

690 t

Hub

100 m

Steigung

1 : 5

Gewicht des gefüllten Schiffswagens

2100 t

Fahrgeschwindigkeit

1 sekm

Lichte Abmessungen des Troges

70 m × 8,6 m × 1,2 m
Wassertiefe

Anlagekosten der Eisenteile

4700000 M.

Anlagekosten der Gründung

720000 M.

Dauer einer Durchfahrt

14 Minuten

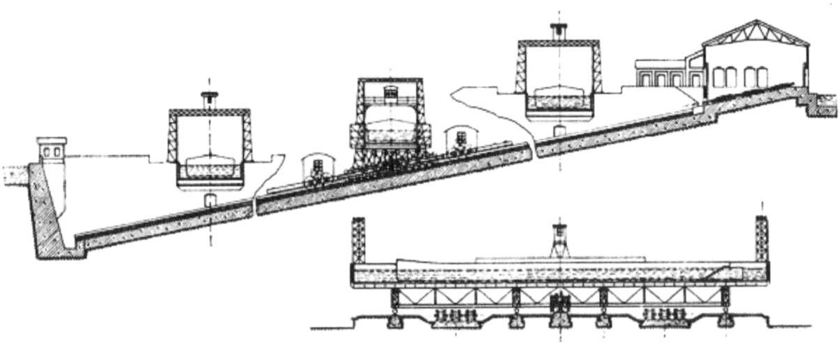

Fig. 158.

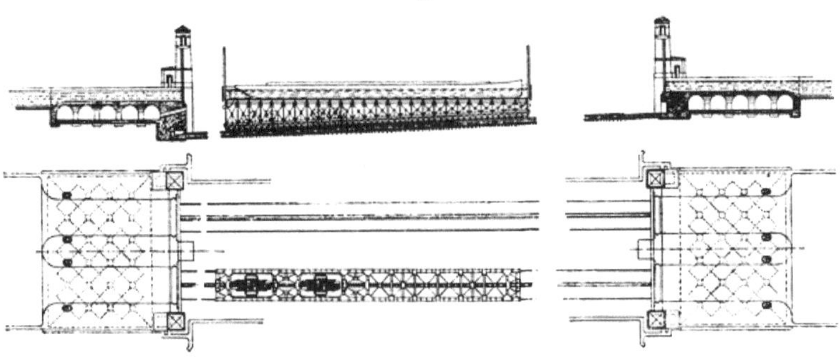

Fig. 159.

Als Mängel des Entwurfes sind zu bezeichnen: die unsichere Druckverteilung, die starre Lagerung und die Verwendung von gegossenem Material für Schienen und Zahnstangen.

Ein zweiter Wettbewerb wurde im Jahre 1904 von der österreichischen Regierung ausgeschrieben, um einen geeigneten Entwurf für ein Hebewerk von 36 m Hubhöhe für den projektierten Donau-Oder-Kanal zu erhalten. Bei diesem Wettbewerb wurde abermals mit dem ersten Preis ein Entwurf der böhmischen Maschinenfabriken bedacht: Gegenstand des Entwurfes war eine längsgeneigte Trogbahn mit dem Kennwert »Universell«. Den zweiten Preis erhielt der schon genannte Entwurf der Nürnberger Maschinenbaugesellschaft, der eine Schwimmtrommel in Aussicht genommen hatte.

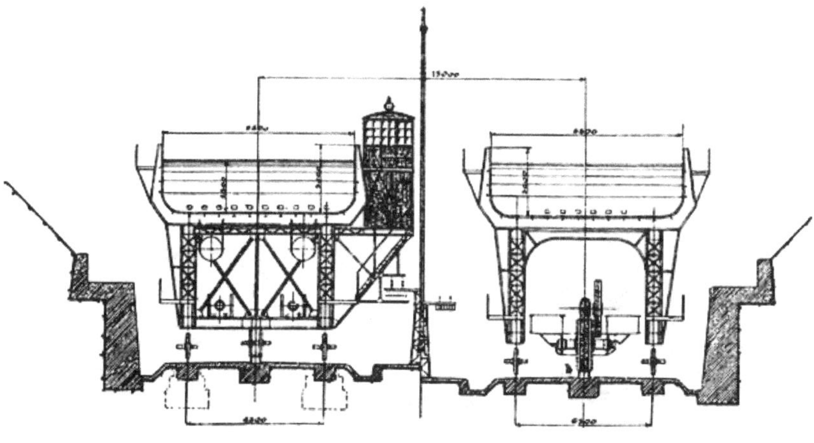

Fig. 160.

Die für den Wettbewerb vorgeschriebene Leistungsfähigkeit des Hebewerks — Fahrtdauer nicht größer als 48 Min. — konnte bei der geringen für Naßförderung zulässigen Fahrgeschwindigkeit von etwa 0,5 sekm nur durch Anlage von zwei Trogbahnen (Fig. 159 und 160) erreicht werden, wodurch naturgemäß die Anlagekosten von vornherein sich sehr hoch stellen mußten.

Die Bahn dieses Entwurfes war in sehr einfacher Weise gedacht: Zwei besonders gewalzte Stahlschienen von 200 mm Höhe und 160 mm Kopfbreite sollten in 6,3 m Entfernung auf zwei Betonstreifen von 700 mm Höhe und 900 mm Breite gelagert und durch ⊏Eisen unter sich versteift werden. Auf dieser Bahn sollte der Schiffswagen mit 104 Laufrädern aus Stahlguß von 1100 mm Durchmesser fahren.

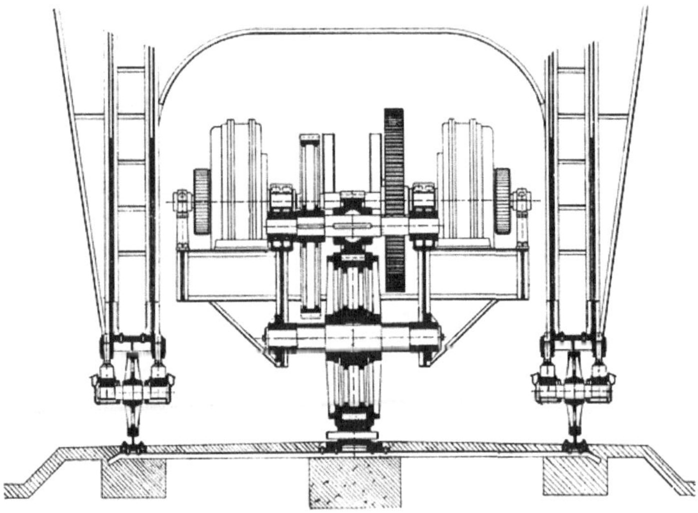

Fig. 161.

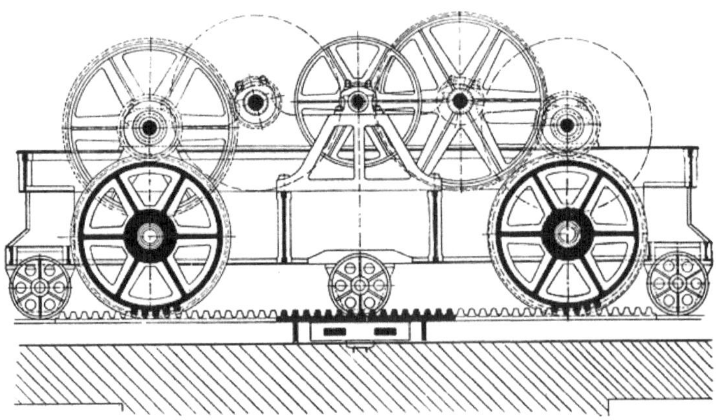

Fig. 162.

Für den Antrieb sollte eine aus Stahlguß gegossene Zahnstange zwischen den Schienen gelagert werden (Fig. 161 und 162). Jeder der beiden fahrbaren Tröge sollte mit vier Elektromotoren von je 300 bis 400 PS ausgerüstet werden, so daß insgesamt eine Antriebsleistung von 1200 bis 1600 PS für jeden Trog verfügbar war. Durch eine besondere Schaltung sollten die beiden Tröge elektrisch gekuppelt werden, so daß die auf und ab gehenden Gewichte so weit ausgeglichen waren als es die Verluste in den Zahnrädern, Elektromotoren und Generatoren zuließen.

Bei Vergleichung der Anlagekosten eines geneigten Hebewerks mit einem lotrechten ist zu berücksichtigen, daß bei ersterem ein Kanalstück gleich der Länge der Bahn erspart wird.

Die Abmessungen des Entwurfes »Universell« waren wie folgt gewählt:

Tragkraft der Schiffe

600 t

Hub

36 m

Steigung

1 : 25

Gewicht des gefüllten Schiffswagens

2200 t

Fahrgeschwindigkeit

0, 58 sekm

Lichte Abmessungen des Troges

70 m × 8,8 m × 2,3 m
Wassertiefe

Anlagekosten der Eisenteile

3560000 M.

Anlagekosten der Gründung sowie zweier
Haltungen von 700 m Gesamtlänge

1615000 M.

Anlagekosten der ganzen Hebewerke
abzüglich 1700 m Kanal

4325000 M.

Dauer einer Durchfahrt

42 Minuten

Im ganzen liegen nur drei Ausführungen von geneigten Hebewerken mit Naßförderung vor, und alle drei sind nur für kleine Schiffe bemessen. Nur bei der quergeneigten Bahn findet wirkliche Naßförderung statt; die beiden längsgeneigten Bahnen zu Blackhill und in Georgetown werden mit nur ganz geringer Wasserfüllung von 0,6 bzw. 0,7 m Tiefe betrieben. Von Hebewerken für normale Kanalschiffe liegen nur Projekte vor; aus diesen geht aber immerhin so viel hervor, daß die Anlagekosten dieser Hebewerke sehr hohe sind. Die längsgeneigten Hebewerke werden teuer, weil sie nur mit geringer Geschwindigkeit betrieben werden können, daher wenig leisten und infolgedessen als Doppelbahnen angelegt werden müssen. Die quergeneigten Hebewerke erfordern kostspielige Gründungen und Fahrbahnen. Der mit sehr hohen Preisen bedachte Wettbewerb für das Hebewerk in Prerau hätte sicher etwas Brauchbares zutage gefördert, wenn die Naßförderung nicht grundsätzliche wirtschaftliche Mängel hätte.

Voraussichtlich wird daher die weitere Entwicklung nicht auf diesem Wege liegen. Wie die Technik sehr häufig, wenn sie auf einen toten Strang geraten ist, einen früher betretenen und dann verlassenen Weg wieder aufnimmt, so wird es möglicherweise auch hier geschehen. Einen derartigen früher begangenen Weg bildet auf dem Gebiet der Hebewerke die Trockenförderung.

c) Schiffsbahnen.

(Geneigte Ebenen mit Trockenförderung.)

Die ersten Versuche, Schiffe aus einem tiefer liegenden Wasserbecken in ein höheres auf einer Bahn in trockenem Zustand zu fördern, sind uralt und in ihren ersten Anfängen naturgemäß sehr primitiv. Eine hölzerne Bahn führte von dem unteren Becken auf einen Damm und von diesem wieder ein kurzes Stück abwärts in das höher liegende Wasserbecken; auf dieser Gleitbahn wurden die Schiffe mit Menschen- oder Tierkräften wie Schlitten geschleppt.

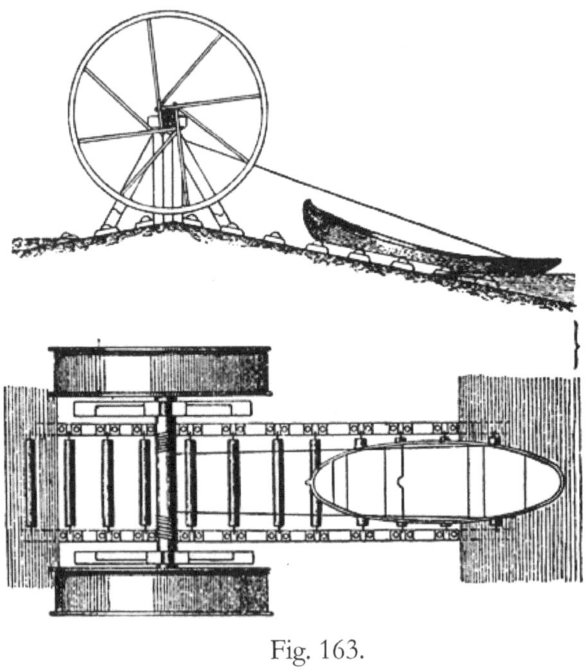

Fig. 163.

S c h l e p p e n dieser einfachen Art werden in China seit Jahrhunderten verwendet. In Belgien sind sie seit dem 12. Jahrhundert bekannt, also wesentlich älter als die Schleusen.

Eine Verbesserung wurde später dadurch herbeigeführt, daß die hölzernen Bahnen mit feststehenden Rollen ausgerüstet wurden, über welche die Schiffe mit geringerem Widerstand und größerer Schonung gezogen werden konnten. Derartige Einrichtungen fanden sich zuerst in den Niederlanden, später in England. Nach dem Bericht von Hagen waren die Tragrollen mit einem Durchmesser von rund 0,2 m und einer Breite von rund 1,8 m ausgeführt und in Abständen von rund 1 m gelagert. Naturgemäß waren diese R o l l b r ü c k e n nur für kleine Schiffe verwendbar.

Fig. 163 (entnommen aus dem Handbuch der Ingenieurwissenschaften 3. Band, 2. Abt., 2. Hälfte) zeigt eine Ausführung in Frankreich.

Fig. 164.

Eine bessere Auflagerung der Schiffe wurde erst möglich, als man dazu überging, das Schiff auf einen besonderen Wagen zu setzen. Die erste Nachricht über eine derartige Ausführung ist in einem von Beck herausgegebenen Werk von Vittorio Zonca enthalten, der 1568 bis 1602 in Padua lebte und das Ehrenamt eines Stadtbaumeisters bekleidete. Die in Fig. 164 (entnommen aus Beck) wiedergegebene Anlage war in F u s i n a bei Venedig errichtet und diente zur Überführung der Barken aus dem Fluß in die Lagunen. Auf einem steinernen Geleise lief ein mit vier Laufrädern ausgerüsteter Wagen. Die Räder von rund 0,3 m Durchmesser und rund 0,2 m Breite waren aus Holz und mit eisernen Reifen und Zapfen versehen. Zum Aufziehen der Schiffswagen dienten zwei Pferdegöpel. Aus dem Bild ist ersichtlich, wie der Wagen aus der oberen Haltung auf den Damm — den trockenen Scheitel — gehoben wird, um nach Überschreitung des Scheitels in die untere Haltung hinabgelassen zu werden.

Eine ähnliche Anlage wurde zu K e t l e y in der Grafschaft Shropshire im Jahre 1788 erbaut.

Hagen gibt in seinem »Handbuch der Wasserbaukunst« die Abmessungen wie folgt an:

Tragkraft der Schiffe

5 t

Abmessungen der Schiffe

5,7 m × 1,8 m × 0,6 m
Tiefgang

Hub

21 m

Steigung

1 : 2

Der hölzerne Wagen lief mit vier Rädern auf einem hölzernen Geleise von 1,8 m Spur und wurde mittels Hanfseilen gezogen.

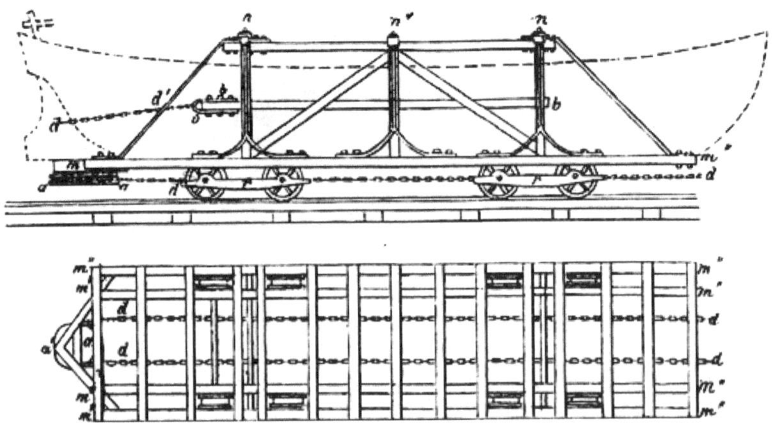

Fig. 165.

In den Jahren 1825 bis 1836 wurden an dem Morriskanal bei Philippsburg in New Jersey in den Vereinigten Staaten 23 Schiffsbahnen vom Major Douglaß erbaut. In dem Civil Engineer and Architect Journal Jahrgang 1842 finden sich folgende Abmessungen für die Bahn mit dem größten Hub angegeben:

Tragkraft der Schiffe

70 t

Abmessungen der Schiffe

24 m × 2,3 m

Hub

30 m

Steigung

1 : 11

Bahnlänge

330 m

Dauer einer Durchfahrt

15 Minuten

Fig. 165 (entnommen aus Dinglers Journal 1842, Band 85) stellt den Schiffswagen dar, der von zwei Radgestellen mit je vier Rädern, also insgesamt acht Rädern getragen wurde.

Ursprünglich war an der oberen Haltung eine Schleuse angebracht, in die der Schiffswagen hineinfuhr, worauf das äußere Tor geschlossen, die Schleuse gefüllt und dann das innere Tor geöffnet wurde. Da diese Einrichtung zu viel Zeit und Wasser erforderte, so ersetzte man die Schleuse später durch einen trockenen Scheitel. Das Überschreiten des letzteren wurde dadurch ermöglicht, daß man die Laufräder mit doppelten Spurkränzen versah und sie auf Doppelschienen laufen ließ, die so geknickt waren, daß der Schiffswagen stets in der wagrechten Stellung blieb. Die zuerst angebrachten Ketten wurden später durch Drahtseile ersetzt, die auf eine durch ein Wasserrad gedrehte Seiltrommel sich aufwickelten. In einer Stunde konnten sechs Hübe ausgeführt werden, wobei nur ein Mann zur Bedienung erforderlich war. Die Anlagekosten einer Bahn von 16 in Hub betrugen 70000 M.

Nach dem Vorbilde der Anlagen am Morriskanal wurden die fünf Schiffsbahnen des Elbing-Oberländischen Kanals in den Jahren 1845 bis 1860 gebaut. Eine eingehende Darstellung gibt Hagen in seinem »Handbuch der Wasserbaukunst«.

Die Schiffe sind mit Ausnahme einiger kleiner Dampf- und Segelbote nahezu von gleicher Form und Größe, und zwar aus Holz mit flachem Boden. Sie dürfen nach den Betriebsvorschriften folgende Abmessungen nicht überschreiten:

Tragkraft der Schiffe

70 t

Abmessungen der Schiffe

23 m × 2,8 m × 1,0 m
Tiefgang

Hub

25 m bei der höchsten
Bahn

Steigung

1 : 12

Gewicht des Wagens mit Schiff

120 t

Höchste Fahrgeschwindigkeit

1 sekm

Dauer einer Durchfahrt

15 Minuten

Anlagekosten

714000 M.

Der Schiffswagen — Fig. 166a — (entnommen aus Hagen, »Handbuch der Wasserbaukunst« 1874, 4. Band) ist ganz aus Eisen konstruiert und mit hölzernen Bohlen belegt; er läuft auf acht Rädern, die in zwei Radgestellen gelagert sind und mit doppelten Spurkränzen versehen sind. Die Räder laufen wie bei den Bahnen am Morriskanal auf geknickten Doppelschienen, so daß der Schiffswagen stets in wagerechter Lage bleibt. Die Spurweite der Geleise beträgt 3 m. Ein Wasserrad von 8 m Durchmesser treibt eine eiserne Seiltrommel, auf welche sich die Drahtseile aufwickeln, die zu den beiden

Schiffswagen führen, während ein drittes Drahtseil die beiden Wagen unter sich verbindet. Der von jedem Schiff mitgeführte Handkahn wird an den eisernen Davits des Schiffswagens aufgehangen. Fig. 166b (entnommen aus Möller »Grundriß des Wasserbaues«) stellt die Überschreitung des trockenen Scheitels dar.

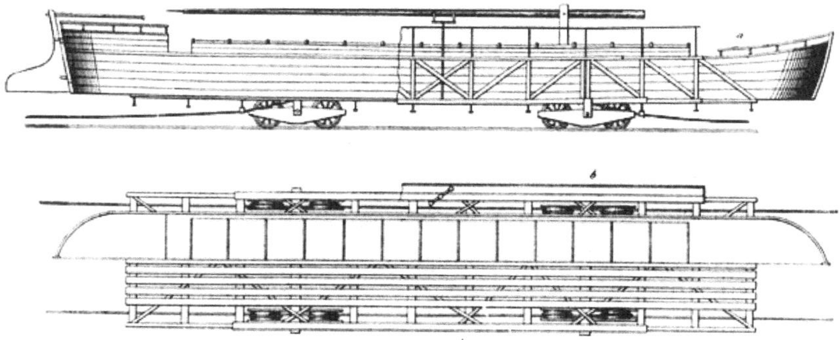

Fig. 166a.

Fig. 166b.

Mit diesen kleinen Anlagen ist die Zahl der wirklichen Ausführungen abgeschlossen. Auch Projekte für Trockenförderung wurden in der Folge nicht mehr durchgearbeitet, weil man der Meinung war, es sei unmöglich, ein beladenes Kanalschiff so abzustützen, daß keine zerstörenden Formveränderungen an dem Schiff auftreten. Man war in diesem Vorurteil so befangen, daß man die Frage, welche Bedingungen eine geeignete Stützung zu erfüllen hätte, gar nicht studierte.

Wie wenig die Bedingungen erkannt worden sind, geht klar aus Projekten hervor, die in allerneuester Zeit gelegentlich des Wettbewerbes für Prerau vorgeschlagen wurden. Man wollte die Schiffe auf quergezogene Gurten setzen, auf Gummikissen, auf Hölzer, die durch Spiralfedern gestützt waren u. dgl. m.; kurz, man wollte die Lagerung möglichst elastisch gestalten. Dieses Bestreben beruht auf einer durchaus falschen Anschauung. Solange das Schiff im Wasser schwimmt, wirken von innen auf die Schiffswandungen die Gewichte der Ladung, von außen der Wasserdruck, der eine ganz bestimmte Größe hat. Würde man nun den Wasserdruck durch einen ganz unberechenbaren elastischen Gegendruck ersetzen, dann würden zweifellos Einbeulungen entstehen, die nach innen oder außen gerichtet sind, je nachdem der Außendruck oder der Ladungsdruck überwiegt. Es würde also gerade die elastische Lagerung das Schiff gefährden.

Eine grundsätzliche richtige Stützung muß darauf ausgehen, die Form, welche das schwimmende Schiff einnimmt, ganz genau zu erhalten.

Es muß also eine große Zahl von sicher geführten, beweglichen Stützen angeordnet werden, die mit ganz gelindem Druck an die Schiffswand angelegt werden, während das Schiff schwimmt. In dieser Lage müssen die Stützen nun festgestellt werden. Wird nun das Wasser abgelassen, dann kann sich an der Form des Schiffes nichts verändern, vorausgesetzt, daß die Stützen genügend nahe beisammen stehen. Die Beanspruchungen, die nun im Schiff entstehen, lassen sich genau berechnen; man ist also in der Lage, die erforderliche Zahl und Stellung der Stützen so zu wählen, daß für alle Schiffe eine sichere Stützung möglich ist. Bei diesem richtigen Stützverfahren wird durch die beweglichen Stützen gewissermaßen ein Abguß von der Schiffsform genommen; das Feststellen der angelegten Stützen entspricht dem Erhärten des Abgusses. Das Schiff ruht dann in dem Abguß genau so wie vorher im Wasser.

Man hat auch zugegeben, daß es möglich sei, für moderne richtig gebaute Kanalschiffe eine zuverlässige Stützung zu finden, hat aber gleichzeitig darauf aufmerksam gemacht, daß die altersschwachen hölzernen Schiffe eine Trockenstützung nicht aushalten. Ganz abgesehen davon, daß man diese willkürliche Behauptung nie wissenschaftlich durch Nachrechnung der Beanspruchungen geprüft hat, erscheint es als ein recht merkwürdiges Vorgehen, daß ungeheure Mehrkosten von vielen Millionen aufgewendet werden sollen, um durch die neuen Kanäle einige alte Holzschiffe zu leiten, die alle zusammen vielleicht den zwanzigsten Teil jener Mehrkosten wert sind.

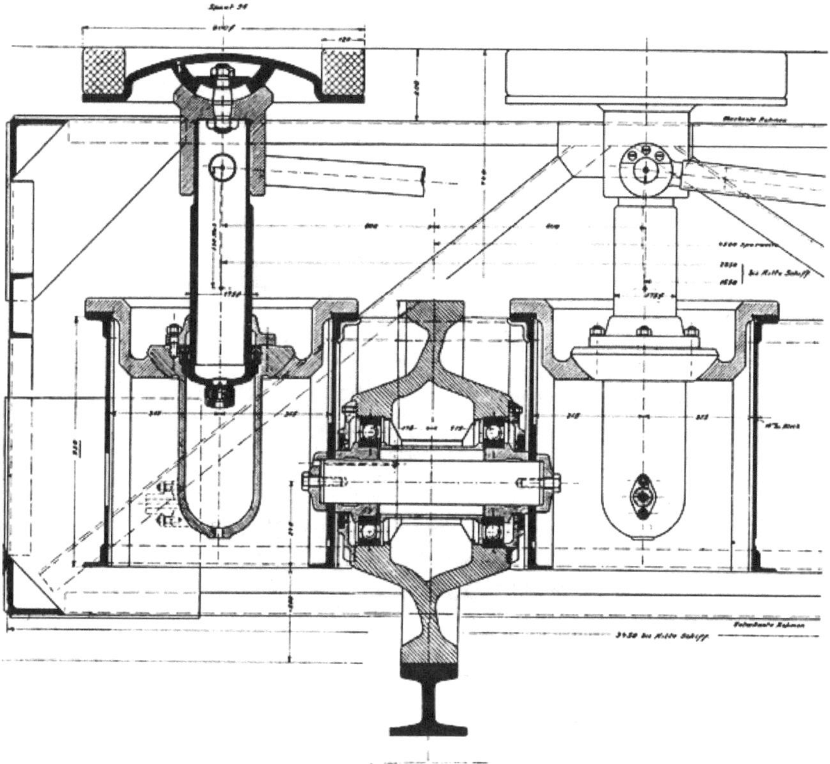

Fig. 167a.

Eine derartige grundsätzlich richtige Stützung — die vollständig starr sein muß, solange das Schiff trocken liegt —, läßt sich mit konstruktiv sehr einfachen Mitteln erzielen. Ein Druckwasserzylinder — Fig. 167a — ist in einem Kugelgelenk aufgehangen. Der Kopf seines Plungers ist durch zwei schiefe Lenkstangen so geführt, daß der Plunger mit den beiden Lenkstangen ein Tetraeder bildet. Der Plungerkopf trägt wieder mit Kugelgelenk eine Stahlhaube, die mit einem geflochtenen Tauring gefüttert ist. Solche Stützen sind in ausreichender Zahl angebracht: etwa 120 für ein Normalschiff von 600 t. Das schwimmende Schiff wird in richtiger Lage etwa 20 cm über den in tiefster Stellung befindlichen Stützen vertaut. Nun wird Druckwasser von sehr geringer Pressung in alle Zylinder geleitet; die Plunger steigen hoch und legen sich mit gelindem Druck an die Schiffswand. Dann wird jeder Zylinder für sich abgesperrt, und zwar durch ein Sperrventil besonderer Art Fig. 167b. Diese Absperrung bewirkt, daß die vorher beweglichen Plunger nunmehr starre Stützen werden. Wird nun das Wasser abgelassen, so bleibt das Schiff unverrückbar auf den Stützen sitzen. — Fig. 168. Die Beanspruchungen, die sich hierbei im Schiffsboden ergeben, lassen sich mit vollkommener

Sicherheit nachrechnen, der moderne Schiffbau gibt zuverlässige Methoden hierfür an.

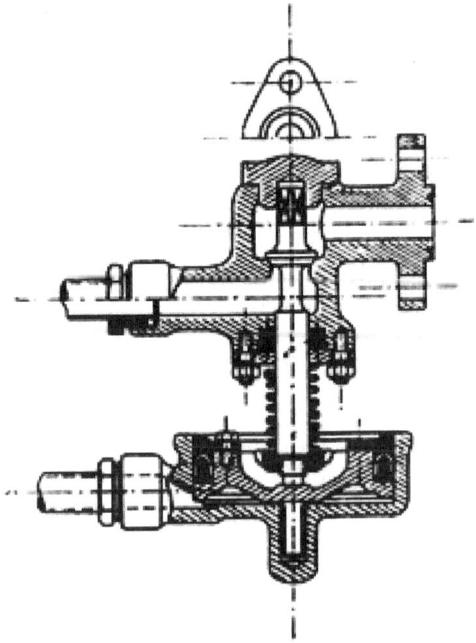

Fig. 167b.

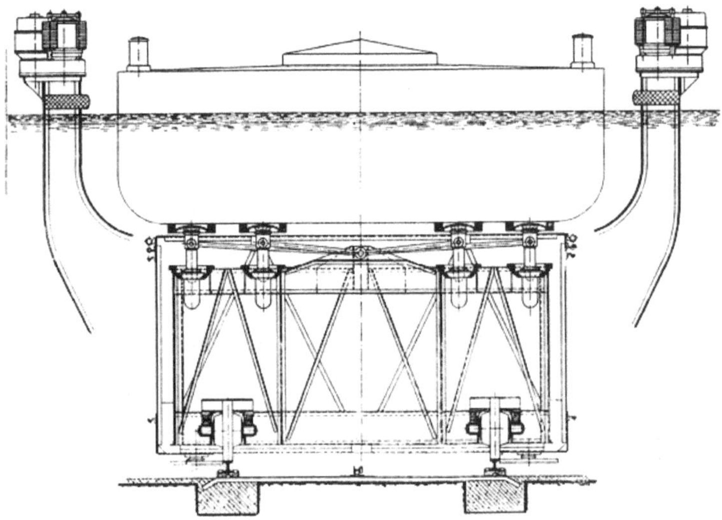

Fig. 168.

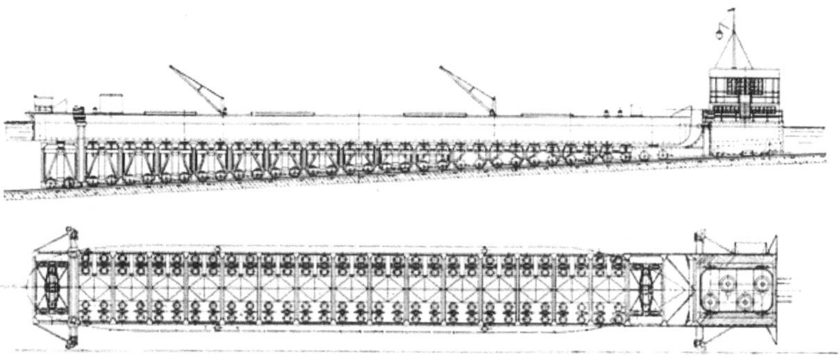

Fig. 169a.

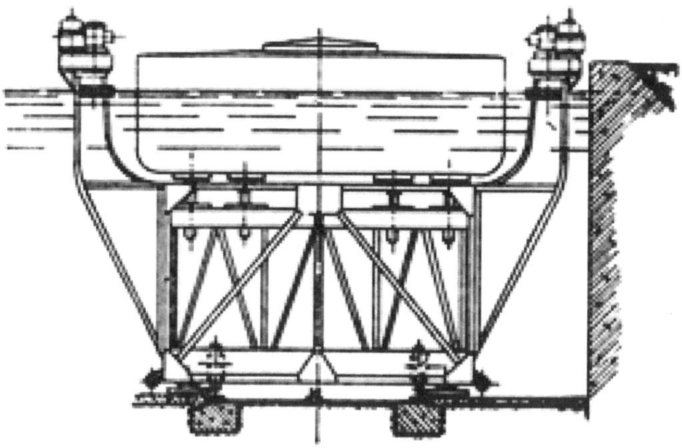

Fig. 169b.

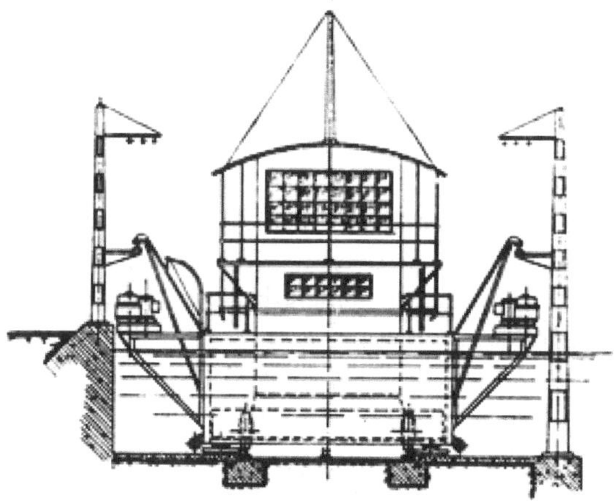

Fig. 169c.

Die Auflagerung des Schiffes auf Druckwasserzylindern wurde bereits 1882 von Eads und von Bellingrath vorgeschlagen. Beide wollten aber die

Zylinder durch Rohrleitungen unter sich verbinden, um eine »elastische« Stützung zu bewirken. Daß dieser Gedanke ein Irrtum ist, wurde im vorhergehenden bereits nachgewiesen.

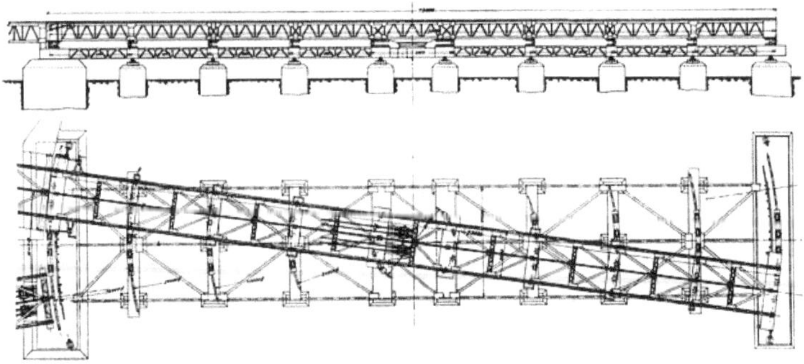

Fig. 170.

Die Trockenförderung gewährt gleichzeitig die Möglichkeit, alle Schleusentore und alle Dichtungen zu vermeiden. In der unteren Haltung gestaltet sich die Sachlage sehr einfach: der Wagen mit dem Schiff — Fig. 169a-b-c — fährt mit immer mehr verringerter Geschwindigkeit in das Unterwasser ein, so daß das trocken gestützte Schiff ganz allmählich immer tiefer in das Wasser eintaucht. Man hat behauptet, daß bei diesem Einfahren unzulässig starke Strömungen entstehen. In Wirklichkeit hängt die Stärke der Strömung einzig und allein von dem Wasserquerschnitt und von der Schiffsgeschwindigkeit ab. Die Wissenschaft gibt auch hier zuverlässige Mittel an die Hand, diese Faktoren so zu bemessen, daß nur eine völlig ungefährliche Strömung entsteht.

Ebenso einfach läßt sich die Einfahrt in die obere Haltung gestalten, wenn man die Bahn so hoch führt, daß der Schiffswagen zunächst etwas höher als das Oberwasser zu stehen kommt, und nun durch eine als Drehscheibe ausgebildete Schleppweiche — Fig. 170 — den Schiffswagen auf eine kurze zweite Bahn leitet, die unmittelbar in das Oberwasser hineinführt.

Der Betrieb gestaltet sich sehr einfach, weil der Schiffswagen nicht genau in seine Endstellungen zu fahren braucht und weil keinerlei Schleusentore und keinerlei Dichtungskeile u. dgl. zu bewegen sind. Die einfache Gestaltung des Oberhauptes und der Schleppweiche ist erkennbar aus Fig. 171.

Fig. 171.

Die wirtschaftliche Überlegenheit der Trockenförderung über die Naßförderung gründet sich auf folgende Umstände:

Da der Trog mit seinem Wasserinhalt fortfällt, so wird das Gewicht des Schiffswagens von 2200 t auf 1100 t, also auf die Hälfte, verringert. Infolgedessen wird zunächst der Schiffswagen selbst mit seinen Laufrädern und seinem Antrieb ganz bedeutend einfacher, leichter und billiger. Da die bewegte Last nur halb so groß ist, so werden auch die Anlagekosten des Geleises und seiner Gründung entsprechend geringer. Während ferner bei der Naßförderung die Geschwindigkeit des Schiffswagens der unvermeidlichen Wasserschwankungen wegen kaum über 0,5 sekm gesteigert werden kann, steht bei der Trockenförderung nichts im Wege, die Geschwindigkeit auf 2 sekm zu erhöhen, und das um so eher, als die bewegte Last nur halb so groß ist. Infolge der größeren Geschwindigkeit leistet das Hebewerk mehr; man wird daher mit einem eingeleisigen Trockenhebewerk dasselbe leisten können wie mit einem zweigeleisigen Naßhebewerk; mit anderen Worten: man wird mit bedeutend geringeren Anlagekosten auskommen. Endlich kommen alle Schleusentore in Fortfall, was wiederum eine Verminderung der Baukosten bedeutet.

Einen guten Einblick in die wirtschaftlichen Verhältnisse liefern die Schaubilder in Fig. 172.

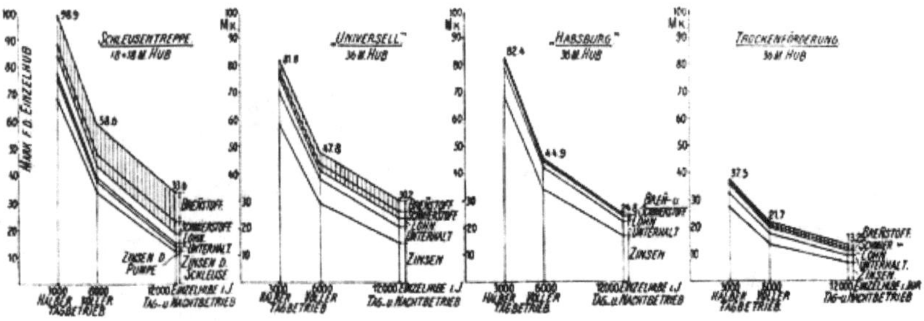

Fig. 172.

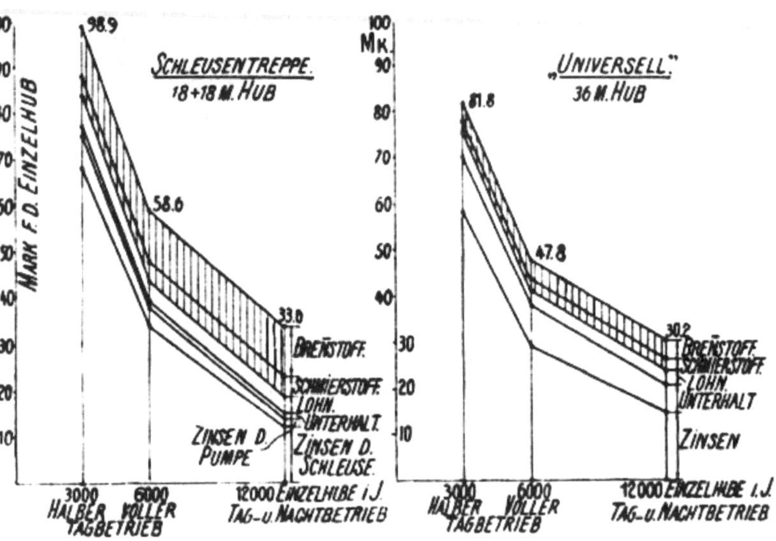

Fig. 172 (linker Teil).

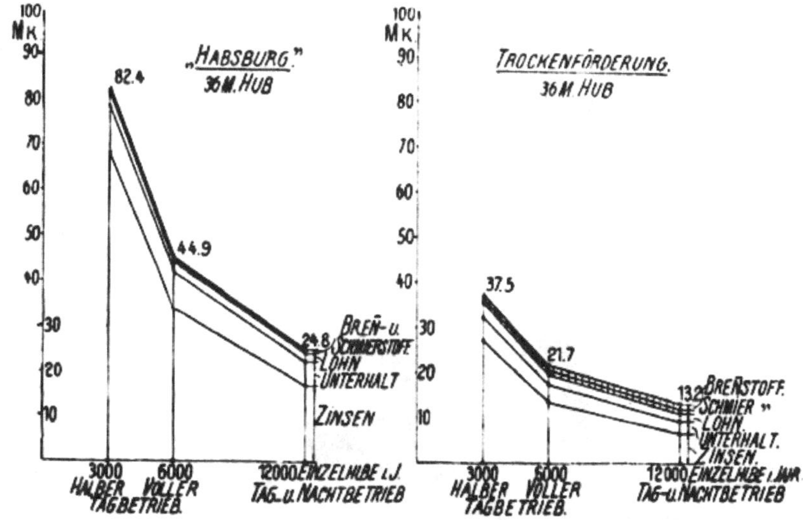

Fig. 172 (rechter Teil).

In diese sind für Tag- und Nachtbetrieb (12000 Einzelhübe im Jahr), für vollen Tagbetrieb (6000 Einzelhübe im Jahr) und für halben Tagbetrieb (3000 Einzelhübe im Jahr) die gesamten Betriebskosten eingetragen. Im ersten Schaubild sind die Betriebskosten einer Schleusentreppe, bestehend aus zwei Schleusen von je 18 m Hub, dargestellt. Die Schleusen sind mit Sparbecken vorausgesetzt. Die Anlagekosten setzen sich zusammen aus den Kosten der eigentlichen Schleusen und aus den Anlagekosten der Pumpenanlage, die das verbrauchte Wasser aus der unteren Haltung in die obere zurückpumpen muß. Das zweite Bild bezieht sich auf das mit dem ersten Preis ausgezeichnete Projekt »Universell« des Wettbewerbs für Prerau — längs geneigte Trogbahn —, das dritte Schaubild entspricht dem Projekt »Habsburg« mit dem zweiten Preis — Schwimmtrommel —, und das vierte Bild gilt für ein längs geneigtes Hebewerk mit Trockenförderung, das genau dieselbe Leistung besitzt wie die beiden ersten Projekte.

In diesen Bildern sind zunächst die Kosten für die Verzinsung und Tilgung des Anlagekapitals eingetragen, und zwar mit dem sehr geringen Satz von nur 4% von der Gesamtanlage. Weiter sind aufgetragen die Kosten für die Instandhaltung mit dem Satz von 2% von der Maschinenanlage für Tag- und Nachtbetrieb, mit dem Satz von 1,5% für vollen Tagbetrieb und mit 1% für halben Tagbetrieb. Dann folgen die Kosten für die Bedienung des Hebewerks und schließlich die Kosten für Brennstoff und für Schmierstoff. Man sieht, daß bei dem zweiten und namentlich bei dem dritten Bild die Kosten für Brennstoff und Schmierstoff fast verschwinden gegenüber den Kosten für Verzinsung und Unterhaltung. Man muß daher, um den Betrieb wirtschaftlicher zu gestalten, in erster Linie das Anlagekapital zu vermindern suchen. Der Erfolg dieses Bestrebens ist aus dem vierten Schaubild deutlich erkennbar.

Da das Gebiet der Schiffshebewerke ein im Beginn seiner Entwicklung stehendes ist, so konnte naturgemäß über ausgeführte Anlagen nur wenig mitgeteilt werden. Die ungeheure geistige Arbeit, welche in den Projekten niedergelegt ist, liefert aber einen so reichhaltigen Stoff für die Beurteilung des Entwicklungsganges, daß die Darstellung eine unzeitgemäße gewesen wäre, wenn sie sich auf die Ausführungen allein beschränkt hätte.

IV
Rückblick auf die Entwicklung der Hebemaschinen im 19. Jahrhundert

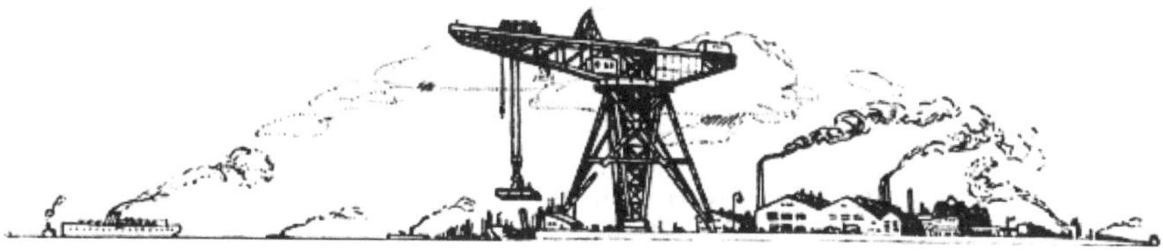

IV

Rückblick auf die Entwicklung der Hebemaschinen im 19. Jahrhundert.

Nachdem die Entwicklung innerhalb der einzelnen Anwendungsgebiete dargestellt wurde, um den Zweck der Hebemaschinen zu beleuchten, sollen im folgenden diejenigen Züge des Entwicklungsganges gezeichnet werden, die gemeinsam für alle Gebiete sind. Es werden einerseits diejenigen großen Einflüsse zu besprechen sein, die auf die Gestaltung der Hebemaschinen stark eingewirkt haben, und es werden anderseits umgekehrt die Folgen hervorgehoben werden müssen, welche aus der Einführung der Hebemaschinen entstanden sind.

1. Einfluß der Naturkraft auf die Gestaltung der Hebemaschinen.

Zu Beginn des 19. Jahrhunderts finden wir nur das Menschentretrad beim Kaikran, den Pferdegöpel und das Wasserrad bei den Fördermaschinen der Bergwerke. Eine andere Naturkraft als die animalische und die des Wassers stand damals nicht zur Verfügung. Die genannten Hebemaschinen sahen im 15. Jahrhundert fast genau ebenso aus; der Mangel einer geeigneten Naturkraft hatte jeder Weiterentwicklung im Wege gestanden.

Im Jahre 1777 setzte Watt seine erste Dampfmaschine in England in Betrieb, im Jahre 1785 wurde die erste Dampfmaschine in Deutschland aufgestellt. Die erste Hebemaschine, welche mit Dampfkraft betrieben wurde, war die Fördermaschine. Wie bereits erwähnt, waren im Jahre 1826 im preußischen Bergbau nach dem Bericht von Severin bereits 16 Dampffördermaschinen in Betrieb mit einer freilich sehr kleinen Durchschnittsleistung von nur 7 PS. In den Kaibetrieb hielt die Dampfkraft erst sehr viel später Einzug. Nach dem Bericht des Engländers Colyer ist der erste Dampfkran überhaupt im Jahre 1851 gebaut worden, während Dampfkrane in den Hafenbetrieb erst um die Zeit von 1863 eingeführt worden sind. In die gleiche Zeit fällt die Ausgestaltung der Dampfwinden für die Aufstellung auf Handelsdampfern. In Hüttenwerken und Werften dürften Dampfkrane von der Zeit um 1860 an benutzt worden sein.

Am Ausgang des 19. Jahrhunderts finden wir die Dampfkraft noch in Alleinherrschaft auf dem Gebiet der Fördermaschinen und der Schiffswinden, bei ersteren der großen Abmessungen wegen, bei letzteren wegen der Nähe der Kesselanlage. Dagegen ist auf den anderen Gebieten der Dampfantrieb fast völlig verdrängt worden. Nur solche Krane, die auf weiten Fabrikhöfen und verzweigten Geleisen arbeiten müssen, werden noch mit Dampfkesseln ausgerüstet. In den letzten Jahren ist auch in das Gebiet der Fördermaschinen der elektrische Betrieb eingedrungen, der hier voraussichtlich ganz an die Stelle der Dampfkraft treten wird. Selbst an Bord von Schiffen wird wahrscheinlich in kurzer Zeit der Dampfantrieb zum großen Teil durch elektrischen Betrieb verdrängt werden, wenigstens auf Personendampfern.

Der Antrieb von einer laufenden Transmission aus dürfte bereits im ersten Drittel des 19. Jahrhunderts seine Ausbildung gefunden haben; denn in Dr. Ures Philosophy of Manufactures aus dem Jahre 1835 und in der Enzyklopädie des Prof. Hülsse aus Chemnitz aus dem Jahre 1841 begegnen wir bereits der Darstellung von Aufzügen mit Transmissionsbetrieb, die eine durchaus richtige Durchbildung der Einzelheiten aufweisen. Wir finden hier bereits die Steuerung mittels Fest- und Losscheibe und eine Bandbremse, die durch eine Kurvenscheibe gleichzeitig mit dem Riemen gesteuert wird.

Älter als diese gut durchgebildete Ausführung dürften die primitiven Friktionswinden der Getreidemühlen sein, die ihren Typ im Lauf des neunzehnten Jahrhunderts so wenig verändert haben, daß sie heute noch in fast derselben Gestalt zahlreich verbreitet sind. Das erste Beispiel dieser Art dürfte der Mühlenaufzug Fig. 10 sein, der aus der Zeit der Hussitenkriege stammt.

Wesentlich schwieriger als der Antrieb einer feststehenden Winde war die Aufgabe, von einer laufenden Transmission die Kraftübertragung nach einem fahrbaren Laufkran herzustellen. Ramsbottom löste dieses Problem durch die Konstruktion der Laufkrane mit Seilantrieb im Jahre 1861 in einer Kesselschmiede in Crewe (Z. d. V. d. I., Mai 1868). Der Ingenieur Bredt des ältesten Kranbau-Werks in Deutschland, Stuckenholz in Wetter an der Ruhr (gegründet 1830), übertrug diese Konstruktion im Jahre 1867 nach Deutschland (Z. d. V. d. I., 16. Sept. 1905, Seite 1530), aber mit wesentlichen Verbesserungen und Vereinfachungen. Er ordnete das Triebwerk nicht auf der Laufkatze, sondern an dem einen Ende der Kranbühne an, wodurch die Seilübertragung wesentlich einfacher und dauerhafter wurde. Ferner verbesserte er die Steuerung, indem er nicht das laufende Seil an die Seilscheiben preßte, sondern Wendegetriebe mit Spreizringkupplungen einführte. Diese Kupplungen haben sich so vorzüglich bewährt, daß sie heute noch in wenig veränderter Gestalt vielfach ausgeführt werden. Noch etwas älter als der Seilantrieb ist die Kraftübertragung auf Laufkrane mittels Vierkantwellen, die bereits im Jahre 1854 in dem Civil Engineer and Architect Journal erwähnt werden. Bredt führte bei diesen Kranen Kipplager ein. (Z. d. V. d. I., 16. Sept. 1905). Für die hier ausführlicher dargestellte Entwicklung der Hebemaschinen in Bergwerken, Hüttenwerken, Hafenanlagen, Werften und auf Schiffen ist der Transmissionsbetrieb nie von Bedeutung gewesen. Seine Anwendung hat er hauptsächlich für Aufzüge in Mühlen und Fabriken sowie für Laufkrane in Werkstätten gefunden.

Gegen den Ausgang des neunzehnten Jahrhunderts wurde der Transmissionsantrieb bei Hebemaschinen fast völlig vom elektrischen Betrieb verdrängt; nur in sehr kleinen Anlagen, die eine Transmission, aber nicht elektrischen Strom zur Verfügung haben, werden heute noch Winden mit Transmissionsantrieb aufgestellt.

Der Druckwasserantrieb nahm, wie bereits erwähnt, seinen Ausgang von der Erfindung der hydraulischen Presse durch Bramah im Jahre 1798. Bramah selbst versuchte bereits 1826 diese Erfindung auf den Kranbetrieb zu übertragen; seine Konstruktion kann indessen nur als Vorläufer betrachtet werden, da sie einem Handkran gegenüber kaum einen Vorteil bot. Erst Armstrong machte im Jahre 1846 den Druckwasserantrieb dadurch lebensfähig, daß er im Jahre 1847 die Aufspeicherung des Druckwassers im Hochbehälter und 1851 im Gewichts-Akkumulator einführte.

Die Druckwasserkrane fanden zuerst Eingang in den Kaibetrieb, und zwar von 1847 an in England, während sie in Deutschland erst sehr viel später sich einbürgerten. Die erste größere hydraulische Anlage in Bremen wurde im Jahre 1886 in Betrieb gesetzt. Um die Mitte des neunzehnten Jahrhunderts wurden die Druckwasserkrane in Hüttenwerken eingeführt und dort bald zahlreich verbreitet. Dagegen sind Druckwasserkrane auf Schiffen erst sehr viel später aufgestellt worden und sind dort auch nur vereinzelt geblieben.

Am Ende des neunzehnten Jahrhunderts finden wir die Druckwasserkrane aus dem Kaibetrieb verdrängt durch den elektrischen Betrieb; in den Hüttenwerken setzt sich der fahrbare elektrische Kran an Stelle des feststehenden hydraulischen Krans. Für Kraftverteilungen wird Druckwasser kaum mehr zur Anwendung kommen, weil Rohrnetze zu sehr im Nachteil gegenüber Kabeln sind; dagegen als Kraftübertragungsglied zwischen elektrisch betriebener Pumpe und zwischen dem Treibzylinder einer kurzhubigen Hebemaschine wird vielleicht das Druckwasser noch ein gewisses Anwendungsgebiet finden.

Die erste Anwendung des Druckluftantriebes für Hebemaschinen stammt, wie bereits erwähnt, nach dem Bericht von Hülsse aus dem Jahr 1839, in dem zu Chatlinot ein Gichtaufzug in Betrieb war, der durch die ohnehin vorhandene Gebläseluft betrieben wurde. Derartige Druckluft-Gichtaufzüge sind vielfach ausgeführt worden, bis sie durch den wirtschaftlicheren Dampfbetrieb verdrängt wurden.

Ein zweites Anwendungsgebiet fand die Druckluft, als die Gesteinsbohrmaschinen mit Preßluftantrieb entstanden. Es lag nahe, die ohnehin vorhandene Druckluft zum Betrieb von untertags aufgestellten

Förderhaspeln zu benutzen. Derartige Drucklufthaspel werden auch heutzutage zahlreich ausgeführt und werden ihren Platz behaupten, solange die Gesteinsbohrmaschinen die Druckluft aus obertags aufgestellten Kompressoren beziehen. Sollte der bereits mehrfach versuchte Betrieb der Bohrmaschinen durch kleine vor Ort aufgestellte Kompressoren mit Elektromotorenantrieb sich weiter verbreiten, dann würde man allerdings die Untertags-Haspel auch dort durch Elektromotoren betreiben müssen, wo dies bisher nicht geschieht.

Eine dritte Periode für den Druckluftbetrieb begann in Amerika, als dort die Druckluftwerkzeuge erfunden wurden. Es lag nahe, die in den Werkstätten nun ohnehin vorhandene Druckluft auch zu dem Betrieb von sehr einfachen Hebemaschinen zu verwenden. Man empfand allerdings die Unsicherheit dieser Hebemaschinen sehr bald als Mangel und suchte dem durch die Hinzufügung von Ölbremszylindern abzuhelfen, wodurch indessen die Einfachheit verloren ging. Neuerdings hat man auch Druckluftmotoren zum Betrieb von Hebemaschinen verwendet. Solange die Druckluft-Hebemaschinen feststehend verwendet wurden, gestaltet sich die Luftzuleitung sehr einfach, wird aber sehr umständlich, wenn man versucht, die Hebemaschinen über größere Strecken fahrbar zu machen. Letzteres wird aber gerade in modernen Werkstätten angestrebt; es ist daher vorauszusehen, daß gerade der für fahrbare Hebemaschinen so günstige elektrische Betrieb dem Druckluftbetrieb weit überlegen sein wird.

Aus dieser Entwickelung ist zu schließen, daß der Druckluftbetrieb auf vereinzelte Anwendungsgebiete beschränkt bleiben wird, und daß er besonders in neueren Werkstätten nicht die Verbreitung finden wird, die ihm in Amerika bisher zuteil geworden ist.

Hatte die Dampfkraft überhaupt die Möglichkeit eröffnet, Hebemaschinen mit Naturkraft zu bauen, so führte die elektrische Kraftübertragung einen vollständigen Umschwung im Hebemaschinenbau herbei, insofern, als sie erst diesen Maschinen freie Beweglichkeit und stete Betriebsbereitschaft gewährte.

Die erste elektrische Lokomotive wurde von Werner Siemens im Jahre 1879 gebaut und auf der Berliner Gewerbe-Ausstellung zum Betrieb einer kleinen Ausstellungsbahn vorgeführt.

Der erste Versuch einer Fernübertragung wurde im Jahre 1882 von Miesbach nach München nach den Angaben von Marcel Deprez bei Gelegenheit der Münchener elektrotechnischen Ausstellung ausgeführt.

Die erste Anwendung auf Hebemaschinen fand der elektrische Betrieb im Jahre 1883 in Mannheim; in der dortigen Ausstellung wurde von Siemens & Halske ein Personenaufzug mit elektrischem Betrieb vorgeführt.

Der erste Laufkran mit elektrischem Betrieb wurde im Jahre 1887 von Stuckenholz für die Werft von Blohm und Voß geliefert.

Die beiden ersten Versuchs-Kaikrane wurden — wie bereits erwähnt — im Jahre 1890 in Hamburg in Betrieb gesetzt.

Die erste elektrisch betriebene Schiffswinde wurde im Jahre 1895 gebaut. In dem nun folgenden Jahrzehnt schritt die Durchbildung und Verbreitung von elektrisch betriebenen Hebemaschinen so rasch voran, daß diese von 1900 an nahezu die Alleinherrschaft gewannen.

Nur ein einziges Gebiet gehörte um diese Zeit noch ausschließlich der Dampfkraft: die Fördermaschine der Bergwerke. Im Jahre 1895 kam zum erstenmal die Leonardschaltung zur Anwendung für einen Förderhaspel der Hollerter-Zug-Grube; im Jahre 1899 wurde die erste kleine Fördermaschine mit direkt gekuppeltem Elektromotor zu Thiederhall in Betrieb gesetzt; im Jahre 1903 wurde zum erstenmal ein Förderhaspel mit Ilgnerschaltung gebaut; im Jahre 1902 folgte die Inbetriebsetzung der ersten Hauptschacht-Fördermaschine auf dem Schacht Preußen, und schließlich im Jahre 1903 kam die erste Hauptschacht-Fördermaschine mit Ilgnerschaltung auf dem Schacht Zollern in Gang.

Mit ganz wenig Ausnahmen werden die Hebemaschinen der folgenden Zeit durchweg elektrischen Antrieb erhalten; auch Hebemaschinen mit Handbetrieb dürften nur noch für kleine Tragkraft und für kurzen Hub gebaut werden.

Ein Sondergebiet, das bisher nur sehr geringe Bedeutung gehabt hat, wird vielleicht sich ein größeres Feld erobern: der Antrieb durch Benzinmotor. Von allen Kraftmaschinen ist dieser Motor der unabhängigste und freibeweglichste; er ist aus diesem Grund für den Kraftwagenbetrieb nahezu der allein übliche geworden. Versuche, diesen leicht beweglichen und stets betriebsbereiten Motor für Hebemaschinen zu verwenden, sind ziemlich frühzeitig gemacht worden. Im Jahre 1895 wurde in Oldenburg ein Kaikran mit Benzinmotor aufgestellt. Auf der Pariser Ausstellung im Jahre 1900 waren einige Krane mit Benzinmotoren vertreten. Anfangs verwendete man für Krane den Typ der feststehenden einzylindrigen und langsamlaufenden Motoren. Gerade dieser Typ ist indessen seiner Schwerfälligkeit und seines stoßenden Ganges wegen wenig geeignet. Dagegen ist die für den Kraftwagenbetrieb ausgebildete vierzylindrige Bauart mit ausgeglichenen Massen und hoher Umdrehungszahl ihrer Leichtigkeit und ihres ruhigen Ganges wegen vorzüglich für den Einbau in Krane geeignet.

Ein weites Anwendungsgebiet für Krane mit Benzinbetrieb dürften die Lastwagen bilden; mit einfachen Mitteln läßt sich an jedem Lastwagen ein

Kran anbringen, der vom Wagenmotor aus angetrieben wird und das Beladen und Entladen des Wagens in kurzer Zeit und mit geringen Kosten ermöglicht.

Der tiefgreifende Einfluß, welchen die Eigenart der Naturkräfte auf die Anwendung und Verbreitung der Hebemaschinen ausgeübt hat, kommt auch in dem Aufbau und der äußeren Erscheinung der Hebemaschinen deutlich zum Ausdruck.

Die Dampfkraft verlangte Vereinigung des Triebwerks an einem Punkt; denn da die umsteuerbare Zwillingsmaschine ohnehin schon eine vielteilige Maschine ist, so hätte eine Verteilung des Triebwerks mehrere solche Maschinen erfordert, hätte also zu einem sehr verwickelten und kostspieligen Bau geführt. Die Vereinigung des gesamten Triebwerks um die Dampfmaschine und um den Kessel herum gelang am einfachsten bei der Wahl von kreisförmiger Lastbewegung: der Drehkran mit Wippausleger (Derrickkran) war daher der naturgemäße Typ des Dampfkrans und hat auch tatsächlich die größte Verbreitung gewonnen. Der schwere Dampfkessel und die Stoßwirkungen der hin und her gehenden Massen der Dampfmaschine verlangten einen stabilen Unterbau und kräftige Abmessungen des Krangerüstes. Die äußere Erscheinungsform des Dampfkrans ist daher stets eine massige und gedrängte, die die Erinnerung an einen Dickhäuter wachruft.

Der Druckwasserkran muß zwar für jedes Triebwerk einen besonderen Treibzylinder haben, gewährt also in dieser Beziehung im Aufbau mehr Freiheit als der Dampfkran. Aber die Rücksicht auf die Wasserzuleitung läßt auch hier den Drehkran als den einzig geeigneten Typ erscheinen; eine geradlinige Seitenbewegung läßt sich nur dadurch erzielen, daß man das Lastseil über eine Laufkatze auf dem Ausleger führt. Bei den ersten Ausführungen — Bremenser Typ — machte man von der Freiheit des Aufbaues der Treibzylinder weitgehenden Gebrauch, ist aber später davon zurückgekommen und hat die Treibzylinder in einem geschlossenen Gehäuse vereinigt, um dem Einfrieren besser vorbeugen zu können. Da der hydraulische Kran weder einen schweren Kessel zu tragen hat, noch die Massenwirkungen der Dampfmaschine erdulden muß, so kann er in seinem Gerüst wesentlich leichter gehalten werden als der Dampfkran, erscheint daher meist in etwas eleganterer Form als dieser.

Den weitgehendsten Wandel in dem Aufbau der Krane hat der elektrische Betrieb herbeigeführt. Bei ihm erhält das Triebwerk für jede Kranbewegung einen besonderen Motor; die blanke Kontaktleitung führt den Strom gleich gut zu beweglichen wie zu feststehenden Motoren; die Steuerung kann weit entfernt vom Motor liegen. Alle diese Umstände geben vollkommene Freiheit in der Aufstellung der Motoren. Man ist nicht mehr an die kreisförmigen Bewegungen gebunden. Der Laufkran mit seinen mehrfachen gradlinigen Bewegungen erscheint als der für die elektrische Energie besonders naturgemäße Typ und hat auch tatsächlich sehr bald eine weite Verbreitung erlangt.

Das geringe Gewicht der Elektromotoren, ihr ruhiger Gang, ihr gleichmäßiges Drehmoment und der gedrängte Bau erlauben einen sehr leichten Bau. Die Krane verlieren ihre ursprüngliche schwere und massige Erscheinung, das Gerüst wird in leichtes Gitterwerk aufgelöst, die Form des Ganzen wird zierlicher, luftiger und eleganter und erinnert viel eher als die alten Krane an den langhalsigen Vogel, von dem der Kran — früher »Kranich« genannt — seinen Namen hat.

2. Einfluß des Baustoffes auf die Gestaltung der Hebemaschinen.

Zu Beginn des 19. Jahrhunderts gab es kein anderes Baumaterial als Holz, das mit sparsamer Verwendung von schmiedeeisernen Bändern zusammengefügt wurde. Die Fördermaschinen (Fig. 23 und 24) und die Kaikrane (Fig. 81 und 82) der damaligen Zeit waren in ihrem Aufbau ganz diesem Material angepaßt; von vielen Kaikranen aus dieser Zeit kann man geradezu sagen, sie zeigen die Stilformen des Holzbaues.

Im ersten Drittel des Jahrhunderts trat als neuer Baustoff das Gußeisen auf. Zunächst wurde es in sparsamer Weise verwendet: in Form gußeiserner Verbindungsschuhe an den Enden der Holzbalken und für besonders wichtige Konstruktionsteile, wie Kransäulen und Windenschilde (Fig. 84).

Allmählich trat das Gußeisen immer mehr an die Stelle von Holz; schließlich ging man so weit, daß das ganze Krangerüst ausschließlich aus Gußeisen hergestellt wurde (Fig. 50). Namentlich in England, wo das Gußeisen sehr billig geworden war, fand sich diese Bauweise. Die Freiheit der Formgebung im gegossenen Material führte zu höchst abenteuerlichen Formen: die Stilformen des Steinbaues wurden in völliger Verkennung der Eigenart des Gußeisens auf dieses übertragen. Statt die runden, schwellenden, glatten Formen, die dem fließenden Eisen eigentümlich sind, in der Gestaltung zum Ausdruck zu bringen, wurde es in die Form scharfkantiger Steingesimse gequält, die im Guß schlecht herauskommen und dadurch um so häßlicher erscheinen. Noch heute ist diese Mißhandlung des Materials in Schwang, wie man sie an jedem Gaskandelaber, an fast jedem Bogenlampenmast und jedem Wandarm beobachten kann.

Dann trat das Walzeisen auf. Zuerst wurde es nur für einzelne Teile — Auslegerstreben, Laufkranträger — verwendet, während die Anschlußteile noch ganz aus Gußeisen hergestellt wurden (Fig. 87). Nur ganz allmählich lernte man die Eckverbindungen ganz aus Walzeisen herzustellen und die Gußstücke mehr und mehr zu beschränken.

Im letzten Entwickelungsstadium verschwand das Gußeisen vollständig aus dem Krangerüst; die wenigen Gußstücke wurden nicht mehr aus Gußeisen, sondern aus Stahlguß hergestellt; an die Stelle der Blechträger traten Gitterträger, das Ganze gewann zusehends an Leichtigkeit und an Schönheit der Formgebung (Fig. 98 und 119). Der Verlauf der Entwicklung ist kurz gesagt durch das Bestreben gekennzeichnet, den billigen und minderwertigen Baustoff durch hochwertigen und entsprechend hoch beanspruchten zu ersetzen.

Bei keinem Baustoff kommt der Formensinn des Konstrukteurs mehr zur Geltung als beim Walzeisen und bei keinem fallen Zweckmäßigkeit und Schönheit so sehr zusammen wie bei diesem. Durch ungeschickte Wahl des Fachwerks, unzweckmäßige Materialverteilung, schwerfällige Umrisse entstehen Gerüstformen, die abschreckend häßlich wirken.

Dagegen werden zweckmäßige Umrisse und geschickte Feldteilung mit klarer Kräftewirkung sehr leicht eine befriedigende Erscheinung hervorrufen (Fig. 120, 121 und 124).

Zweckmäßigkeit in der Herstellung und im Betrieb bis in die kleinste Einzelheit hinein und rücksichtslose Wahrheit sind die Grundbedingungen technischer Schönheit. Brücken und Krane sind Ingenieurwerke, die ihren Betriebszweck schon in ihrem ganzen Aufbau, in ihren Umrißlinien erkennen lassen; deshalb sind auch diese Bauwerke ganz besonders geeignet, die Kraft und Eleganz einer bis ins Letzte durchdachten Eisenkonstruktion sinnfällig vor Augen zu führen. Städtebilder wie die von Bremerhaven und Kiel haben durch die rassigen Linien ihrer Turmkrane einen eigenartigen Reiz und echte Wahrzeichen ihrer seebefahrenen Bevölkerung erhalten. Solche Ingenieurwerke bilden einen zwingenden Beweis dafür, daß die konstruktive Arbeit im Grunde genommen mit der künstlerischen Tätigkeit weit mehr innere Verwandtschaft besitzt als mit der nur wissenschaftlichen.

3. Einfluß der Herstellung auf die Gestaltung der Hebemaschinen.

Zu Anfang des 19. Jahrhunderts, als Holz noch der Hauptbaustoff war, wurden die Maschinen nicht in Maschinenfabriken, sondern an der Baustelle hergestellt. Es wurden nur einzelne größere Teile von auswärts bezogen, aber die Zusammensetzung des Ganzen geschah an Ort und Stelle. Die Maschine wurde so entworfen, daß sie in allen Einzelheiten der Örtlichkeit angepaßt war. Die einzelnen Lager der Maschine wurden getrennt auf das Fundament geschraubt; letzteres bildete den eigentlichen Maschinenrahmen.

Als um die Mitte des 19. Jahrhunderts Eisen das Baumaterial der Krane geworden war, konnte die Herstellung naturgemäß nur in Maschinenfabriken ausgeführt werden, die mit den erforderlichen Werkzeugmaschinen ausgestattet waren. Da das Zusammenpassen in der Maschinenfabrik erfolgen mußte, so strebte man auch bereits danach, alle Lager der Maschine auf einem gemeinsamen Eisenrahmen anzubringen, so daß eine in sich geschlossene Maschine entstand. Dagegen wurden auch jetzt noch bei dem Entwurf der Maschine die Eigentümlichkeiten der Verwendungsstelle berücksichtigt: jeder Kran war ein Individuum für sich.

Schwerlastkrane, die nur vereinzelt zur Ausführung kommen, werden heute noch in dieser Weise behandelt. Dagegen würde für Krane, die in größerer Zahl hergestellt werden, dieses Verfahren nicht mit der modernen Maschinenfabrikation in Einklang zu bringen sein. Diese geht darauf hinaus, die Einzelteile so genau herzustellen, daß die Zusammenstellung keinerlei Nacharbeit erfordert und dementsprechend billig wird. Dieses Verfahren ist aber nur anwendbar für Maschinen, die aus normalen, sich stets wiederholenden Einzelteilen zusammengesetzt sind; es darf also nicht mehr jede Maschine ein Individuum für sich sein, sie muß vielmehr möglichst einen Normaltyp darstellen, der gegen eine andere Maschine gleicher Art austauschbar ist. Es können dann stets die gleichen Werkzeichnungen der Einzelteile, die gleichen Modelle, die gleichen Lehren und Kaliber verwendet werden. Dampfmaschinen, Elektromotoren, Gasmaschinen, Kraftwagen und die kleineren Werkzeugmaschinen werden heutzutage ausschließlich nach diesem Verfahren hergestellt. Der Hebemaschinenbau ist dagegen in dieser Beziehung zum großen Teil noch rückständig. Nur einzelne Hebemaschinen, wie Aufzüge und Laufkatzen werden in moderner Normalisierung hergestellt, im übrigen wird meist noch nach Einzelentwürfen gearbeitet.

Bei Hebemaschinen liegt die Sachlage insofern schwieriger, als sie mit der Örtlichkeit in innigerem Zusammenhang stehen als andere Maschinen. Man könnte nun freilich ebensogut wie es für Eisenbahnbetriebsmittel und für Werkzeuge geschehen ist, bestimmte Normalabmessungen vereinbaren, z. B. für Aufzüge die Schachtquerschnitte, für Kaikrane die Portalprofile, für Laufkrane die lichten Laufbahnquerschnitte u. dgl. m. Bislang ist indessen in dieser Richtung nichts geschehen. Eine weitgehende Normalisierung der Hebemaschinen würde die Kosten für Entwurf, für Modelle, für Zusammenpassen und für die Aufstellung beträchtlich verringern, würde daher dem Abnehmer ebenso zu gut kommen wie dem Erbauer.

4. Einfluß der Hebemaschinen auf die Arbeitsverfahren.

Die Einführung neuer Werkzeuge führt stets zur Einführung neuer Arbeitsverfahren. Die Steigerung der Tragkraft der Hebemaschinen und vor allem ihre freiere Beweglichkeit und ihr vergrößertes Arbeitsfeld haben in mehrfacher Richtung umgestaltend auf die Fabrikation eingewirkt.

So lange die Fördermaschine mit Dampf betrieben wurde und daher in Nähe der Kesselanlage liegen mußte, war der Bergmann naturgemäß darauf bedacht, die Förderung möglichst in einem Hauptschacht zu vereinigen und zu diesem Zweck untertags einen entsprechend ausgedehnten Horizontaltransport einzuführen. Die elektrisch betriebene Fördermaschine ist nicht an die Kesselanlage gebunden; sie gestattet die Energieerzeugung zu zentralisieren, die Förderung dagegen auf mehrere Schächte zu verteilen, die in weiter Entfernung voneinander liegen können, wie es bei zerklüfteten Flötzen als wünschenswert erscheint. An Stelle des unterirdischen Horizontaltransports tritt der sehr viel billigere oberirdische Seilbahntransport.

So lange dem Stahlwerk nur der feststehende Druckwasser-Drehkran zur Verfügung stand, mußten die Bessemerbirnen und die Gießformen so aufgestellt werden, daß sie im Umkreis des Drehkrans lagen; die Grundrißanordnung war infolgedessen eine unveränderlich gegebene. Der elektrisch betriebene Deckenlaufkran bestreicht die ganze Gießhalle, gewährt daher völlige Freiheit in der Aufstellung der Birnen und der Formen; man ist infolgedessen in neueren Stahlwerken zu Grundrißeinteilungen übergegangen, die sich von den alten durchaus unterscheiden.

Das alte, zum Teil heute noch gebräuchliche Arbeitsverfahren im Kaibetrieb besteht darin, daß mittels der Schiffswinden zunächst die Lasten aus dem Schiffsraum an Deck gehoben werden, und daß nun erst der Kaikran die Last aufnimmt und auf den Kai hebt. Dieses Verfahren ist umständlich insofern, als außer dem Steuermann auf dem Kran noch ein zweiter an der Winde stehen muß und als die Lasten an Deck umgehakt werden müssen, wozu wieder ein besonderer Mann notwendig ist. Bei Kranen, die so gebaut sind, daß der Ausleger bis über die Luke reicht, und daß der Kranführer gut in den Schiffsraum sehen kann, und die ferner eine rasche und genaue Ausführung der Bewegungen erlauben, können die Lasten unmittelbar aus dem Raum an den Kai gehoben werden, wodurch wesentlich an Zeit und Arbeitskräften gespart wird.

Wie bereits bei den Werftkranen erwähnt, konnten Schiffsmaschinen erst im Schiffsraum fertig zusammengepaßt werden, so lange es notwendig war, die Maschine für den Transport in das Schiff zu zerlegen. Die Schwerlastkrane der neueren Zeit sind tragfähig genug und bestreichen ein so großes Arbeitsfeld, daß sie die fertig montierte Schiffsmaschine im ganzen in das Schiff heben können, so daß dort keinerlei Nacharbeit mehr erforderlich ist und daher sehr an Zeit gespart wird.

In Maschinenfabriken wurden bis vor einigen Jahren ausschließlich feststehende Werkzeugmaschinen verwendet. Seitdem rasch arbeitende Laufkrane zur Verfügung stehen, und seitdem die Werkzeugmaschinen durch angebaute Elektromotoren angetrieben werden, ist für große Werkstücke ein neues Arbeitsverfahren üblich geworden: das zu bearbeitende Stück wird auf eine große Aufspannplatte geschraubt, und die zur Bearbeitung nötigen Bohr- und Fräsmaschinen werden vom Laufkran ebenfalls auf die Aufspannplatte gehoben und nacheinander in verschiedenen Lagen auf der Platte festgespannt, um dann wieder an irgend eine andere Stelle transportiert zu werden.

Verkaufsgeschäfte mußten früher so angelegt werden, daß alle Räume im Erdgeschoß und allenfalls im ersten Stock untergebracht waren, um bequemen Verkehr zu ermöglichen. Seit der Einführung rasch fahrender Aufzüge werden Warenhäuser mit zahlreichen Geschossen übereinander gebaut.

In Miethäusern war bisher der Mietertrag der Wohnungen in den oberen Geschossen wesentlich geringer als in den unteren Stockwerken, obwohl die höher liegenden Wohnungen helleres Licht, reinere Luft, weniger Lärm und weniger Staub haben. Der Einbau von Personenaufzügen mit Druckknopfsteuerung, die jeder Mieter selbst bedienen kann, erhöht den Wert der oberen Wohnungen, führt daher eine völlige Verschiebung in der Ausnützung der Räume herbei.

Eiserne Brücken konnten früher nur mit Hilfe von kostspieligen Gerüsten montiert werden. Neuerdings ist man vielfach dazu übergegangen, Brücken ohne Gerüst, frei auskragend aufzustellen, in der Weise, daß durch besonders konstruierte Hebemaschinen die fertig montierten Brückenteile auf ihren Platz gehoben und sofort befestigt werden.

Bis jetzt haben Hebemaschinen nur in den Großbetrieb Eingang gefunden. Da der elektrische Betrieb die billige Ausführung in sehr kleinen Abmessungen erlaubt, so wird voraussichtlich auch in den Kleinbetrieb die Hebemaschine eindringen. Bislang werden alle Lastwagen von Hand beladen und entladen, bei Wohnungsumzügen werden die schweren Möbel über viele Treppen von Hand herunter und hinaufgeschleppt, die Umladung auf Bahnhöfen geschieht fast ausschließlich von Hand, kurz die Hebemaschine fehlt vielfach gerade da, wo sie besonders am Platze wäre. Es würde nicht schwierig sein, Sonderkonstruktionen zu entwerfen, die derartigen Kleinbetrieben genau angepaßt wären, und die ihre Anschaffungskosten bald verdient hätten.

5. Einfluß der Hebemaschinen auf die Wirtschaftlichkeit des Betriebes.

Die durch die modernen Hebemaschinen herbeigeführten Änderungen in den Arbeitsverfahren waren zumeist auch mit tiefgreifenden wirtschaftlichen Umgestaltungen verbunden.

In den Einzeldarstellungen war bereits der Versuch gemacht worden, an Beispielen den wirtschaftlichen Einfluß der Hebemaschinen zu zeigen. So hatte der Vergleich von zwei Fördermaschinen aus den Jahren 1800 und 1900 eine Verminderung der Gesamtbetriebskosten für die geförderte Kilometertonne von 1,25 M. auf 0,14 M. also auf den neunten Teil ergeben, wobei indessen nur die eigentliche Maschinenanlage berücksichtigt war und die Vorteile außer acht gelassen waren, die sich durch die bessere Ausnützung des kostspieligen Schachtes ergaben. Die wirtschaftliche Bedeutung der modernen Fördermaschine ist indessen tatsächlich weit größer, als sie nach diesen Zahlen erscheint. Ohne die Hilfe dieser Maschinen wäre es überhaupt unmöglich, Kohlen aus größeren Teufen und in Mengen zu fördern, in denen sie heute verbraucht werden. Überlegt man sich, daß in Deutschland Fördermaschinen von zusammen rund 50000 PS arbeiten und bedenkt man, daß zu der gleichen Leistung eine halbe Million Menschen erforderlich wäre, dann erhält man erst die richtige Vorstellung von der wirtschaftlichen Bedeutung dieser Maschinen.

Einem Hochofen aus dem Jahr 1840 brauchten in der Stunde nur 2 t Erz und Kohle zugeführt zu werden und diese waren auf eine Höhe von nur 12 m zu heben. Ein moderner Ofen verlangt stündlich 80 t Erz und Kohlen und zwar auf eine Höhe von 40 m gehoben. Diese Leistung wäre ohne Maschinenkraft unmöglich, ohne Gichtaufzüge würden wir auf die geringe Eisenproduktion aus dem Anfang des 19. Jahrhunderts angewiesen sein, die den dreißigsten Teil der heutigen betrug, und wobei die Tonne Roheisen 160 M. gegen 60 M. heutzutage kostete.

Der Betrieb eines Bessemer-Stahlwerks ist überhaupt nur möglich, wenn rasch arbeitende Hebemaschinen zur Verfügung stehen, weil andernfalls die gewaltigen Mengen flüssigen Stahls, die in kurzer Zeit erzeugt werden, nicht zu den Gießformen transportiert werden könnten.

Auch die großen Gußstücke und Schmiedestücke des modernen Maschinenbaues — Dampfzylinder, Maschinenrahmen, Walzwerkteile, Schraubenwellen, Geschütze — könnten nicht hergestellt werden, wenn nicht genau arbeitende Hebemaschinen zur Bewegung dieser Stücke zur Verfügung ständen. Im Kruppwerk in Essen arbeiten allein 608 Krane mit einer Gesamttragkraft von 6513 t gleich einem Güterzug von 650 Wagen.

Der Vergleich eines Kaikrans aus dem Jahr 1768 mit einem modernen Kran hatte ergeben, daß die Gesamtbetriebskosten für eine Tonne gehobene Last von 0,30 M. auf 0,005 M., also auf den 60. Teil zurückgegangen sind.

Im Hamburger Hafen arbeiten insgesamt 750 Kaikrane, die zusammen eine Leistung von rund 7500 PS erfordern. Zu der gleichen Leistung würden etwa 75000 Menschen erforderlich sein, also der 10. Teil der Bevölkerung Hamburgs.

Die geringen Kosten der Seefracht, die die Lebensbedingung für den heutigen Weltverkehr bilden, würden nicht moglich sein, wenn nicht durch rasche Entladung das in den Schiffen angelegte Kapital so intensiv ausgenutzt werden könnte.

Die Bauzeit eines modernen großen Handelsdampfers beträgt im Mittel 1 Jahr, die Bauzeit eines Linienschiffes kann auf 1½ Jahre verringert werden, wenn es notwendig ist. Wäre man vor drei Jahrzehnten, als die Werften noch sehr unvollkommen mit Hebemaschinen ausgerüstet waren, überhaupt in der Lage gewesen, solche Schiffe zu bauen, so würde die Bauzeit ein Vielfaches der jetzigen betragen haben. Der Einbau von Schiffskesseln, Panzertürmen und Geschützen wäre ohne Hebemaschinen von großer Tragkraft überhaupt unmöglich.

Der Vergleich eines mit Dampfwinden löschenden Schiffes mit einem zweiten, das mit elektrischen Schiffsdeckkranen ausgerüstet ist, ergab eine Verminderung der jährlichen Gesamtbetriebskosten von 23000 M. auf 13000 M., also auf nahezu die Hälfte. Dabei umfaßt dieser Vergleich den Fortschritt von nur etwa einem Jahrzehnt. Weit größer würde indessen der wirtschaftliche Erfolg sein, der sich durch Ersparnis an Hilfsmannschaften durch weitere Verbreitung der Selbstgreifer erzielen lassen würde.

Auch in den Kleinbetrieb sind Hebemaschinen bereits in einem Umfang eingedrungen, der die Vorstellung des Laien weit übersteigen dürfte. So werden beispielsweise von den Berliner Elektrizitätswerken 1698 elektrisch betriebene Aufzüge mit Strom versorgt, entsprechend einer angeschlossenen Leistung von 9700 PS.

Diese wenigen beliebig herausgegriffenen Beispiele dürften bereits eine ungefähre Vorstellung von dem vielgestaltigen Einfluß geben, den die Entwickelung der Hebemaschinen auf unser ganzes wirtschaftliches Leben und damit mittelbar auf unsere Lebenshaltung und unsere Kultur ausgeübt hat.

6. Einfluß der Hebemaschinen auf die Häufigkeit der Unfälle.

Nach der Unfallstatistik ereigneten sich, wie Fig. 173 zeigt, im Jahre 1902 insgesamt 12915 Unfälle beim Lastentransport von Hand und 2206 Unfälle bei der Lastenförderung durch Hebemaschinen. Die Zahl der Unfälle bei Maschinentransport betrug also im Jahre 1902 nur 17% der Unfälle beim Handtransport. Im Jahr 1890 war dieses Verhältnis 824 zu 4196, also 20% gewesen.

Die Zahl der Unfälle, die durch Hebemaschinen selbst hervorgerufen werden, ist hiernach sehr klein im Verhältnis zu denen des Handtransportes. In der ersten Entwicklungszeit der Aufzüge haben diese vielbemerkten Unfälle herbeigeführt, die hauptsächlich durch sorgloses Öffnen der Türen, Hinabsehen in den Schacht, Einsteigen in den fahrenden Aufzug hervorgerufen wurden. Der elektrische Betrieb gewährt mit sehr einfachen Mitteln die Möglichkeit, die gefährlichsten Teile des Aufzugs, die Schachttüren selbsttätig so zu sperren, daß der Aufzug nur dann in Betrieb gesetzt werden kann, wenn die Türen geschlossen sind. Diese Einrichtung ist aber zurzeit noch verhältnismäßig wenig verbreitet. Unfälle durch Seilbruch und Überfahren der Endstellen sind sehr selten geworden, seitdem Doppelseil, regelmäßige Revision und Überfahrsicherungen eingeführt sind.

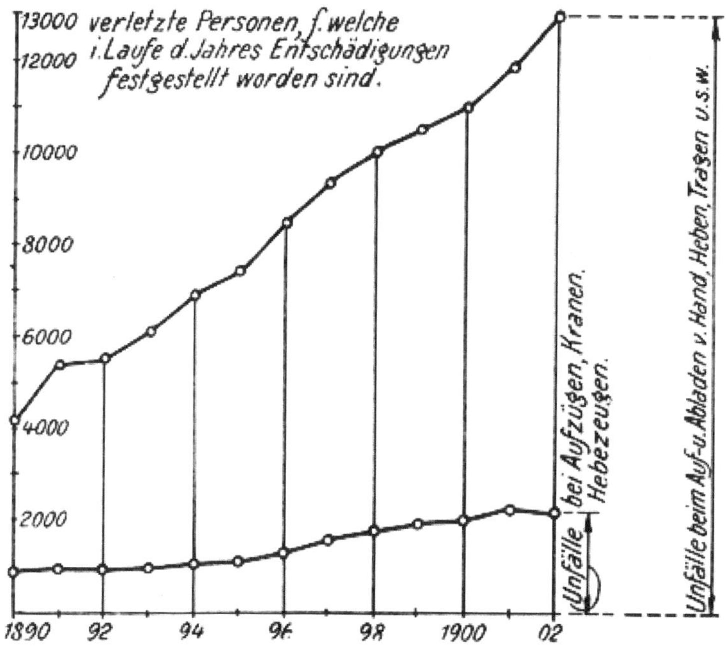

Fig. 173.

Bei Dampffördermaschinen kamen zahlreiche Unfälle durch Überfahren der Endstellung vor, die bei der großen Zahl gleichzeitig beförderter Menschen und bei der großen Geschwindigkeit meist sehr verhängnisvolle Folgen hatten. Man hat sich vielfach bemüht, Sicherheitsapparate zu erfinden, die diesem Unfall vorbeugen sollen. Die Wirkung dieser Apparate ist indessen insofern eine grundsätzlich mangelhafte, als sie nur eine plötzliche Absperrung des Dampfes, aber nicht eine allmähliche Verminderung der Geschwindigkeit herbeiführen können. Diese Möglichkeit gewährt hingegen der elektrische Betrieb in sehr vollkommener Weise und mit den denkbar einfachsten Mitteln. Man kann bei elektrisch betriebenen Fördermaschinen unbedenklich den Steuermann zurücktreten lassen und die Maschine sich selbst überlassen: sie mäßigt selbsttätig ihre Geschwindigkeit um so mehr, je näher das Fördergerippe der Hängebank kommt und setzt dieses etwa 1 m über der Hängebank mit Sicherheit still.

7. Einfluß der Hebemaschinen auf den Arbeiterstand.

Es liegt nahe, die Frage aufzuwerfen, welche Folgen die weitgehende Ersparnis von menschlichen Arbeitskräften durch die Hebemaschinen für die Arbeiter selbst herbeiführt. Gibt es doch heute noch eine große Zahl sonst verständiger Leute, welche den Ersatz der Handarbeit durch Maschinenarbeit als ein soziales Unglück ansehen, indem sie von der irrtümlichen Voraussetzung ausgehen, daß der durch die Maschine ersparte Arbeiter brotlos wird. Man sollte zwar glauben, daß dieses Vorurteil ohne weiteres durch die Tatsache widerlegt würde, daß der heutige Industriestaat Deutschland eine mehr als doppelt so große Bevölkerung besitzt als eben dieser Agrarstaat vor hundert Jahren, und daß trotz dieser dichten Bevölkerung die Lebenshaltung auch der sog. besitzlosen Klassen heute eine weit höhere ist als zu Beginn des neunzehnten Jahrhunderts.

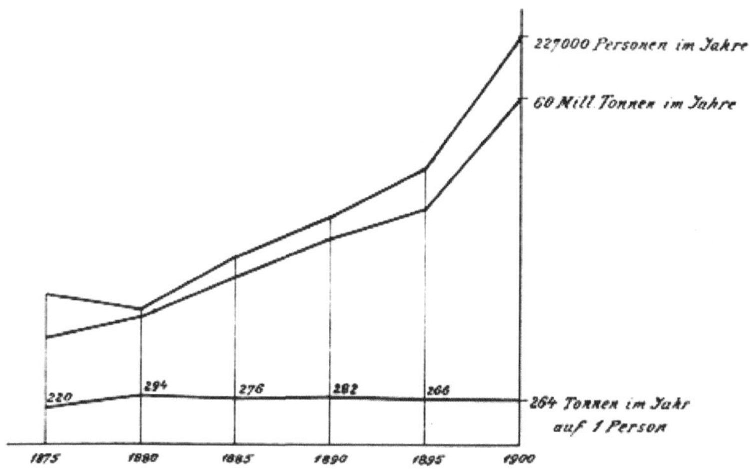

Steinkohlenbergbau im Oberbergamtsbezirk Dortmund.

Fig. 174.

Einen genaueren Einblick in diese Verhältnisse können natürlich nur Einzeluntersuchungen geben; im folgenden mögen nur ein paar Beispiele herausgegriffen werden.

Das Schaubild Fig. 174 stellt die Entwicklung des Steinkohlenbergbaues im Oberbergamtsbezirk Dortmund in der Zeit von 1875 bis 1900 dar. Über den Jahreszahlen ist zunächst die Zahl der jährlich geförderten Kohlen aufgetragen; gleichzeitig ist die Zahl der im Bergbau beschäftigten Personen eingezeichnet.

Aus diesen beiden Zahlen ist für jedes Jahr der Quotient gebildet, mit anderen Worten, es ist die Zahl der Tonnen Kohlen aufgetragen, welche auf eine Person trifft. Diese Zahl ist nur im Jahr 1875 von 220 auf 294 im Jahre 1880 gestiegen, von da an ist sie nicht mehr weiter gewachsen, sondern langsam bis auf 264 im Jahre 1900 gefallen. Trotz der in dieser Zeit eingeführten vollkommenen Förderanlagen und trotz zahlreicher anderer Hilfsmaschinen — Gesteinsbohrmaschinen, Streckenförderungen usw. — hat sich die auf einen Arbeiter entfallende Fördermenge nicht vergrößert, sondern sogar vermindert, ein Beweis dafür, daß die an einer Stelle ersparten Arbeitskräfte sofort für andere Arbeiten Verwendung gefunden haben. Es ist eben zu beachten, daß die Kohle einerseits aus größeren Teufen geholt werden muß, und daß anderseits an die Güte und Reinheit der Kohle viel höhere Ansprüche gestellt werden als vor 25 Jahren. Beides wirkt zusammen, um eine vermehrte Arbeitsgelegenheit herbeizuführen, trotzdem mit weit vollkommeneren Mitteln gearbeitet wird als vor dieser Zeit.

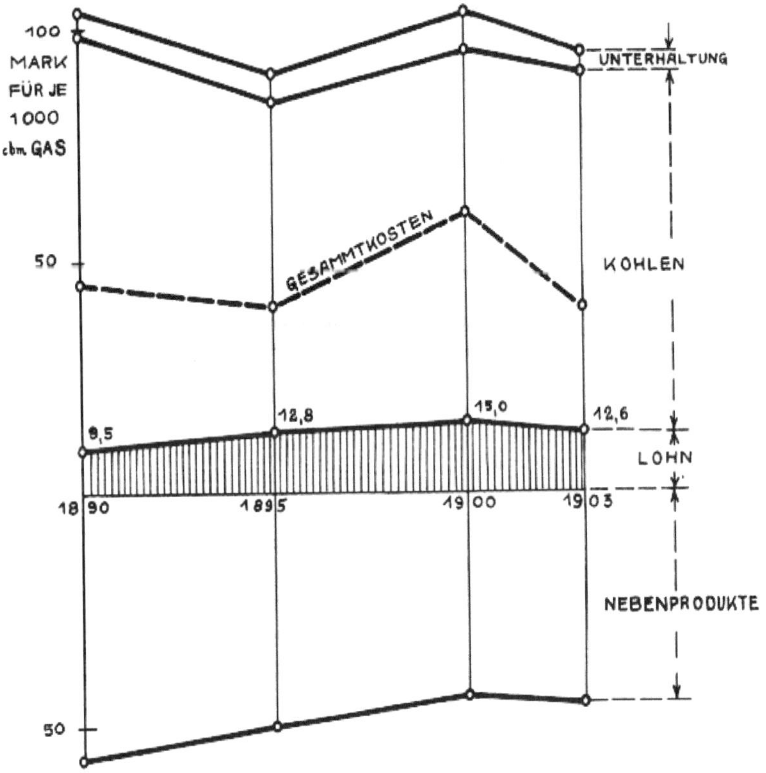

Fig. 175.

In dem Schaubild Fig. 175 sind die Herstellungskosten für 100 cbm Leuchtgas eingetragen, so wie sie sich in den letzten Jahren in dem Gaswerk zu Charlottenburg ergeben haben. Trotz der zahlreichen in diesen Jahren eingeführten Verbesserungen sind die für Löhne aufgewendeten Kosten nicht geringer geworden, weil jede Ersparnis an Arbeitskräften ausgeglichen wurde durch eine entsprechende Lohnsteigerung.

Dieser Vorgang wiederholt sich überall: der Ersatz der Handarbeit durch Maschinenarbeit verbilligt zunächst den erzeugten Stoff; infolge der Verbilligung wird dieser in höherem Maß verbraucht und muß dementsprechend in größeren Mengen hergestellt werden. Die ursprünglich als Handlanger verwendeten Arbeitskräfte leisten nun die zur Steuerung der Maschine notwendige Arbeit. Die schließliche Wirkung ist immer die, daß die rohe nur körperliche Arbeit ersetzt wird durch eine Tätigkeit, bei der die körperliche Leistung zurücktritt und die Intelligenz in Anspruch genommen wird. Der Arbeiter, der zuerst Lasten schleppen mußte, steht jetzt als Steuermann auf dem Führerstand des Krans.

8. Die Hebemaschinen in der Kulturgeschichte.

Nur ein geringer Bruchteil der technischen Entwicklung ist im vorausgegangenen vorübergeführt worden. Und doch erlaubt diese Einzelgeschichte einen Ausblick auf die Kulturentwicklung, wenn das hier Dargestellte zusammengefaßt wird mit den Umrissen der technischen Geschichte überhaupt.

In der Vorzeit und in der Antike erschienen als typisches Hilfsmittel zum Bewegen schwerer Lasten Holzmasten, von Hanfseilen gehalten, mit Rollenzügen und Handwinden ausgerüstet. Das Ganze war ein vorübergehend aufgestelltes Werkzeug, das nur so lange gebraucht wurde, bis mit seiner Hilfe der Monumentalbau errichtet war. Mit diesen dürftigen Hilfsmitteln und mit Tausenden von willenlosen Sklavenhänden haben die Vorzeit und die Antike Bauten hervorgebracht, die wie die Pyramiden und Monolithen, wie die Heerstraßen und Aquädukte für die einfachen Werkzeuge der damaligen Zeit gewaltige technische Leistungen darstellen.

Diese hervorragenden technischen Werke waren ebenso wie die wundervollen künstlerischen Leistungen der Antike nur dadurch möglich geworden, daß ein verhältnismäßig geringer Teil der Menschheit sozial weit über die große Menge hinausgehoben wurde, so daß er, der Sorge um den Lebensunterhalt entrückt, ganz in der künstlerischen Tätigkeit aufgehen konnte. Dieses Hinausheben einzelner Weniger über die Alltagsarbeit konnte wieder nur dadurch geschehen, daß die große Masse alle körperliche Arbeit gegen geringes Entgelt leistete. Die Mittelmeerländer mit ihrem glücklichen Klima und mit einem Vegetations-Reichtum, der den heutigen noch weit übertraf, gewährten dem geringen Volk damals noch mehr als jetzt eine leidliche Lebensführung mit einem geringsten Aufwand von Mitteln, so daß aller Arbeitsüberschuß den sozial höher Stehenden in reichlichem Maß zur Verfügung stand. Die rein materielle Lage der damaligen griechischen und römischen Sklaven war vielleicht eine bessere als die der heutigen Arbeiterbevölkerung Unteritaliens; nach den Erfahrungen der Geschichte aller Zeiten wird aber eine wirtschaftlich ungünstige Lage viel weniger drückend empfunden als das Gefühl, der Laune seines Herrn völlig preisgegeben zu sein und als das Bewußtsein, daß ein Emporsteigen der Nachkommen in eine sozial höhere Schicht völlig versperrt ist. Vermutlich haben in den Vereinigten Staaten die Dogmen der Sozialisten hauptsächlich darum keinen Boden gewonnen, weil trotz der ungeheuren sozialen Unterschiede das Emporsteigen in eine höhere Schicht in keinem Lande so erleichtert ist wie dort.

Der schroffe Gegensatz zwischen der kleinen Zahl der auf der Sonnenseite stehenden freien Menschen zu der ungeheuer ausgedehnten Unterschicht von Unfreien und von aller Entwicklung Ausgesperrten gestaltete den Gleichgewichtszustand der antiken Staaten zu einem völlig labilen.

Ein solches auf sozialer Ungerechtigkeit aufgebautes, innerlich nicht standfestes Staatsgebilde mußte schließlich der Zerstörung anheimfallen. Um so machtvoller mußte in diesem schwankenden Bau das keimende Christentum wirken, das in seiner Frühzeit nichts anderes als eine soziale Bewegung war, freilich nicht in dem materiellen Sinn der heutigen Arbeiterbewegung, sondern sozial in dem idealen Sinn der gleichen innerlichen Wertung aller Menschen. Als diese Bewegung unterstützt von den von außen her einwirkenden germanischen Kräften zum Durchbruch gelangt war, war ein auf Sklavenarbeit gestütztes Staatsgebilde nicht mehr möglich. Die Folge dieses Umsturzes war die, daß nunmehr eine annähernd gleichmäßige Verteilung der Alltagsarbeit auf die Gesamtheit eintreten mußte und daß darum nur einem winzigen Bruchteil der Menschen noch Muße für künstlerische und wissenschaftliche Betätigung verblieb. Die weitere Kulturentwicklung bedurfte daher vieler Jahrhunderte, um ein kleines Stück voran zu kommen.

Kennzeichnend für die Hebemaschinen-Technik am Ausgang des Mittelalters ist die Wasserrad-Fördermaschine des deutschen Bergbaues. Aus Hölzern gefugt, die mit eisernen Klammern verbunden waren, erscheint sie als das natürliche Ergebnis der damaligen Mittel des Handwerks; bescheiden im Vergleich zu den modernen Fördermaschinen ist ihre Leistungsfähigkeit. Aber alle Einzelheiten sind sorgfältig durchdacht und genau der Herstellung und dem Zweck angepaßt, und diese einfache Fördermaschine bildet die Lebensbedingung für den Tiefbau des deutschen Bergmannes und den Ausgangspunkt der heutigen Eisentechnik. Zu ihr fügte der Hüttenmann das Wasserrad-Gebläse, das die hohe Temperatur des Hochofens und mit ihr die Herstellung des Gußeisens zustande brachte.

Mit der Fördermaschine und dem Hochofen beginnt ein neuer Abschnitt der Kulturgeschichte, wenn er auch bisher nicht als solcher gewürdigt wird. Nur die äußeren Erfolge jener Zeit — die Entdeckung Amerikas, die Erfindung des Buchdruckes und des Schießpulvers — werden als die Marken der neuen Zeit hingestellt, — die tiefgreifenden Wirkungen der beginnenden Eisen- und Stahltechnik aber meist übersehen. Wenn diese Technik in ihrem Umfang nach auch nicht mit der heutigen verglichen werden kann, so führte sie doch zu einer weitgehenden Ausbildung der Werkzeuge und mit dieser zu einer glänzenden Blüte des Handwerks, namentlich der Schmiedekunst und weiter zur Erfindung und Ausgestaltung der Uhren, Instrumente und Feuerwaffen. Die Tätigkeit des Handwerks aber brachte die vielbewunderte künstlerische Entwicklung der deutschen Städte zur Zeit der Renaissance.

Als Mittel zur Bewegung schwerer Lasten zu Beginn des Maschinen-Zeitalters — gegen die Mitte des neunzehnten Jahrhunderts — tritt uns der Dampfkran am Kai entgegen. Mit seinem massigen gebogenen Schnabel aus Walzeisen, auf einem schweren Quaderfundament lastend, mit langsamen Bewegungen und mit dem fauchenden Geräusch des auspuffenden Dampfes erweckt er den Eindruck eines Untieres aus der Urzeit. Wenn er erst zugefaßt hat, entwickelt er eine gewaltige Hubkraft, aber er braucht Menschen als Handlanger, die mit Schlingketten die Last an seinem Haken befestigen. Wegen seiner Unbehilflichkeit im Zufassen, wegen seiner Langsamkeit und Schwerfälligkeit ist er nur für Schwerlasten geeignet, nicht aber für schnelle Massenbewegung verwendbar. Noch herrscht der Mensch nicht frei über die Maschine, sondern er ist zum Teil noch ihr Diener. Der Dampfkran dieser ersten Zeit erinnert noch etwas an die Vorläufer der Dampfmaschine, an die ersten Feuermaschinen von Newcomen, bei denen der Hahnsteuerer unablässig nach dem Takt der Maschine die Dampf- und Wasserhähne auf- und zudrehen mußte. In dieser Frühzeit der modernen Technik erscheint die Maschine wie ein Dämon, der den Menschen zu seinem Sklaven macht, der nur den Unternehmer bereichert, den Arbeiter aber bis auf seine letzten Kräfte ausbeutet, der häßlich, schwerfällig und anscheinend kulturfeindlich auftritt.

Ein ganz anderes Bild gewährt schon rein äußerlich der moderne elektrisch betriebene Stahlwerkskran: wir erblicken einen zierlichen, frei über die Halle gespannten stählernen Gitterträger und von ihm herabragend einen schlanken, nach allen Richtungen beweglichen Zangenarm; das Ganze wird von einem einzigen Mann beherrscht, der mit sanftem Druck auf den Steuerhebel die elektrischen Ströme steuert und mit ihrer Hilfe die schlanken Stahlglieder des Krans zu raschen Bewegungen zwingt, so daß sie ohne Zutun eines Handlangers den glühenden Stahlblock greifen und durch die Luft schwingen; dabei ist kein anderes Geräusch zu hören als das leise Surren der Elektromotoren. Hier ist der Mensch nicht mehr der Diener, sondern der Herr, nicht mehr seine Muskelkraft, sondern seine Umsicht, Überlegung und Energie leisten die technische Arbeit, die Erfindung der Maschine hat den Menschen auf eine höhere soziale Stufe gestellt, seine Lebenshaltung gesteigert und ihn zum denkenden Mitglied der menschlichen Arbeitsgemeinschaft gemacht. Diese auf der ganzen Linie in Angriff genommene Entlastung der Menschheit von körperlicher Arbeit eröffnet zugleich den Begabten die Möglichkeit, wissenschaftlich und künstlerisch tätig zu sein, bahnt also mittelbar der Freiheit und der Entwicklung eine

Gasse. »Beherrschung der Naturkraft zur Herbeiführung eines menschenwürdigen Daseins für alle«: das ist im Grunde genommen das letzte Ziel der Ingenieurkunst.